高等职业教育“十四五”规划教材

兽医实验室诊断

第 2 版

任俊玲　李和平　谢雯琴　主编

中国农业大学出版社
·北京·

内容简介

本教材紧紧围绕动物医院及相关单位职业岗位需求的知识、能力和素质结构，并融合宠物医师、动物防治员、动物检疫检验员、执业兽医师等职业技能鉴定要求，从动物疾病诊断的实际工作出发设计教材内容，选择相关检验项目、检验方法、结果判定与分析标准组成 11 个教学任务，分别为动物疾病检验室日常维护与管理、血液常规检验、血液生化检验、血气及酸碱平衡检查、尿液检验、粪便检验、动物寄生虫检验、常见毒物检验、常规病理学检验、微生物学检验、免疫学检验。各教学任务包括任务解析、任务实施、相关知识三部分，任务实施按照病例导入、实践操作、分析讨论的实际工作过程展开，锻炼学生发现问题、分析问题、解决问题的能力，培养学生独立完成职业岗位任务的能力和综合应用能力。

本教材既可作为职业教育畜牧兽医、动物医学、宠物医疗技术、宠物养护与驯导、动物防疫检疫等专业的教学用书，也可作为畜牧兽医类专业自考、畜牧兽医相关工作人员及养殖户的参考用书。

图书在版编目(CIP)数据

兽医实验室诊断 / 任俊玲，李和平，谢雯琴主编. --2 版. --北京：中国农业大学出版社，2023.8(2024.5 重印)

ISBN 978-7-5655-3051-7

Ⅰ.①兽… Ⅱ.①任…②李…③谢… Ⅲ.①兽医学-实验室诊断 Ⅳ.①S854.4

中国国家版本馆 CIP 数据核字(2023)第 162038 号

书　　名 兽医实验室诊断 第 2 版

作　　者 任俊玲 李和平 谢雯琴 主编

策划编辑 康昊婷　　**责任编辑** 康昊婷

封面设计 李尘工作室

出版发行 中国农业大学出版社

社　　址 北京市海淀区圆明园西路 2 号　　**邮政编码** 100193

电　　话 发行部 010-62733489，1190　　读者服务部 010-62732336

编辑部 010-62732617，2618　　出　版　部 010-62733440

网　　址 http://www.caupress.cn　　**E-mail** cbsszs@cau.edu.cn

经　　销 新华书店

印　　刷 河北朗祥印刷有限公司

版　　次 2023 年 8 月第 2 版　　2024 年 5 月第 2 次印刷

规　　格 185 mm×260 mm　　16 开本　　12.5 印张　　320 千字

定　　价 42.00 元

编写人员

主　编　任俊玲（河北旅游职业学院）
李和平（河北旅游职业学院）
谢雯琴（永州职业技术学院）

副主编　闫　港（河北旅游职业学院）
邹玖零（永州市动物疫病预防控制中心）

参　编　（按姓氏笔画排序）
王丽丽（河北旅游职业学院）
李思琪（重庆三峡职业学院）
张拥军（北京祥云动物医院）
张明智（河北旅游职业学院）
侯俊丽（河北省承德市双桥区农业农村局）
郭维维（河北旅游职业学院）

前　言

教育部多次发文强调，要加强职业教育改革，职业教育要坚持工学结合、知行合一，推动教育与生产劳动、社会实践相结合，突出做中学、做中教，强化教育教学实践性和职业性。《兽医实验室诊断》(第 2 版)在编写中以实际临床病例为引导，以完成实际动物实验室诊断任务为驱动，按照动物疾病实验室诊断过程组织内容，以职业院校教师、行业企业专家组成编写团队，共同研讨，深化产教融合。通过行业标准、操作规范、结果判读融入标准意识、规范意识、安全意识、科学精神、工匠精神，使学生成为不断精进兽医实验室诊断技术、守护动物健康的新时代兽医人才。

本教材以党的二十大精神为指导，紧紧围绕动物医院及相关单位职业岗位需求的知识、能力和素质结构，并融合宠物医师、动物防治员、动物检疫检验员、执业兽医师等职业技能鉴定要求，从动物疾病诊断的实际工作出发设计教材内容，选择相关检验项目、检验方法、结果判定与分析标准组成 11 个教学任务，分别为动物疾病检验室日常维护与管理、血液常规检验、血液生化检验、血气及酸碱平衡检查、尿液检验、粪便检验、动物寄生虫检验、常见毒物检验、常规病理学检验、微生物学检验、免疫学检验。各教学任务包括任务解析、任务实施、相关知识三部分，任务实施按照病例导入、实践操作、分析讨论的实际工作过程展开，锻炼学生发现问题、分析问题、解决问题的能力，培养学生独立完成职业岗位任务的能力和综合应用能力。

本教材既可作为职业教育畜牧兽医、动物医学、宠物医疗技术、宠物养护与驯导、动物防疫检疫等专业的教学用书，也可作为畜牧兽医类专业自考、畜牧兽医相关工作人员及养殖户的参考用书。本教材图文并茂，注重病例引导、操作方法的严谨性，有利于在校大学生的学习；总结了 70 项兽医实验室诊断操作简易指南，将常用动物疫病诊断标准放在二维码里供拓展阅读，同时制作了相关视频供学习和参考，有利于毕业生持续学习，同时可供社会工作者查阅借鉴。

本教材是编者在教学实践中不断尝试、总结、改进、充实的基础上完成的。感谢河北旅游职业学院各院系领导及中国农业大学出版社在本教材出版过程中给予的大力支持和帮助，感谢各位编者在教材编写过程中的辛勤付出。具体编写分工为：任俊玲编写任务一、任务五、任务七、任务八、任务九、任务十、附录，李和平编写任务二、任务三、任务四、任务六、任务十一，郭维维对任务二、三、四、五中的仪器使用和图片进行了修订和采集，谢雯琴和邹玖零编写了任务十一中主要的动物疫病实验室诊断方法，张拥军提供临床病例，其他编者对部分内容进行了审定，全书由任俊玲统稿。我国地域辽阔，各地的教学及实践条件不尽相同，因此各任课教师或实践者可根据各自的实际情况参考教材内容进行动物疾病的检验，以便更好地解决生产中的实际问题。

由于编写人员水平所限，书中缺点和错误在所难免，恳请广大师生和读者批评指正，使本书内容不断完善，跟上科技发展步伐，为畜牧兽医行业服务。

编　者

2023 年 3 月

目　录

任务一
动物疾病检验室日常维护与管理

动物疾病实验室检验是进行动物疾病诊断的重要依据，要做好动物疾病实验室检验工作对动物疾病检验室进行正确的维护与管理尤为重要。在动物疾病检验室里，现代化的先进的科学仪器和完善的实验室规划是提升动物疾病诊断水平，最大限度发挥实验室检验优势的必要条件。

【任务解析】

完成本任务需要具备严谨的科学态度，遵守动物疾病检验室管理基本要求，并且具有电器、化学、药理等方面的知识。

通过本任务的学习与训练，掌握实验室生物安全相关知识，能合理布置检验室，会使用检验室常用仪器设备，会对仪器设备进行清洗、日常保养，会进行检验室常用玻璃器皿的清洗、包装、灭菌，能配制动物疾病检验室常用溶液。

【任务实施】

【病例导入】

某动物疫病诊断实训室有一疑似雏鸡大肠杆菌病病例要进行实验室检查和药敏试验，请准备实验所需仪器设备及器皿，并按要求进行处理。

【实践操作】

1. 参观动物疾病检验室，了解检验室的管理制度与注意事项。
2. 认识检验室常用的仪器设备与材料器皿，对常用仪器设备进行日常保养。
3. 认识常用的玻璃器皿，并进行玻璃器皿的清洗、干燥、包装、灭菌。
4. 配制检验室常用消毒剂。

【相关知识】

一、动物疾病检验室管理基本要求

动物疾病检验是一项精细的工作，要求专业检验室的兽医化验专业人员掌握常用仪器设备保养技术、检验室基本操作技术，操作规范、迅速。

二维码 1-1 检验室的设置与管理(视频)

(一)动物疾病检验室工作人员要做好自我防护

(1)进入检验室必须穿工作服,必要时穿戴防护帽、护目镜、口罩、手套等,离去必须严格消毒。

(2)检验室内严禁吸烟、吃零食、喝水和存放食物等,非检验室人员未经同意不得进入室内。

(二)合理设计和放置仪器设备材料

(1)检验室内各种仪器设备应根据工作需要和使用方便有计划地布置好,保持室内清洁、整齐、安静,玻璃窗关严,适当通风。

(2)室内各种试剂必须贴标签。标签包括品名、规格、配制时间,通常用钢笔书写。取用试剂时标签向手心。有次序地摆放各种常用器具,如吸管、试管、载玻片、烧杯、刀、剪子等,使用后经消毒清洗后再放回原处。

(3)各种贵重仪器平时应按要求保管好,如有防尘和避光罩;使用时应遵守操作规程,并做使用记录。

(4)易燃物应远离火源,电动仪器用完立即关闭。经常检查公共安全防范设施是否完好,如有漏电情况应立即修理。

(三)做好消毒和污物处理

(1)检验室要定期进行消毒。当工作台、地面、衣着和器械等被细菌污染时,应立即用3%煤酚皂液或5%石炭酸液消毒。

(2)被污染的废弃物或各种器皿在废弃或清洗前必须进行灭菌处理,并放入指定污物箱内,不可随意乱扔。

(3)试验用动物尸体及动物产品应按规定做无害化处理。

(四)确保危险品、菌种、毒种的安全

(1)检验室的危险品、菌种、毒种等要有专人管理。

(2)强酸强碱类不能乱放、乱甩,以免伤人或烧坏衣物,用完后用水稀释,才能倒入水槽。切忌用手直接取药物,称量后的药物不能放回原处,称量用药匙不能混用。

(3)妥善保存菌种。细菌培养物和病料禁止随便带出检验室。

(五)有计划地进行各项准备和检验工作,做好检验记录

(1)动物疾病检验之前准备好检验项目所需的样品、材料及设备。

(2)检验工作开始后严格按照检验项目的操作方法、注意事项进行,并做好仪器设备的保养工作。

(3)检验后对动物疾病检验项目、检验样品、检验过程中出现的问题及检验结果进行详细记录,以备日后查阅。

二、兽医微生物实验室生物安全

实验室生物安全(laboratory biosafety)是指在进行病原微生物实验活动时,避免病原微生物及相关因子对个体、生态环境、公众生活造成危害和威胁。在从事兽医微生物教学和研究时,工作人员必须掌握实验室生物安全相关知识,进行的实验活动必须符合国家相关法律和

标准。

(一)实验室生物安全相关的法律法规和标准

1. 病原微生物生物安全相关的法律法规和标准

《实验室生物安全手册》(WHO 第四版)

《中华人民共和国传染病防治法》(2013)

《病原微生物实验室生物安全管理条例》(2018)

《医疗废弃物管理条例》(2003)

《中华人民共和国生物安全法》(2021)

2. 病原微生物实验室相关的法律法规和标准

《实验室　生物安全通用要求》(GB 19489—2008)

《生物安全实验室建筑技术规范》(GB 50346—2011)

《病原微生物实验室生物安全通用准则》(WS 233—2017)

《人间传染的病原微生物名录》(2006)

《可感染人类的高致病性病原微生物菌(毒)种或样本运输管理规定》(2006)

(二)病原微生物危害程度分类

目前,国内主要依据《病原微生物实验室生物安全管理条例》(2018),对病原微生物危害程度进行分类,第四类危害程度最低,第一类病原微生物危害程度最高,第一类、第二类病原微生物统称为高致病性病原微生物,同时规定"我国尚未发现或者已经宣布消灭的微生物"列为一类病原微生物。病原微生物的危害等级分类见表 1-1。

表 1-1　病原微生物的危害等级分类

危害等级	内容
四类	在通常情况下不会引起人类或者动物疾病的微生物
三类	能够引起人类或者动物疾病,但一般情况下对人、动物或者环境不构成严重危害,传播风险有限,实验室感染后很少引起严重疾病,并且具备有效治疗和预防措施的微生物
二类	能够引起人类或者动物严重疾病,比较容易直接或者间接在人与人、动物与人、动物与动物间传播的微生物
一类	能够引起人类或者动物非常严重疾病的微生物,以及我国尚未发现或者已经宣布消灭的微生物

(三)风险评估

风险评估是评估风险大小以及确定是否可接受的全过程。当实验室活动涉及致病性生物因子时,应在实验前、实验中以及发生事故或者政策变动时不断进行风险评估。动物病原微生物实验室生物安全风险评估需要考虑以下因素:生物因子(如种类、来源、传染性、传播途径、易感性及预防控制措施),动物饲养(如抓伤、咬伤、气溶胶污染),实验操作程序(如操作过程中存在的风险),设施设备(如生物安全柜、废物处理、个人防护设备),相关人员(如身体状况、生物安全知识、实验技能)。

(四)实验室生物安全防护水平分级

根据对操作病原微生物及相关因子所采取的防护措施，我国将实验室生物安全防护水平分为一级(BSL-1)、二级(BSL-2)、三级(BSL-3)、四级(BSL-4)，其中一级防护水平最低，四级防护水平最高。根据国家相关主管部门发布的病原微生物分类名录，在风险评估的基础上，选择适用的生物安全水平实验室进行实验操作，不同生物安全水平实验室适用的微生物类别见表 1-2。

表 1-2　不同生物安全水平实验室适用的微生物类别

实验室生物安全水平	微生物类别
一级	在通常情况下不会引起人类或者动物疾病的微生物
二级	能够引起人类或者动物疾病，但一般情况下对人、动物或者环境不构成严重危害，传播风险有限，实验室感染后很少引起严重疾病，并且具备有效治疗和预防措施的微生物
三级	能够引起人类或者动物严重疾病，比较容易直接或者间接在人与人、动物与人、动物与动物间传播的微生物
四级	能够引起人类或者动物非常严重疾病的微生物，以及我国尚未发现或者已经宣布消灭的微生物

《病原微生物实验室生物安全管理条例》规定，一级、二级实验室不得从事高致病性病原微生物实验活动，三级、四级实验室从事高致病性病原微生物实验活动时，必须通过实验室国家认可，并且实验目的和拟从事的实验活动需符合国务院卫生主管部门或者兽医主管部门的规定。我国尚未发现或者已经宣布消灭的病原微生物，任何单位和个人未经批准不得从事相关实验活动。

2006 年卫生部制定的《人间传染的病原微生物名录》中，规定了详细的病原微生物危害程度分类、其不同实验操作的防护水平以及运输的包装要求。

(五)生物安全实验室个人防护装备

为防止工作人员受到物理、化学、生物的伤害，在不同生物安全水平的实验室中，实验人员需要穿戴防护装备，这些装备可以防止工作人员暴露于感染性物质。

一级防护水平实验室：穿戴工作服、手套、口罩。

二级防护水平实验室：穿戴工作服、防护服、手套、口罩，必要时使用面部防护装置。

三级防护水平实验室：双层防护服、双层手套、专业防护口罩、必要时使用呼吸保护装置。

四级防护水平实验室：三级防护水平基础上，增加有生命维持系统供气的正压防护服。

三、动物疾病检验室常用仪器及使用方法

(一)高压蒸汽灭菌器

高压蒸汽灭菌器(图 1-1A)有一个双层金属圆筒，外筒盛水，内筒有一活动金属隔板，隔板有许多小孔，使蒸汽流通，要灭菌的物品就放在内筒的隔板上。高压蒸汽灭菌器主要用于塑料、橡胶制品和自配溶液等实验用品的灭菌。目前检验室常用的有手提式、立式和横卧式

3 种，其外观、构造和大小有差异，但工作原理基本相同，都是通过湿热空气来杀灭病原体。湿热灭菌可以有效杀死细菌繁殖体和芽孢。

在灭菌器上方或前方有金属厚盖，盖上有压力表、安全阀和放气阀。盖的边缘附有螺栓，内垫橡胶密封圈，主要作用是紧闭灭菌器，使蒸汽不能外溢。通过密闭加热，可使灭菌器内的压力增加，使水的沸点超过 121 ℃，最终通过湿热空气杀死病原体。

1. 使用方法（以立式灭菌器为例）

（1）加适量水于灭菌器外筒内，使水面略低于内筒底，将需要灭菌的物品包扎好放于内筒隔板上。

（2）盖上灭菌器顶盖，对称扭紧顶盖上的螺栓，检查安全阀、放气阀是否处于良好的可使用状态，并关闭安全阀，打开放气阀。

（3）打开电源开关。当水蒸气从放气阀均匀冒出时，表示锅内冷空气已排尽，可关闭放气阀继续加热。待灭菌器内压力升至约 0.105 MPa（121.3 ℃），在该温度下维持 20～30 min（如果高压蒸汽灭菌器不是全自动的，则需要通过人工控制电源来调控温度），达到灭菌的目的。

（4）灭菌完毕，停止加热。使温度自然下降，当温度下降至 50 ℃以下时，打开放气阀排气。当压力表指针降至零时，才能打开顶盖，取出灭菌物品。

（5）灭菌结束后，通过灭菌器底部的排水阀排出废水，擦干以便下次使用。若灭菌器使用较频繁，也可将水留在灭菌器内，下次继续使用。

2. 注意事项

（1）螺栓必须对称均匀旋紧，以免漏气。

（2）使用前必须认真检查安全阀和放气阀是否正常。

（3）内筒放置的物品不可堆压过紧，以利于热空气顺畅流通，保证灭菌效果。

（4）灭菌时间和压力要根据所灭菌的物品种类灵活掌握，因此操作人员不能擅自离开。

（5）在对液体进行高压蒸汽灭菌时，如果压力骤降，可能造成物品内外压力不平衡而导致炸裂或液体喷出，因此操作人员要注意安全。

（二）干热灭菌器

干热灭菌器（图 1-1C）主要用于玻璃器皿和金属制品的干热灭菌。干热灭菌器的构造和使用方法与电热恒温培养箱相似，只是所使用的温度比电热恒温培养箱高。干热灭菌器的灭菌原理是通过干热使菌体失水裂解，最终达到消灭病原体的目的。放置于干热灭菌器内的待灭菌物品间要留空隙，保持热空气循环顺畅，以利彻底灭菌。常用灭菌温度 160 ℃，维持 1～2 h。灭菌时，关门加热应开启箱顶上的活塞通气孔，使冷空气排出，待升至 60 ℃时，将活塞关闭。为了避免玻璃器皿炸裂，灭菌后箱内温度降至 60 ℃时，才能开启箱门取物品。若仅需达到干燥目的，可一直开启活塞通气孔，温度只需 60 ℃左右即可。

注意在对用纸包裹的物品进行干热灭菌时，不可在温度过高时突然打开干燥箱，这样做易引起干燥箱着火。若出现箱内冒烟或着火，应立即切断电源，关闭通气孔，用湿毛巾堵塞箱门四周，杜绝氧气进入，火则自熄。

（三）电冰箱

电冰箱是实验室中最常用的仪器设备之一，主要用来保存病料、菌种、疫苗、培养基和诊断试剂等不耐高温的实验用品。电冰箱主要由箱体、制冷系统、自动控制系统和附件 4 部分构成。电冰箱一般分冷藏和冷冻2部分，使用时可根据所存放物品的要求分类放置。电冰箱的使用方法及注意事项如下：

(1)电冰箱应放置在干燥通风处，要求远离热源、离墙10 cm以上的位置。

(2)使用时，将冷藏室温度调至4～10 ℃，冷冻室温度调至－18 ℃以下。

(3)冰箱内应保持清洁。要定期对冰箱内存放的物品进行整理和清除。若有霉菌污染，应切断电源，用福尔马林熏蒸消毒后才能继续使用。

(4)箱内存放物品不宜过挤，以利冷空气对流，使箱内温度均匀。

(5)冷冻室冰霜较厚时，按化霜按钮或切断电路化霜，冰霜融化后清洁、整理。

(四)电动离心机

电动离心机分为低速离心机和高速离心机两种，在实验中使用较多的是低速离心机，主要用于液体病料的分离。常用的倾角电动离心机，其管孔有一定倾斜角度，快速旋转时可使悬浮物迅速下沉。在离心机的前部或顶部有转速调控器、时间调控器和温度调控器，使用时可根据要求对以上参数进行设定。电动离心机的使用方法及注意事项如下：

(1)离心机在使用前先打开预热30 min。

(2)将待离心的两个离心管及套管放在天平上进行平衡，然后对称放入离心机中。若待离心材料只有一管，则在对侧离心管内放入等量的自来水。

(3)盖好离心机顶盖，接通电源，设置温度、转速和离心时间，开始离心。离心结束后，待离心机的转速指针回到“0”处时，才可打开顶盖取出离心管。

(4)离心时如有杂音或离心机振动，应立即停止使用，进行检查。

(五)电热恒温水浴箱

电热恒温水浴箱(图1-1D)主要用于蒸馏、温热实验用品，为实验提供恒温的反应环境。水浴箱是用不锈钢制成的长方形水箱，在水箱内有一根或两根电热管，在电热管上面还有一个带孔的隔板，主要用来放置物品。在水浴箱的前部有“电源”开关和“加热”指示灯(一红一绿)，还有一个温度调节器(温度范围在37～100 ℃)和温度显示器。在水浴箱底部有一个排水用的水龙头。电热恒温水浴箱的使用方法及注意事项如下：

(1)通电前在水浴箱内加入适量的蒸馏水，水面要超出隔板5 cm左右。

(2)打开电源，设定温度。待温度显示器上的温度达到设定温度时，便可开始做实验。

(3)使用完毕，待水冷却后，必须放水擦干。

(六)电热恒温培养箱

电热恒温培养箱(图1-1B)又叫温箱，主要用于细菌等微生物的培养、某些血清学试验及有关器皿的干燥。温箱主要由箱体、电热丝、温度调节器等构成。在温箱的前部有电源开关、电源指示灯、温度调控器、温度显示器等结构；在温箱的顶部有一个小孔，用来放置温度计；在温箱内部有电热丝和隔板，隔板主要用来放置物品。温箱的使用方法及注意事项如下：

(1)使用时开启电源开关，电源指示灯亮，设定所需温度。

(2)放入待培养的物品。

(3)使用时，随时注意温度计的指示温度是否与所需温度相同。

(4)温箱内禁止放入易挥发性物品，以免发生爆炸事故。

(5)工作室内隔板上放置的试验物品不宜过多,以免影响热空气对流。底板是温箱的散热板,不能在其上直接放置试验物品。

(6)使用时要求温箱必须内部干燥、放置平稳。

(七)超净工作台

超净工作台(图 1-1F)是一种提供局部高洁环境的空气净化设备,为实验提供无菌环境。在侧面有电源开关、电源指示灯、照明灯开关、紫外灯开关、风速调控器等构造。在操作台的两侧装有照明灯和紫外灯,紫外灯主要用来杀灭操作台上的病原微生物。超净工作台的使用方法及注意事项如下:

(1)开启超净工作台风机,净化台内环境,并打开照明灯达到工作照度。

(2)检查超净工作台中准备的各种实验物品是否齐全。

(3)检查喷雾器喷洒效果及超净工作台内外擦抹用的药液是否已配制好。

(4)人员戴好一次性口罩、帽子及医用乳胶手套。用药液喷雾器充分喷洒双手手套外表、操作台面。

(5)实验完毕,整理台面,打开紫外灯对台面消毒 20～30 min。

(八)电子天平

电子天平(图 1-1E)是实验室常用于称量药品的电子设备。电子天平的使用方法及注意事项如下:

1. 调平

天平开机前,应观察天平后部水平仪内的水泡是否位于圆环的中央,可通过天平的地脚螺栓调节,左旋升高,右旋下降。

2. 预热

天平在初次接通电源或长时间断电后开机时,至少需要 30 min 的预热时间。因此,在通常情况下,实验室电子天平不要经常切断电源。

3. 称量

按下“ON/OFF”键,接通显示器,等待仪器自检。当显示器显示零时,自检过程结束,天平可进行称量。放置称量纸,按显示屏两侧的“去皮”键去皮,待显示器显示零时,在称量纸上加所要称量的试剂称量。称量完毕,按“ON/OFF”键,关闭显示器。

4. 注意事项

使用电子天平时应注意,安装平台稳定、平坦,避免振动;避免阳光直射和受热,避免在湿度大的环境工作;避免安装在空气直接流通的通道上;天平在安装时已经过严格校准,故不可轻易移动天平,否则需重新进行校准工作;严禁不使用称量纸直接称量,每次称量后,应清洁天平,避免对天平造成污染而影响称量精度,以及影响他人的工作;经常保持天平内部清洁,必要时用软毛刷或绸布抹净或用无水乙醇擦净。

除以上常用的仪器外,还有全自动血细胞分析仪、全自动血液生化分析仪、尿液分析仪、石蜡切片机、荧光显微镜、酶标仪、pH 测定仪等,在各专项任务中介绍和操作练习。

A.高压蒸汽灭菌器

B.恒温培养箱

C.干热灭菌器

D.恒温水浴箱

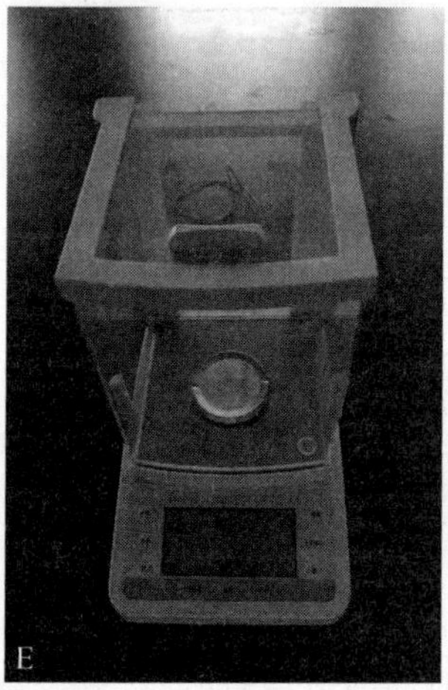

E.电子天平

F.超净工作台

图 1-1 兽医实验室部分仪器

四、动物疾病检验室常用玻璃器皿及处理

二维码 1-2 彩图

(一)常用玻璃器皿及其规格

玻璃器皿分为两类:一类是能计量液体体积的计量器,如量筒、吸管等;另一类是无计量单位或不准确的容器,如试管、瓶、杯、皿等。

1.吸管

(1)刻度吸管 有 0.1 mL、0.2 mL、0.5 mL、1 mL、2 mL、5 mL、10 mL 不同容积的吸管。有刻度到尖端和不到尖端两种,到尖端的为吹出式,不到尖端的为流出式。使用前观察吸管有无破损、污渍;使用吸管的规格应等于或近似等于所要吸取的溶液的体积;观察有无“吹”字,若有,说明刻度到尖端,放液后需将尖端的溶液吹出,否则不吹。

使用时用拇指和中指夹住吸管,食指游离。吸管垂直入液,入液深度适中,洗耳球吸取,取液高度高于刻度 2～3 cm。食指按紧吸管上端，刻度吸管提离液面，观察液内有无气泡，如有气泡，左手轻弹管壁使气泡消失，滤纸擦净管壁。然后将刻度吸管立直，右眼与刻度线平行，轻轻松开食指(转动刻度吸管)，使液面缓慢降低，直至最低点与刻度线相切。最后将刻度吸管立直，容器倾斜 45°，使溶液自然流入容器，注意吹与不吹。

使用刻度吸管时注意一根吸管只吸取一种试剂，用后立即浸入水中。

(2)移液管　吸管中段突起呈圆桶状，只有一个总刻度，分 1 mL、2 mL、5 mL、10 mL、20 mL、25 mL 几种规格，多属于流出式。将管的尖端轻轻接触管壁或接触液面 5 s 即可，不应吹出尖端的液体。使用方法与注意事项同刻度吸管。

(3)微量移液器　有单道和多道两种，多为可调节的。有 5～50 μL、10～100 μL、20～200 μL、100～1 000 μL、1 000～5 000 μL 等规格，有专门配套的吸头，多用于微量反应中移取水、缓冲液、稀释的盐溶液和酸碱溶液等。

使用时按到第一挡，垂直进入液面几毫米；缓慢松开控制按钮，否则液体进入吸头过速会导致液体倒吸入移液器内部而使吸入体积减小；打出液体时贴壁并有一定角度，先按到第一挡，停顿 1 s 后，待剩余液体聚集后，再按到第二挡将剩余液体全部压出。移取黏稠或易挥发液体时，移液前先用液体预湿吸头内部，即反复吸打液体几次使吸头预湿，吸液或排出液体时最好多停留几秒；然后采用反相移液法，吸液时按到第二挡，慢慢松开控制按钮，打液时按到第一挡即可，部分液体残留在吸头内。

使用时应注意：装配吸头时不可用力过猛；选择与移液器匹配的吸头吸液时，移液器应该垂直吸液，慢吸慢放，否则导致移液不准确；吸液时用第一挡，不能直接按到第二挡吸液(除非移取黏稠或易挥发液体)；使用完毕后将移液器挂在移液器架上；禁止使用丙酮或强腐蚀性的液体清洗移液器。

(4)奥氏吸管　吸管中段为橄榄核形，有一个总量刻度，是最精确的一种吸管，有 0.5 mL、1 mL、2 mL、5 mL 不同容积，为吹出式吸管。

(5)胶头滴管　胶头滴管由胶帽和玻璃管组成。胶头滴管的规格以管长表示，常用 90 mm、100 mm 两种。胶头滴管每滴为 0.05 mL。用于吸取或加少量试剂，以及吸取上层清液，分离出沉淀。滴加时，滴管要垂直于容器正上方，避免倾斜，切忌倒立，不可伸入容器内部，不可触碰到容器壁。除吸取溶液外，管尖不能接触其他器物，以免杂质沾污。不可一管两用。

2. 容量瓶

容量瓶是准确配制一定浓度溶液用的精准器皿。只有一个总量刻度，有 5 mL、25 mL、50 mL、100 mL、250 mL、500 mL、1 000 mL、2 000 mL 等不同规格。使用容量瓶时注意容量瓶只能用于配制溶液，不能储存溶液；不能在容量瓶里进行溶质的溶解，应将溶质在烧杯中溶解后转移到容量瓶里；用于洗涤烧杯的溶剂总量不能超过容量瓶的标线，一旦超过，必须重新配制。容量瓶使用条件为 20 ℃时最准确，能精确配制要求的体积，不能加热。

3. 量筒和量杯

量筒和量杯有容量 10～1 000 mL 不等。量杯准确度要求不严格，不能作为量具来使用。量筒是量度液体体积的工具。使用时注意不能用量筒配制溶液或进行化学反应；不能加热，也不能盛装热溶液，以免炸裂；量取液体时应在室温下进行；读数时，视线应与凹液面最低点水平相切；量取已知体积的液体，应选择比已知体积稍大的量筒，否则会造成误差过大，如量取

15 mL 的液体,应选用容量为 20 mL 的量筒,不能选用容量为 50 mL 或 100 mL 的量筒。

4. 试管

试管用作少量试剂的反应容器,在常温或加热时使用。普通试管的规格以外径(mm)×长度(mm)表示,如 15 mm×150 mm、12 mm×100 mm、10 mm×75 mm、5 mm×50 mm、18 mm×180 mm、20 mm×200 mm 等。动物疾病检验时常用 15 mm×150 mm 试管盛装肉汤培养基或制作琼脂斜面;用 12 mm×100 mm 试管作为糖发酵管或进行补体结合试验;用 10 mm×75 mm 试管做凝集试验;用 5 mm×50 mm 试管做沉淀试验。

5. 平皿

平皿是一种用于微生物或细胞培养的实验室器皿,由一个平面圆盘状的底和一个盖组成,一般用玻璃或塑料制成。通常有直径 7 cm、10 cm、12 cm 等不同规格。使用完毕的培养皿最好及时清洗干净,存放在安全、固定的位置,防止损坏、摔坏。

6. 三角烧瓶

三角烧瓶又称锥形瓶。常用于滴定反应,也可用于盛装反应物,定量分析,回流加热等,动物疾病检验时可用于化学反应,盛装细菌培养基等。常用的有 50～250 mL 等不同规格。使用时注意加入的液体最好不超过其容积的 1/2,过多容易造成喷溅;锥形瓶外部要擦干后再加热,加热时使用石棉网。

7. 烧杯

烧杯有容量 50～2 000 mL 不等,用于配制或加热溶液;刻度不精确,不能用于体积的称量。

(二)清洗

1. 新购入的玻璃器皿

新购入的玻璃器皿常附有游离碱质,不可直接使用。应先在 2%盐酸溶液中浸泡数小时,以中和碱性,然后用肥皂水及洗衣粉洗刷玻璃器皿内外,再以清水反复冲洗数次,以除去遗留的酸质,最后用蒸馏水冲洗。

2. 用后玻璃器皿

凡被病原微生物污染的玻璃器皿,在洗涤前必须进行严格的消毒,再行处理,其方法如下:

(1)一般玻璃器皿　如平皿、试管、烧杯、烧瓶等,均可置高压灭菌器内 121.3 ℃ 20～30 min 灭菌。随即趁热将内容物倒净,用温水冲洗后,再用 5%肥皂水煮沸 5 min,然后按清洗新购入玻璃器皿的方法同样处理。

(2)吸管类　使用后,投入 2%来苏儿或 5%石炭酸溶液内 48 h,以使其消毒,但要在盛来苏儿溶液的玻璃筒底部垫一层棉花,以防吸管破损。吸管洗涤时,先浸在 2%肥皂水中 1～2 h,取出,用清水冲洗以后再用蒸馏水冲洗。

(3)载玻片与盖玻片　用过后,可投入 2%来苏儿或 5%石炭酸溶液内 48 h,取出煮沸 20 min,用清水反复冲洗数次,浸入 95%酒精中备用。也可以直接用重铬酸钾洗液清洗。重铬酸钾洗液的配制方法如下:配料为重铬酸钾 10 g、浓硫酸 200 mL、自来水 100 mL。先将重铬酸钾 10 g 溶解于自来水中(可稍微加热),待冷至室温后,徐徐加入浓硫酸。因浓硫酸腐蚀性很强,配制时应注意安全,必要时戴上耐酸手套,穿上耐酸围裙,使用时应注意避免对衣服的损坏和皮肤的灼伤。此洗液可连续使用。新配制的洗液为红褐色，反复多次使用后逐渐变成绿色，表明洗液已失效，应弃去重新配制。

各种玻璃器皿若用上述常规方法处理后仍未达到清洁目的，则可将其浸泡于洗液中过夜，取出后用水反复冲洗数次，最后用蒸馏水冲洗。

（三）干燥

玻璃器皿洗净后，一般自然干燥，必要时可放于干燥箱（50～60 ℃）中干燥。

（四）包装

玻璃器皿在消毒之前，须包装妥当，以免消毒后又被杂菌污染。

1. 一般玻璃器皿（试管、三角烧瓶、烧杯等）的包装

用适宜大小的棉塞，将试管或三角烧瓶口塞好，外面再用纸张包扎，烧杯可直接用纸张包扎。包装纸常用报纸或牛皮纸。用报纸包装后的器皿常用干热灭菌法进行灭菌，如果采用湿热灭菌，要多包几层报纸，最好外加一层牛皮纸（图 1-2）。

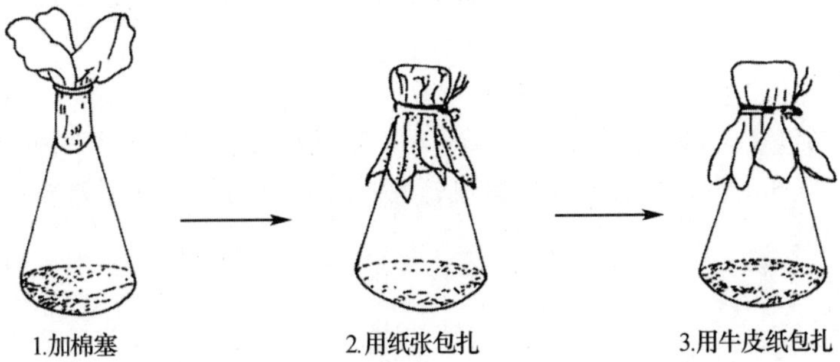

图 1-2　三角烧瓶的包装方法

2. 吸管的包装

用细铁丝或长针头塞少许棉花于吸管口端，以免使用时，将病原微生物吸入口中，同时又可滤过从口中吹出的空气。塞进的棉花大小要适度，太松太紧对吸管的使用都有影响。其后，用纸分别包卷每个吸管（图 1-3），有时也可用报纸每 5～10 支包成一束或装入金属筒内进行干热灭菌。

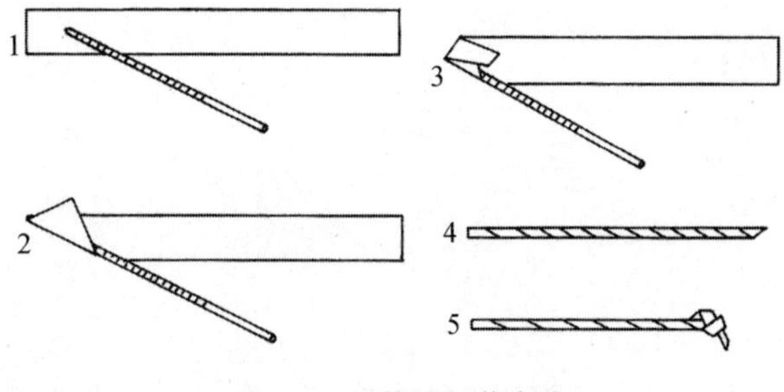

图 1-3　吸管的包装方法

3. 培养皿、青霉素瓶、乳钵等的包装

培养皿单个装入提架（图 1-4A）或数个包成一包，置于金属盒内灭菌（图 1-4B）。青霉素

瓶、乳钵等可以仅包裹瓶口部分直接进行灭菌。

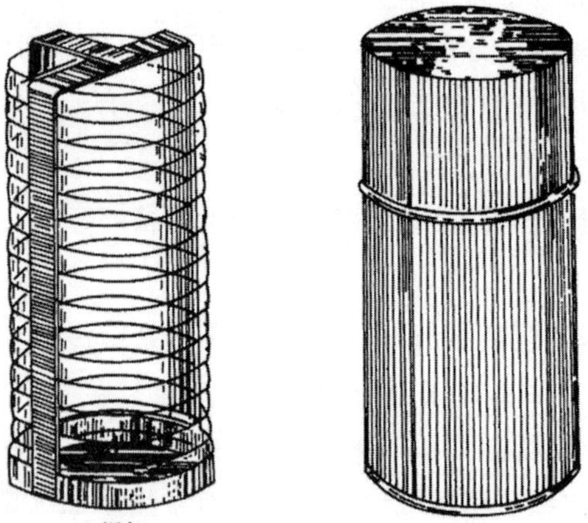

A.提架　　B.金属盒

图 1-4　培养皿的包装方法

(五)灭菌

玻璃器皿干燥包装后，置于干热灭菌器内 160 ℃维持 1～2 h 进行灭菌，或者 121.3 ℃高压蒸汽灭菌 20～30 min。灭菌后的玻璃器皿，须在 1 周内用完，过期应重新灭菌后再行使用。

任务二
血液常规检验

血液是由液体成分血浆和悬浮在血浆中的有形成分血细胞组成的。血液的主要作用是运输营养物质、氧气、抗体、激素等,排泄机体代谢产物,维持和调节机体的水分、体温、渗透压、酸碱平衡等。在神经体液因素的调节下,血液通过心血管系统,不断循环于全身,与全身各组织器官产生密切联系。因此,除机体造血器官本身的疾病可以直接引起血液固有成分的变化外,机体其他系统的疾病也可以导致血液成分的改变。血液检验不仅是血液疾病的主要诊断指标,也是其他系统疾病的主要诊断指标。

血液常规检验通过全血细胞计数检查血液细胞部分,并给出红细胞数量及相关指数、白细胞和血小板数量及相关指数。通过检查判定血细胞运输养分和氧气,保护机体抵抗细菌、病毒和其他微生物感染的能力。同时血液常规检验在判断机体状态、观察疗效和预后诊断方面也具有重要的临床意义。

【任务解析】

完成本任务需要利用“兽医临床诊疗技术”中动物保定及血液采集技能,需要掌握动物解剖结构、血液生理特点等知识,需要严谨的科学态度。

通过本任务的学习,能对牛、羊、猪、犬、猫、禽类等动物进行采血,并对血液进行抗凝处理;能使用血细胞分析仪进行血液常规检验及结果分析;会配制瑞氏、吉姆萨等常用血液涂片染液;能制备血液标本片,会辨认正常血细胞形态及常见异常红细胞。

【任务实施】

【病例导入】

一德国牧羊犬,雌性,1 岁零 9 个月,体重 22 kg,已定期接种疫苗和驱虫。该犬长期以来食欲旺盛,但身体消瘦,被毛粗乱、无光泽,经常出现腹泻、低烧等症状,采用氨基比林退烧及庆大霉素抗菌消炎治疗,症状有所缓解,但始终不能痊愈。在一次外出回来后,由于路途中受到天气炎热和饮食的影响,第二天突然发病。临床检查病犬精神沉郁,四肢无力,卧地嗜睡,食欲废绝,舌和眼结膜苍白,体温升高至 41 ℃,心率 150 次/min,呼吸频率 50 次/min。

请根据发病情况给出检验项目。

实验室检验项目	检验理由
1. 2. 3. ⋮	

【实践操作】

1. 配制常用的抗凝剂、血液涂片染色液。
2. 练习动物采血。
3. 使用血细胞分析仪进行血液常规检验并进行结果判定。
4. 制备血液标本片并进行血细胞观察。

【分析讨论】

根据实践操作，记录检验项目、材料准备、仪器设备、操作步骤及检验结果，并对操作过程中的注意事项和检验结果进行分析讨论。

检验项目	
材料准备	
仪器设备	
操作步骤	1. 2. 3. ⋮ 检验员：
检验结果	
结果分析	
体会与小结	
教师评价	

【相关知识】

一、血液的采集与处理

(一)血液的采集

不同动物,不同检验项目,采血的部位不同。根据检验项目和需血量的多少可以选用静脉、末梢小静脉或心脏采血。常见动物的采血部位见表 2-1。

表 2-1　常见动物的采血部位

动物	采血部位	备注
牛、马、驴	颈静脉、耳静脉、尾静脉	
猪	耳静脉、前腔静脉	
鸡、鸭等禽类	翅下静脉、心脏	
犬、猫	前臂头静脉、隐外侧静脉、颈静脉	也可在心脏、股静脉采血
兔、豚鼠等啮齿类	耳静脉、尾静脉、心脏	

1. 静脉采血

二维码 2-1
犬静脉采血实操
(视频)

大中动物(牛、马、羊等)在颈静脉,猪在耳静脉,6 月龄内的猪在前腔静脉,禽在翅下静脉采血。中等体型的犬,可在前肢头静脉,后肢背侧静脉、外侧隐静脉采血;猫和体型较小的犬,可在颈静脉,后肢的内隐侧静脉采血。

(1)颈静脉采血　动物站立保定,头前伸并暴露采血侧颈静脉,局部剪毛消毒。确定颈静脉径路,用左手拇指横压于采血部位稍下方(近心端)的颈静脉沟上,使静脉充盈怒张。右手持注射器,使针尖斜面向上,沿颈静脉径路,在压迫点前上方约 2 cm 处,使针尖与皮肤呈 30°～45°角,准确迅速地刺入静脉内,手感空虚并见有回血后,再沿血管向前顺针。不可用力深刺,以免引起血肿。松开左手同时用拇指、食指固定针头针管结合部,缓慢抽取所需血液量。抽血完毕,用酒精棉球压紧针孔,再涂擦碘酊。

(2)前臂头静脉和后肢隐静脉采血　先将局部剪毛、消毒,然后由一人将静脉近心端压紧或用橡胶带扎紧,使静脉怒张。用左手握住近腕关节三分之一处皮肤,右手持注射器,将针头先刺入血管处的皮下,再与血管平行刺入静脉内。回抽针筒活塞,如有回血,则用左手拇指压住针头针管结合部,松开压紧静脉的手或解开橡胶带后,慢慢抽取血液。抽血后用酒精棉球压紧针孔,再涂擦碘酊。

(3)仔猪前腔静脉采血　仰卧保定。一助手抓握两后肢,尽量向后牵引,另一助手用手将下颌骨下压,使头部贴地,并使两前肢与体中线基本垂直。此时,两侧第一对肋骨与胸骨结合处的前侧方可见两个明显的凹陷窝。消毒采血部位皮肤后,采血人员持装有 9 号针头的一次性注射器(10～30 kg 小猪,选择 9 mm×25 mm 针头;10 kg 以下乳猪,选择 9 mm×20 mm 针头),向右侧凹陷窝处,由上而下,稍偏向中央及胸腔方向刺入,见有回血,即可采血,一般采集 3～4 mL。采血完毕,左手拿酒精棉球紧压针孔处,右手迅速拔出采血针管。为防止出血,应压迫片刻,并涂擦碘酊消毒。

(4)鸡翅下静脉采血　助手用左手握住鸡双腿,右手从前方抓住双翅根部,使翅向外展开,露出翅下静脉，右手轻压翅根部静脉，使翅下静脉怒张。右侧保定同左侧相反。进针部位用2%碘酊消毒、75%酒精脱碘。操作者用左手拇指固定静脉，右手拇指、食指持针柄，无名指和小拇指夹住针头尾部，使针头尾端翘起向上，针头与血管呈 20°～25°角，由静脉正上方斜刺入皮下，沿静脉方向进入血管少许，达到所需血量后，将针头拔出，同时按压针眼止血。

2. 末梢小静脉采血

大动物在耳尖静脉，而猪、羊、兔等穿刺耳边小静脉。

采血方法：剪毛，消毒 18 号针头(三棱)，直接刺破血管，弃去第一滴血，取第二滴血滴于载玻片上或用毛细吸管取 20 μL，然后用酒精棉球消毒局部皮肤。

3. 心脏采血

禽、兔等小动物用血量多时可用本法。

采血方法：禽右侧卧位，左胸向上，用针头长 5 cm 左右的注射器，在胸骨嵴前端至背部下凹处连线中点，垂直进针(或稍前方)刺入 2～3 cm。兔和豚鼠在胸部稍偏左，心跳处垂直刺入 2～3 cm。血液涌入注射器后，缓慢抽取所需量血液，拔出针头，用酒精棉球消毒局部皮肤。

二维码 2-2　血液的采集与处理(视频)

(二)血液的处理

1. 鲜血

鲜血未受到任何干扰，成分不发生改变。适用于血液常规检验。

2. 抗凝血

血液中加入抗凝剂从而保持液体状态的血样。

采集全血或血浆样品时，在采血前应在采血管中加入抗凝剂，制备抗凝管。如用注射器采血，应在采血前先用抗凝剂湿润注射器。临床上常用抗凝剂的种类、抗凝原理、用法及特点见表 2-2。

表 2-2　临床常用抗凝剂的种类、抗凝原理、用法及特点

抗凝剂	抗凝原理	用法	特点
10%Na_2EDTA(乙二胺四乙酸二钠)	夺取血液中的游离钙离子	10%Na_2EDTA 2 滴(0.1 mL)可抗凝 5 mL 血液	①对血细胞形态影响小，抗凝力强；适合于一般血液学检验，特别是血小板的检查 ②不宜用于 Ca^{2+}、Na^{+} 的测定
双草酸盐溶液(海-保二氏液)抗凝管*	与钙离子形成草酸钙阻止血凝	每个抗凝管可抗凝 10 mL 血液	①适用于红细胞比容测定及血液常规检验。不宜作为血小板计数的抗凝剂(使血小板聚集) ②价格低，抗凝性好 ③对血细胞形态有所影响(中性粒细胞分解，胞浆空泡，淋巴细胞伪足样突起，单核细胞核破裂) ④有毒，不用于输血抗凝
3.8%枸橼酸钠	与血中钙离子形成非离子的可溶性化合物而抗凝	3.8%枸橼酸钠 0.5 mL 可抗凝 5 mL 血液	①专用抗凝剂(血沉测定，输血) ②溶解缓慢，故只能配成溶液，不可用粉剂

续表 2-2

抗凝剂	抗凝原理	用法	特点
肝素钠	阻止凝血酶原转变为凝血酶而抗凝	1%肝素钠 0.1 mL 可抗凝 5 mL 血液	①不影响红细胞的大小，但对形态学观察不利（形成淡蓝色背景，使细胞轮廓不清晰） ②对血液有机和无机成分分析影响小 ③抗凝时间短

* 抗凝管制备：草酸铵 1.2 g ＋草酸钾 0.8 g 溶于 100 mL 水中，取 1 mL 混合液加入试管 60 ℃烘干备用。

3. 血浆

抗凝血离心（2 000～3 000 r/min，5～10 min）沉淀后的液体成分。适用于微生物检验、治疗。

4. 血清

血清是指血液自然凝固后析出的液体。采血后将试管斜置于装有 25～37 ℃温水的烧杯中或放于恒温箱中，可加速血清析出，然后 2 000 r/min 离心 10 min，收集血清。适用于蛋白电泳、生化值测定。

（三）血样的处理

采血后有条件的立即检验，无条件的要立即送检。不能立即送检的血样，要进行保存。血涂片先用甲醇固定后两片血涂片中间夹两根火柴或牙签捆好包严送检。血清冷藏或冷冻保存。血浆于密闭容器中冷冻保存。

如保存抗凝全血，保存时限因检验项目不同而不同，见表 2-3。

表 2-3　用于不同血检项目的血液保存时限

血检项目	白细胞计数	红细胞计数	血红蛋白含量测定	红细胞沉降率	血小板计数	网织红细胞计数	血细胞比容测定
保存时限	2～3 h	24 h	2～3 h	2～3 h	约 1 h	2～3 h	24 h

送检时根据需要送检抗凝全血、血清、血浆等，白细胞分类计数或检查血中原虫，要将固定好的血涂片一起送检，在冰瓶内装冰块，下垫泡沫或纸屑等防止剧烈振摇引起溶血。

二、血细胞分析仪的使用

（一）原理

使用电阻抗法检测红细胞、白细胞、血小板的数量和体积，使用光电比色原理检测血红蛋白浓度。

二维码 2-3　血细胞分析仪的使用与保养（视频）

（二）使用方法及注意事项

以某医疗设备有限公司 XFA6000 血细胞分析仪为例（图 2-1）。

1. 开机前的准备

检查试剂是否足量，有无浑浊变质，试剂管道有无扭结，倒空废液瓶。

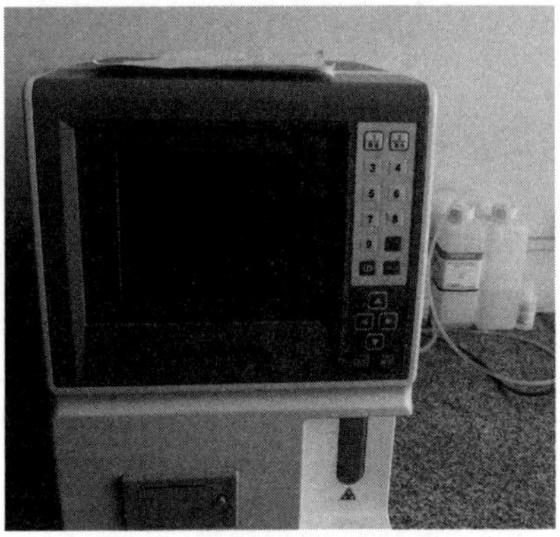

1. 三分类血细胞分析仪

2. 五分类血细胞分析仪

图 2-1 全自动血细胞分析仪

2. 开机

按下机器后部的电源开关键到“1”位置，仪器自动开机检测，通过后出现计数界面。

3. 本底检查

按“开始”键，机器计数本底。本底的结果要求：

WBC≤0.2　　RBC≤0.02　　HGB≤1　　PLT≤10

4. 血液检测

(1)全血测量

按“菜单”键，选择“模式”项，将模式设置为“全血”。

用 EDTA 二钾作抗凝剂取抗凝血标本(EDTA 二钾用量为 1.5～2.2 mg/mL)。混匀抗凝血。采样针插入抗凝血，按“开始”键测量样本。

(2)末梢血测量

按“菜单”键，选择“模式”项，将模式设置为“预稀释”。

按“稀释”键，按“开始”键，自采样针下取 1.6 mL 稀释液，按“菜单”键返回。

将毛细吸管采取的 20 μL 末梢血标本迅速注入 1.6 mL 稀释液杯中，制成稀释血(注意针刺得要深，用不起毛的纸巾拭去第一滴血)，制好稀释血样要摇匀(用拇指及食指捏住杯上部，用腕部旋转约 1 min，注意不要剧烈振荡，否则有可能计数不准)，放置 5 min 后，再摇匀。

将稀释血样置于采样针下，按“开始”键计数。

5. 关机

每天测试完毕按选择菜单“关机”程序，按提示操作。等约 3 min 后，屏幕提示关闭电源或者黑屏后关闭主机电源。

6. 维护

(1)日常维护　每天按使用说明正常开机和关机。非正常开关机使机器达不到清洗的要求，会损伤仪器。

每 3 d 或者 100 个样本执行一次“探头液浸泡”程序。

(2)其他维护　建议每 3 个月用蒸馏水清洗溶血素瓶及瓶盖组件，避免透气孔堵塞并防止污染；每 6 个月加硅油润滑运动轨道，以延长使用寿命；每 6 个月或者 3 000 个样本后更换拭子密封圈或者拭子，如功能正常需清洁拭子；每 12 个月或者 5 000 个样本后更换注射器密封圈（大小密封圈各一）。

7. 注意事项

（1）环境要求　环境防尘。电源线应有良好接地，室内温度 10～35 ℃，应配空调。

（2）长期关机　3 d 以上不使用一定要执行“打包程序”然后关机，否则可能会造成管路堵塞，严重损伤仪器。

（3）仪器再启动　如果仪器因停电等原因关闭，请等 30 s 后再开机。

（三）血细胞分析仪检测参数

随着血细胞检测技术的快速发展，血常规检测参数从最初的三分类、五分类发展到如今的六分类。其主要区别体现在对白细胞的检测能力上。五分类血细胞分析仪检测参数白细胞分为中性粒细胞、嗜酸性粒细胞、嗜碱性粒细胞、淋巴细胞、单核细胞，血细胞分析仪检测参数主要是在五分类的基础上增加了未成熟粒细胞检测。

血细胞分析仪检测参数见表 2-4。

表 2-4　血细胞分析仪检测参数

参数	缩写	单位
白细胞数目	WBC	10^9 个/L
红细胞数目	RBC	10^{12} 个/L
血红蛋白	HGB	g/L
血小板数目	PLT	10^9 个/L
淋巴细胞百分比	Ly%	%
中间细胞百分比	MO%	%
中性粒细胞百分比	GR%	%
平均红细胞体积	MCV	fL
红细胞分布宽度标准差	RDW_SD	fL
红细胞分布宽度变异系数	RDW_CV	%
平均血小板体积	MPV	fL
血小板分布宽度	PDW	%
血小板压积	PCT	L/L
淋巴细胞数目	Ly#	10^9 个/L
中间细胞数目	MO#	10^9 个/L
中性粒细胞数目	GR#	10^9 个/L
红细胞比容	HCT	L/L
平均红细胞血红蛋白含量	MCH	pg
平均红细胞血红蛋白浓度	MCHC	g/L

三、血液常规检验

二维码 2-4 血液常规检验指标及临床意义（视频）

（一）红细胞计数

红细胞起源于骨髓红系祖细胞，是血液中数量最多的一种血细胞，是动物体内通过血液运送氧气最主要的媒介，同时还具有免疫功能。红细胞的生成受到红细胞生成素、雄激素、维生素 B_{12}、维生素 C、维生素 B_6、叶酸、铁、钴、铜、垂体激素、甲状腺激素等的影响。红细胞计数是临床诊断疾病时重要的辅助检测项目之一。

［检验样本］

末梢血或 EDTA 抗凝静脉血。

［检验方法］

1. 显微镜计数法

(1)原理　在试管内用稀释液（此液不能破坏白细胞，但对红细胞计数影响不大，因为在一般情况下，白细胞数仅为红细胞数的 $1/10^4$）将全血稀释 200 倍，在血细胞计数板的计数室内数一定体积血液的红细胞数，然后再换算出 1 mm^3 血液内的红细胞数。

(2)器材与稀释液　红细胞稀释液(0.85%～0.9%NaCl 溶液)，沙利(Shali)氏血吸管，改良纽巴氏计数板(改良式血细胞计数板)，血细胞检查的专用盖片，2 mL 刻度吸管，显微镜，试管或青霉素瓶等。

(3)方法　取 2 mL 刻度吸管吸取红细胞稀释液 2.0 mL 置于试管或青霉素瓶中。用沙利氏血吸管准确吸取血液 10 mm^3(μL)，擦去管外黏附的血液，将血吸管内血液吹入试管底部，再吸吹数次，以洗出沙利氏血吸管内黏附的血液，立即混合均匀。用毛细吸管或玻棒蘸取已稀释好的血样，置于计数板与盖片边缘处(图 2-2)，让液体自然流入计数室内，静置 2～3 min 后即可计数。计数时，先用低倍镜，在弱光下找到计数室的格子，把中央的大方格置于视野中央，然后转用高倍镜，一般计数中央大方格内的四角与中央的中方格共 5 个中方格内的红细胞数量 X(或用对角线的方法计数 5 个中方格，每一个中方格有 16 个小方格，共计 80 个小方格)(图 2-3)。计数时要注意压在左边双线上的红细胞应计数在内；压在右边的不要计数在内；同样，压在上线的计入，压在下线的不计入，此即“数上不数下，数左不数右”的计数法则。

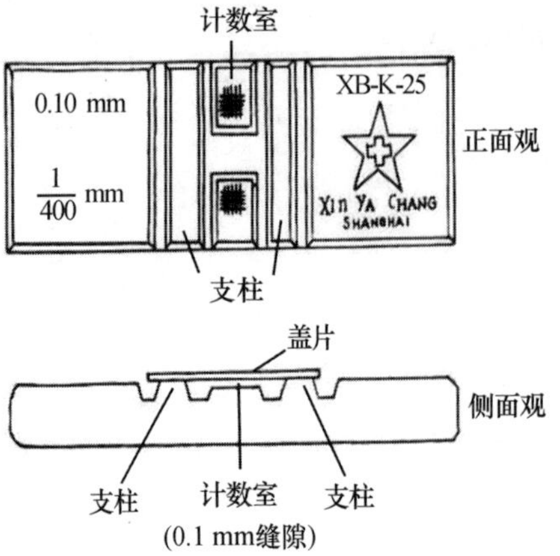

图 2-2　血细胞计数板构造

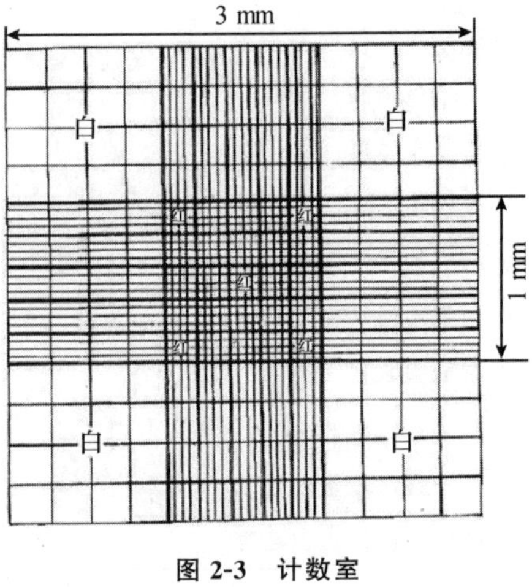

图 2-3　计数室

(4)结果计算及表示方法　先计算出 1 mm^3 血液中的红细胞个数，再换算为$\times10^{12}$ 个/L。

$$1\ mm^3\ 血液中的红细胞个数=\frac{X}{80}\times400\times200\times10$$

式中：X，5 个中方格（即 80 个小方格）的红细胞个数；400，一个大方格（面积 1 mm^2）共有 400 个小方格；200，血液稀释倍数；10，盖片与计数板之间的高度是$\frac{1}{10}$ mm，$\frac{1}{10}$ mm$\times10\times1$ mm^2 $=1$ mm^3。

(5)注意事项　①准确吸取血液 10 mm^3，血吸管外的血液要擦去，血吸管内的血液要全部洗入稀释液中。②稀释液充入计数室的量不可过多或过少。过多盖片浮起使计数结果偏高，过少则在计数室中形成小的空气泡，使计数结果偏低甚至无法计数。③显微镜台应保持水平，否则计数室内的液体流向一侧而计数不准。④按计数法则计数。⑤器械应清洁(沙利氏血吸管或专用的红细胞稀释管，每次用后，先用清水吸吹数次，然后在蒸馏水、酒精、乙醚中按次序分别吸吹数次，干后备用。血细胞计数板用蒸馏水冲洗后，浸入 95%的酒精中备用，临用前用绸布轻轻擦干即可，切不可用粗布擦拭)。

2. 血细胞分析仪法

按仪器使用方法直接测定。

[参考值]

见表 2-5。

表 2-5　健康动物红细胞数、血红蛋白含量、红细胞比容

动物	RBC/(10^{12} 个/L)	Hb/(g/L)	HCT
马	7.93±1.40	127.7±20.5	0.30±0.03
骡	7.55±1.30	127.4±21.8	0.33±0.03
驴	5.42±0.23	104.5±14.2	0.37(0.30～0.48)
黄牛	7.24±1.57	95.5±10.0	0.36±0.04
乳牛	5.97±0.86	83.7±7.0	0.37±0.03
水牛	5.91±0.98	123.0±16.6	0.39±0.02
牦牛	7.05±0.38	107.6±13.2	0.45±0.02
瘤牛	7.54±0.32	119.8±11.4	
双峰驼	9.88±1.78	118.0±10.3	0.35±0.03
山羊	15.23±1.03	92.6±5.1	0.23±0.39
奶山羊			0.35±0.01
绵羊	8.42±1.00	92.0±7.0	0.35±0.03
猪	5.51±0.34	112.3±13.7	0.39±0.04
犬	6.57±0.34	133.6±13.5	0.54±0.03

续表 2-5

动物	RBC/(10^{12} 个/L)	Hb/(g/L)	HCT
猫	8.71±0.50	115.5±13.6	0.41±0.01
兔	5.87±0.32	92.6±9.5	0.42±0.04
鸡	3.04±0.28	84.9±30.4	0.33(0.29～0.44)
火鸡	2.89±0.20	136.6±12.3	
鸭	2.90±0.50	91.7±7.2	0.44±0.03
鹅	2.98±0.15	135.0±24.4	
鸽	3.62±0.29	143.1±15.0	
鹌鹑	3.53±0.25	131.2±8.8	
猴	5.82±0.42	102.0±15.3	

[临床意义]

1.红细胞增多

每升血液中红细胞数高于正常参考值上限时,称红细胞增多。可分为相对性增多和绝对性增多两类。

(1)相对性增多　这是由于血浆中水分丢失,血液浓缩所致。见于严重呕吐、腹泻、大量出汗、急性胃肠炎、肠便秘、肠变位、瘤胃积食、瓣胃阻塞、真胃阻塞、渗出性胸膜炎、渗出性腹膜炎、日射病与热射病、大面积烧伤等。

(2)绝对性增多　红细胞增多与缺氧有关。继发性增多多发生于肺慢性疾病、充血性心衰等。原发性增多见于真性红细胞增多症,是一种原因不明的骨髓增生性疾病,仅在犬、猫、牛上有报道。

2.红细胞减少

每升血液中红细胞数、血红蛋白含量及红细胞比容低于正常参考值下限时,称为贫血。按病因可将贫血分为4类。

(1)失血性贫血　慢性失血性贫血见于胃溃疡、球虫病、钩虫病、捻转胃虫病、螨病、维生素C和凝血酶原缺乏等疾病。急性失血性贫血见于丙酮苄羟香豆素中毒、草木樨中毒、脾血管肉瘤、犬和猫自体免疫性血小板减少性紫癜、手术和外伤等。

(2)溶血性贫血　见于牛巴贝斯虫病,牛泰勒虫病,钩端螺旋体病,马传染性贫血,绵羊、猪、犊牛的甘蓝中毒和野洋葱中毒,新生骡驹溶血病,犬自体免疫性溶血性贫血等。

(3)营养性贫血　见于蛋白质缺乏,铜、铁、钴等微量元素缺乏,维生素 B_1、维生素 B_2、维生素 B_6、维生素 B_{12}、叶酸、烟酸缺乏等。

(4)再生障碍性贫血　见于辐射病、蕨中毒、羊毛圆线虫病、犬埃里希体病、猫泛白细胞减少症、慢性粒细胞白血病、淋巴细胞白血病、垂体功能低下、肾上腺功能减退、甲状腺功能减退等。

(二)血红蛋白含量测定

血红蛋白大部分存在于红细胞内,占红细胞重量的32%～36%或红细胞干重的96%,因此红细胞数与血红蛋白含量的增多或减少通常是平行的相对关系。但在某些类型贫血时(如低色素贫血)，红细胞与血红蛋白降低的程度常不一致，血红蛋白的降低比红细胞明显。故同时测定红细胞数与血红蛋白含量以做比较，对诊断更有实际意义。

[检验样本]

末梢血或EDTA抗凝静脉血。

[检验方法]

1.酸化血红蛋白法(沙利氏法)

(1)原理　红细胞遇酸溶解后，释放出血红蛋白。血红蛋白被酸化为褐色的酸化高铁血红蛋白(其中血红蛋白的含量与色泽的深浅成正比)，经稀释后利用比色方法测定血红蛋白的含量。

(2)器材与试剂

沙利氏血红蛋白计一套：内有沙利氏血吸管一支，测定管一支，装有标准玻璃色柱的比色计一套。测定管上有两种刻度。一侧刻有2～24，表示100 mL血液内血红蛋白的质量(g)；另一侧刻有20～160，表示100 mL血液中血红蛋白的百分数。国产的沙利氏血红蛋白计以每100 mL血液中含有14.5 g血红蛋白作为100%。

0.1 mol/L盐酸溶液：取浓盐酸8.5 mL，加入大约700 mL蒸馏水中，再补充蒸馏水至1 000 mL。另外也可用1%盐酸溶液。

(3)方法　在沙利氏测定管内加入0.1 mol/L盐酸液至刻度2处(一般可用滴管加入此盐酸液5滴)。用沙利氏血吸管吸血至20 mm^3处，擦去管外黏附的血液，立即将血吸管中的血液吹入测定管的盐酸液中，并轻轻吸吹数次(注意动作要轻，以防产生气泡)。轻轻摇动测定管或用细玻璃棒搅拌，使血液与盐酸充分混合，静置10 min。然后缓缓滴加蒸馏水(或盐酸液)，并用细玻璃棒搅拌，直到颜色与标准色柱完全相同为止。读取测定管内液面凹面的刻度，即为每100 mL血液中血红蛋白的质量(g)或百分数(以滴加1滴蒸馏水后颜色变浅的上一次结果为测定结果)，并换算为g/L。

(4)注意事项　①吸血前，血液振荡混匀，取血均匀。②吸血准确，血柱不应有气泡。③搅拌要均匀，防止血液发生凝块。④盐酸的浓度过低，或与盐酸作用时间不充分，结果偏低(转化率1 min转化75%，5 min转化88%，10 min转化95%)。⑤稀释要准确，应逐滴加入蒸馏水，防止稀释过度而无法比色。⑥比色对准自然光进行。

2.血细胞分析仪法

按仪器使用方法直接测定。

[参考值]

见表2-5。

[临床意义]

增减意义与红细胞计数类似。

(三)红细胞比容测定

红细胞比容(HCT)又称红细胞压积(PCV)，是指一定体积的血液中红细胞体积所占的百分比。使用血细胞分析仪时红细胞比容是指一定体积血液中各个红细胞体积的总和，由红细胞数和平均红细胞体积(MCV)值计算而得。主要与红细胞数量及大小有关，常用来诊断贫血并判断其严重程度，并用于红细胞各项平均值的计算，以帮助推断贫血的病因。

[检验样本]

末梢血或 EDTA 抗凝静脉血。

[检验方法]

1. 离心法

(1)原理　血液中加入可以保持红细胞体积大小不变的抗凝剂,混合均匀后用特制吸管吸取抗凝全血随即注入温氏测定管中,电动离心,使红细胞压缩到最小体积,然后读取红细胞比容。

(2)器材　红细胞压积测定管,又名温氏管;毛细玻璃吸管或带胶皮乳头的长针头;水平电动离心机(转速达 3 000～4 000 r/min)。

(3)试剂　10% Na_2EDTA 溶液。

(4)方法　用毛细玻璃吸管或长针头吸满抗凝全血,插入红细胞压积测定管中,随后轻轻捏胶皮乳头,自下而上挤入血液至刻度 10 处(吸管口长针头针尖在挤血过程中不要提出液面,以免血液形成气泡影响结果)。然后将测定管置于电动离心机内,以 3 000 r/min 离心 30 min(马血)或 40 min(牛血及猪血)。离心后管内的柱分为三层。上层为淡黄色或白色的血浆(驴的血浆常为白色);中层为灰白色,完全不透明,由白细胞、血小板组成;下层为红细胞的叠积层。读取红细胞柱层的刻度数,即为红细胞压积值。数值用百分率表示。

2. 血细胞分析仪法

按仪器使用方法直接测定红细胞比容。

[参考值]

见表 2-5。

[临床意义]

增减意义与红细胞计数类似。

(四)红细胞平均指数的计算

红细胞平均指数包括平均红细胞体积(MCV)、平均红细胞血红蛋白含量(MCH)和平均红细胞血红蛋白浓度(MCHC),有助于确定贫血的类型。

[检验样本]

末梢血或 EDTA 抗凝静脉血。

[检验方法]

1. 手工计算法

平均红细胞体积(MCV),是指每个红细胞的平均体积,以飞升(fL)为单位。$1\ L=10^{15}\ fL$,临床计算公式是

$$MCV(fL)=PCV(L/L)\div RBC(个/L)\times 10^{15}$$

平均红细胞血红蛋白含量(MCH),指每个红细胞内平均所含血红蛋白的量,以皮克(pg)为单位,$1\ g=10^{12}\ pg$,临床计算公式是

$$MCH(pg)=Hb(g/L)\div RBC(个/L)\times 10^{12}$$

平均红细胞血红蛋白浓度(MCHC),指平均每升红细胞中所含血红蛋白质量(g/L),临床

计算公式是

$$MCHC(g/L)=Hb(g/L)\div PCV(L/L)$$

2. 血细胞分析仪直接导出

[参考值]

见表 2-6。

表 2-6　不同动物 MCV、MCH、MCHC 参考值

项目	犬	猫	牛	马	猪	绵羊	山羊
MCV/fL	60～67	39～55	40～60	34～58	52～62	28～40	16～25
MCH/pg	19.5～24.5	13～17	11～17	13～19	17～24	8～12	5.2～8
MCHC/(g/L)	32～36	30～36	30～36	31～37	29～34	31～34	30～36

[临床意义]

MCV 增大，见于骨髓增殖性疾病、某些肝脏疾病、维生素 B_{12} 和叶酸缺乏。MCV 减小，见于某些动物的铜缺乏和铁缺乏。

MCH 增多，见于溶血性贫血(由于细胞外血红蛋白增加所致)。MCH 减少，见于缺铁性贫血。

MCHC 增高，见于免疫过程中贫血和一些溶血性贫血。MCHC 降低，见于铁缺乏和网织红细胞增多。

(五)白细胞计数

白细胞计数是指血液中各种白细胞的总数。循环血液中的白细胞包括中性粒细胞、嗜酸性粒细胞、嗜碱性粒细胞、淋巴细胞和单核细胞。虽然各种细胞功能不同，总体而言白细胞具有吞噬微生物、衰亡细胞、抗原抗体复合物、致敏红细胞和细胞碎片，分泌特异性抗体、参与体液免疫等作用。所以白细胞总数的多少对疾病诊断有一定的参考价值。

[检验样本]

末梢血或 EDTA 抗凝静脉血。

[检验方法]

1. 显微镜计数法

(1)原理　一定量的血液用冰醋酸溶液稀释后，可将红细胞破坏，然后在血细胞计数板的计数室内计数一定体积血液中的白细胞数，然后换算出每立方毫米血液内的白细胞数。此项检验需与白细胞分类计数相配合，才能正确分析与判断疾病。

(2)器材与稀释液　血细胞计数板，沙利氏血吸管，0.5 mL 吸管，小试管或青霉素瓶，毛细吸管或玻棒，显微镜，白细胞稀释液(3%的冰醋酸溶液，内加数滴结晶紫或亚甲蓝染液使呈淡紫色以区别于红细胞稀释液)。

(3)方法　于小试管或青霉素瓶内加入白细胞稀释液 0.38 mL。用沙利氏血吸管吸取血液至 20 mm^3 刻度处，擦去管外黏附的血液，将血吸管内血液吹入小试管中，反复吸吹数次，以洗净管内黏附的血液，充分振荡混合。用毛细吸管吸取(或用玻棒蘸取)稀释的血液，沿计数板与盖玻片的边缘充入计数室内，静置 1～2 min 后，低倍镜观察。将计数室四角的 4 个大方格

(每个大方格被单线分为 16 个中方格)内的全部白细胞依次数完(详见图 2-3),注意压在左线和上线的白细胞计算在内,压在右线和下线的白细胞不计算在内。

(4)结果计算及表示方法　先计算出 1 mm^3 血液中的白细胞个数,再换算为 $\times 10^9$ 个/L。

$$1\ mm^3\ 血液中的白细胞个数=\frac{X}{4}\times 20\times 10$$

式中:X 为 4 个大方格(一个大方格的面积为 1 mm^2)的白细胞总数;20 为血液稀释倍数;10 为盖片与计数板之间的高度是$\frac{1}{10}$ mm,$\frac{1}{10}$ mm$\times 10\times 1$ $mm^2=1$ mm^3。

(5)注意事项　①计数是否准确,与操作是否规范的关系很大,因此,要严格按照第 21 页的注意事项进行操作。②初生幼畜、妊娠末期、剧烈劳役、疼痛等都可使白细胞轻度增加。③白细胞计数应与白细胞分类计数的结果联系起来进行分析,白细胞总数稍有增多,而分类无大的变化者,不应认为是病理现象。④初学者容易把尘埃等异物与白细胞混淆,可用高倍镜观察白细胞形态结构加以区别。

2. 血细胞分析仪法

按仪器使用方法直接测定。

[参考值]

见表 2-7。

表 2-7　健康动物白细胞数和白细胞分类计数参考值

动物	WBC/(10^9 个/L)	嗜碱性粒细胞/%	嗜酸性粒细胞/%	中性粒细胞/%		淋巴细胞/%	单核细胞/%
				杆状核细胞	分叶核细胞		
马	9.5(5.40～13.5)	0.3	4.7	3.13	45.75	44.08	1.99
骡	8.70(4.60～12.0)	0.5	5.0	5.2	46.0	42.0	1.1
驴	10.51±3.25	0.17±0.53	5.37±3.37	1.77±1.61	36.65±7.29	53.90±7.23	0.74±0.77
黄牛	8.43±2.08	0.14±0.02	3.10±1.64	4.10±1.18	32.86±6.28	58.03±6.29	1.77±0.73
乳牛	9.41±2.13	0.12±0.83	7.80±4.72	9.52±4.62	19.64±7.95	59.24±10.37	2.96±1.89
水牛	8.04±0.30	0～1	6.5～29.9	0.3～8.4	12～38	36.7～78.5	0.3～5.4
牦牛	9.86±1.04	0.48±0.51	5.67±0.89	3.45±0.75	28.52±2.92	57.15±3.39	4.73±0.72
瘤牛	10.62±1.12	0.42±0.60	8.08±1.40	1.61±0.73	23.22±3.36	62.92±3.98	3.75±0.77
双峰驼	16.90±3.50	0.04	4.40	4.60	59.56	28.00	3.40
山羊	12.47±0.90	0.59±0.50	4.66±0.60	3.47±0.57	31.84±2.55	55.19±2.84	4.25±0.67
乳山羊	13.20±1.88	0.40±0.10	4.00±0.55	4.20±1.02	35.40±3.64	53.20±2.32	2.60±0.30
绵羊	8.00±1.70	0.20(0～1)	2.90(0～8)	3.10(0～7)	23.8(18～45)	68.1(40～75)	1.90(0～5)
猪	14.02±0.93	0.23±0.43	3.03±1.08	3.74±0.77	31.42±2.73	58.45±2.67	2.58±0.85
犬	10.93±1.29	0.28±0.46	5.16±1.32	6.25±2.06	55.59±3.38	29.41±4.72	3.31±0.69
猫	11.35±0.83	0.37±0.49	3.77±0.82	4.06±0.94	55.10±4.18	32.80±4.53	3.90±0.80
兔	9.48±1.12	0.52±0.57	1.70±0.88	3.03±0.64	30.36±3.16	61.09±3.80	3.30±0.81

［临床意义］

1. 白细胞增多

细菌及真菌感染、炎症性疾病、白血病、肿瘤、急性出血性疾病、中毒性疾病（如酸中毒、尿毒血症、洋地黄中毒等）以及注射异种蛋白之后，白细胞数均可增多。

2. 白细胞减少

①某些单纯病毒性传染病（如猪瘟、流行性感冒、马传染性贫血、猫泛白细胞减少症、犬瘟热等），由于造血器官受到抑制而使白细胞总数下降。②长期使用某些药物或一时用量过大（如磺胺类药物、氯霉素、氨基比林等），会由于骨髓造血功能受到抑制而导致白细胞减少。③各种疾病的濒死期，白细胞总数会迅速下降，有时可在一天之内降到 2 000～3 000 个/mm^3，提示预后不良。④某些血孢子虫病、血液原虫病（如弓形虫病、焦虫病）、休克、营养衰竭症以及骨髓再生功能不全时，白细胞总数均可减少。

（六）白细胞分类计数

白细胞分类计数是根据不同白细胞的特征，计算出各种白细胞的百分率。同时可辨认白细胞有无异常变化。了解各种白细胞数量的变化情况，比白细胞计数更具有诊断意义。

［检验样本］

末梢血或抗凝血 1 滴。

［检验方法］

二维码 2-5　血涂片制备与镜检使用（视频）

1. 血涂片的制作

（1）玻片的清洁　将玻片放入肥皂水或洗衣粉水中煮沸 20 min。用热水将肥皂和血膜等污物洗去，再用自来水反复冲洗，最后用蒸馏水冲洗 3～5 次。必要时再置 95％乙醇中浸泡 1 h，然后擦干或烘干备用。

新玻片：常有游离碱质，因此应用洗液或 10％盐酸液浸泡 24 h，然后分别用自来水及蒸馏水彻底冲洗。

油污玻片：将用过的玻片投入甲液（10 g/L 高锰酸钾水溶液）数小时，取出后再投入乙液（25 g/L 草酸水溶液）数小时，然后用自来水和蒸馏水冲洗干净，再置 95％乙醇中浸泡 1 h，以毛巾擦干净即可。久用后甲液可出现泥沙样沉淀，乙液有乳白色沉淀，可用棉花滤去再用，如乙液褪色应重新配制。

（2）血涂片制作　取末梢血 1 滴，置载玻片一端，取另一边缘光滑的推片，放在血滴前面慢慢后移，接触血滴后稍停，血液即沿推片散开。将推片与载片保持 30°～45°角，向前平稳均匀推动推片，载片上便留下一薄层血膜（图 2-4）。血涂片制成后，立即在空气中挥动，使其迅速干燥，以免血细胞变形。血膜干燥后，用铅笔在血膜的一侧写编号。

良好的血涂片，血膜厚薄适宜，头体尾明显，细胞分布均匀，血膜的边缘整齐，并与玻片边缘留有一定的空隙。涂片时，血滴越大，角度越大，推片速度越快则血膜越厚，反之血膜越薄。太薄的血涂片 50％的白细胞集中于边缘或尾部，不利于白细胞分类。血膜分布不均，主要是推片不整齐，用力不均匀，载玻片不清洁所致。

2. 血涂片染色

（1）瑞氏染色法　本法的特点是将固定和染色合并在一起进行，操作简便，染色时间短，对白细胞中的特异性颗粒着色较好，但对核的着色较差。

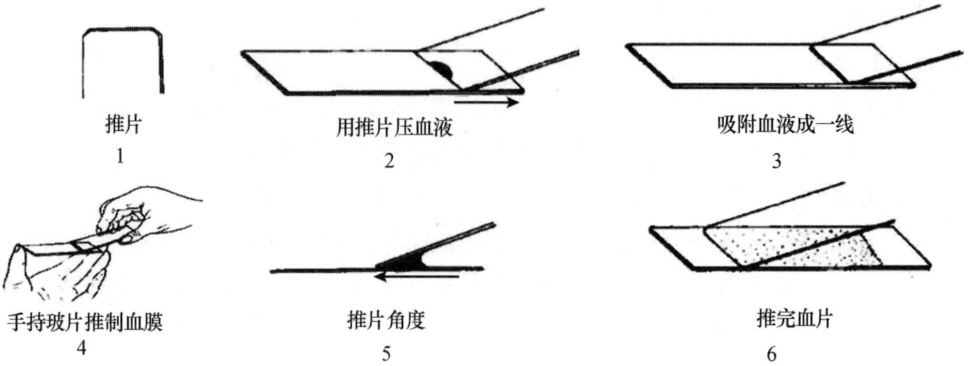

图 2-4　血涂片制作方法

①瑞氏染液　瑞氏染料(粉)1.0 g,纯甲醇(分析纯以上)600.0 mL。将全部染料放入乳钵内,先加少量甲醇慢慢地研磨(至少 30 min),以使染料充分溶解,再加一些甲醇混匀,然后将溶解的部分倒入洁净的棕色瓶内。乳钵内剩余的未溶解的染料,再加入少许甲醇细研。如此多次研磨,直至染料全部溶解,甲醇用完为止。室温下密闭保存 7 d,过滤后才能使用。此种染液放置时间越久,细胞着色越佳。

②磷酸盐缓冲液(pH 6.4～6.8)　磷酸二氢钾(KH_2PO_4)0.2 g,磷酸氢二钠(Na_2HPO_4)0.3 g,蒸馏水加至 1 000.0 mL。配好后用磷酸盐溶液校正 pH,如无缓冲液可用新鲜蒸馏水代替。

③操作　用蜡笔在血膜两头画线,以防染液溢出。然后将血涂片平放在染色架上。用瑞氏染液 3～5 滴覆盖整个血膜固定细胞 0.5～1 min。滴加等量或稍多的缓冲液,用洗耳球将其与染液吹匀,染色 5～10 min。慢慢摇动玻片,然后用流动水从玻片的一侧冲去染液,待血涂片自然干燥后(或用滤纸吸干),即可镜检。

(2)吉姆萨染色法　吉姆萨染料由天青、伊红组成,对细胞核着色较好,结构显示更清晰,而对胞浆和中性颗粒则染色较差。

①试剂　吉姆萨染料 1.0 g,甘油 66.0 mL,甲醇 66.0 mL。将 1.0 g 吉姆萨染料粉末全部倒入盛有 66.0 mL 甘油的锥形瓶内,在 56 ℃的水浴锅上加热 90～120 min,使染料与甘油充分混匀溶解,然后加入 60 ℃预热的甲醇,充分摇匀后置棕色瓶中。室温下保存 7 d,过滤后才能使用。此种染液放置时间越久,细胞着色越佳。

②操作　将干燥血涂片用甲醇固定 3～5 min;然后置于被 pH 6.4～6.8 磷酸盐缓冲液(同瑞氏染色)稀释 10～20 倍的吉姆萨染液中,浸染 10～30 min;取出用水冲洗,待干后镜检。

(3)瑞氏-吉姆萨混合染色法

①试剂　Ⅰ液:取瑞氏染粉 1.0 g、吉姆萨染粉 0.3 g,置洁净研钵中,加少量甲醇(分析纯)研磨片刻,吸出上层染液,置于棕色瓶中。再加少量甲醇,继续研磨,再吸出上层染液。如此连续几次,共用甲醇 500 mL。每天早、晚各振摇 5 min,连续 5 d,再存放 1 周即能使用。Ⅱ液:pH 6.4～6.8 磷酸盐缓冲液[磷酸二氢钾(无水)6.64 g、磷酸氢二钾(无水)2.56 g,加少量蒸馏水溶解,用磷酸盐调整 pH,加水至 1 000 mL]。

②操作　平置玻片于染色架上,滴加染液(Ⅰ液)3～5 滴,使其迅速盖满血膜,约 1 min 后滴加缓冲液(Ⅱ液)5～10 滴,轻轻摇动玻片或对准血片吹气,使缓冲液与染液充分混合,5～

10 min 后用水冲去染液，待干，镜检。

3. 计数方法

先用低倍镜全面观察血涂片上的细胞分布情况及染色的好坏，选择染色良好的涂片分区计数。一般采用四区法、三区法或一区法计数(图 2-5)。

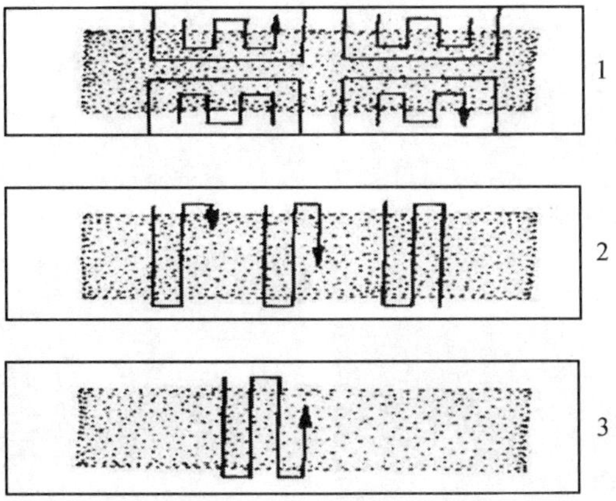

1. 四区法　2. 三区法　3. 一区法

图 2-5　白细胞分区计数法

计数 100 个白细胞(可用白细胞分类计数器，将不同的白细胞分别记录)，然后计算每种白细胞的百分率。

4. 各类白细胞的特征

根据大小、形态、胞浆中染色颗粒形状、核的形态及染色特性对各类白细胞进行鉴别。根据胞浆中有无染色颗粒，将白细胞分为颗粒细胞(中性粒细胞、嗜酸性粒细胞、嗜碱性粒细胞)和无颗粒细胞(淋巴细胞和单核细胞)。犬各类正常白细胞及成熟的红细胞见图 2-6。

二维码 2-6
血细胞形态
观察(视频)

(1)中性粒细胞　中等大小，呈圆形或椭圆形，胞浆中有细小的玫瑰红色颗粒，根据细胞核的特征又分为髓细胞、幼稚型、杆状核细胞和分叶核细胞。①髓细胞：其核色淡，着色不均，呈豆形。②幼稚型：其核色较淡，呈肾形。③杆状核细胞：其核致密、色深，弯曲呈带状、"S"形、马蹄形。④分叶核细胞：其核深紫色，有 2～3 个分叶。

(2)嗜酸性粒细胞　细胞较大，呈圆形或椭圆形，胞浆中有较大的鲜红色颗粒。核呈紫色，2～3 个分叶。

(3)嗜碱性粒细胞　细胞较大，呈圆形或椭圆形，胞浆中有较小的深紫色颗粒。核呈紫红色，分叶或不分叶。

(4)淋巴细胞　呈圆形。直径大而胞浆部分较多者称大淋巴细胞，大淋巴细胞周围有透明带。直径小、核比例大而胞浆少者称小淋巴细胞。淋巴细胞核呈圆形浓染致密，蓝紫色。处于两者之间的称为中淋巴细胞。

(5)单核细胞　细胞很大，呈不正多边多角形。胞浆呈烟灰色、暗淡。核呈紫色，肾形或不正形。

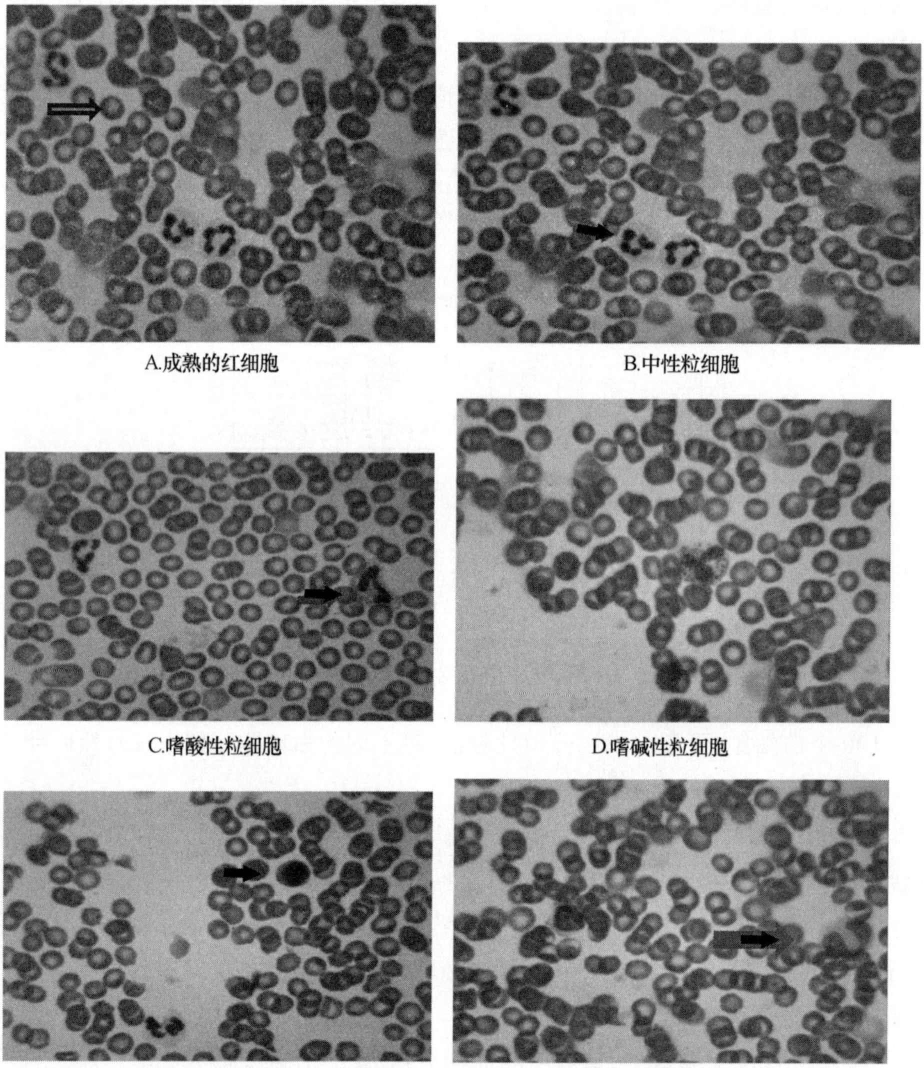

A.成熟的红细胞　B.中性粒细胞
C.嗜酸性粒细胞　D.嗜碱性粒细胞
E.淋巴细胞　F.单核细胞

图 2-6　犬各类正常白细胞及成熟的红细胞

［参考值］

详见表 2-7。

［临床意义］

1. 中性粒细胞

(1)中性粒细胞增多　见于以下情况。

①急性感染　尤其是金黄色葡萄球菌、肺炎双球菌等化脓菌感染时，白细胞总数常见增高，但也要看感染病灶的范围、感染的严重程度及机体反应能力如何。如感染局限又轻微，则白细胞总数仍可正常，但分类检查时常见分叶核中性粒细胞百分率有所增高；中等程度感染时，白细胞总数增高，并伴有轻度核左移；严重感染时白细胞总数常明显增高，且伴有重度核左移。以上情况均说明机体反应良好，因而不仅释放贮备池细胞，还将成熟池甚至分裂池粒细胞

也释放入血以应急需。但如出现以下现象说明感染过于严重，即白细胞总数不但未见增高，反而减低，核左移很严重，此时患畜多处于或接近于感染中毒性休克的状态。此种特殊的血象，可能是由于白细胞进行了再分布，即多集聚于内脏血管内，也可能是由于血液中的白细胞大量溢出血管壁，奔赴病灶局部而骨髓供应又暂时不足所致。

②严重组织损伤或大量血细胞破坏（溶血）　急性心肌梗死后 1～2 d 内，常见白细胞明显增高。急性溶血反应时也可见白细胞增多。这些可能与心肌损坏产生的蛋白分解产物及急性溶血所致的相对乏氧等而吸引、促进骨髓贮备池增加释放有关。增多的白细胞成分以分叶核中性粒细胞为主。

③急性大出血　在脾破裂或子宫破裂后，白细胞总数迅速增高，这可能与内出血而引起的一过性缺氧有关。此时病畜的血红蛋白含量由于反射性血管收缩等因素的影响而暂时仍可正常。因此，白细胞总数明显增高是早期诊断内出血的重要化验指标，增多的白细胞也主要是分叶核中性粒细胞。

④急性中毒　化学药物中毒时，常见白细胞总数增多，代谢性酸中毒、慢性肾炎、尿毒症时，也常见白细胞总数增多，均以分叶核中性粒细胞为主。

（2）中性粒细胞减少　常见的原因有某些病毒感染性疾病、再生障碍性贫血、缺铁性贫血、放射线辐射、长期使用化学药品等。重度感染、老年、体弱和抵抗力低的患畜受到中性粒细胞升高因素的刺激后，中性粒细胞反而降低，是疾病严重或预后不良的指示。

（3）中性粒细胞的核象变化　中性粒细胞的核象变化是指其细胞核的分叶状态，既可反映白细胞的成熟程度，又可反映某些疾病的病情和预后。正常时，外周血液中性粒细胞的分叶是以 2～3 叶为多，同时也可见到少量杆状核中性粒细胞。外周血液中未成熟中性粒细胞增多，即幼年核和杆状核中性粒细胞的比例升高，称为核左移（shift to left）。分叶核中性粒细胞大量增加，核的分叶数目增多（4～5 个或更多），则称为核右移（shift to right）（图 2-7）。

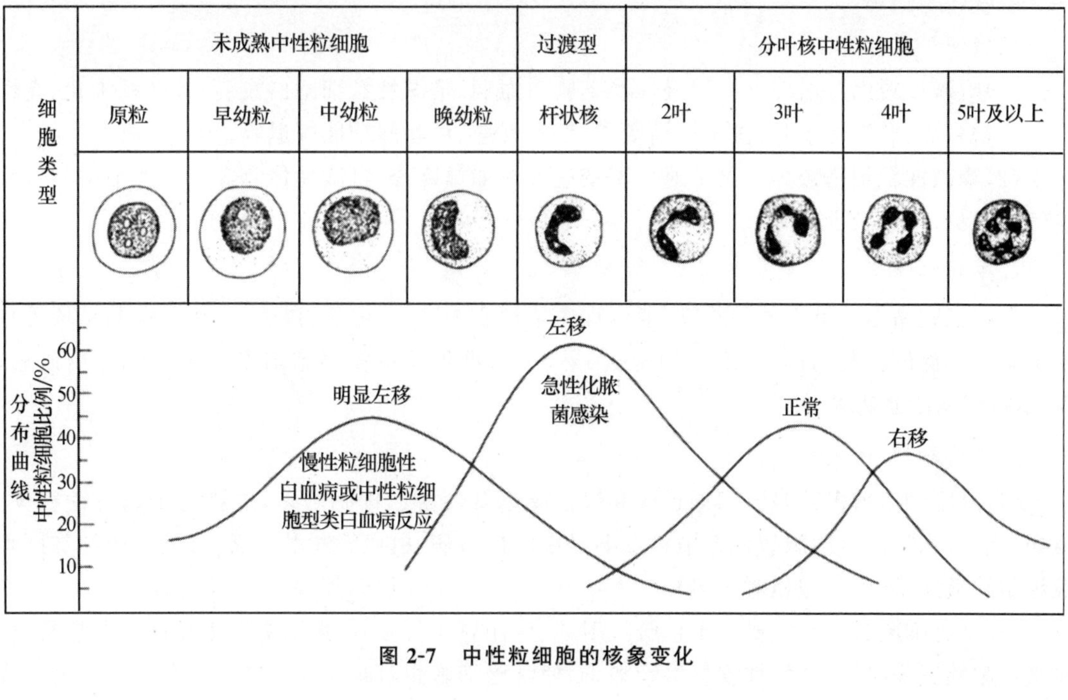

图 2-7　中性粒细胞的核象变化

①中性粒细胞核左移　当杆状核中性粒细胞超过其正常参考值的上限时，称为轻度核左移；超过其正常参考值上限的1.5倍，并伴有少数晚幼中性粒细胞时，称为中度核左移；超过白细胞比例的25%，并伴有更幼稚的中性粒细胞时，称为重度核左移。中性粒细胞核左移时，常伴有程度不同的中毒性改变。

核左移伴有白细胞总数增高，称为再生性核左移。它表示骨髓造血机能加强，机体处于积极防御阶段，常见于感染、急性中毒、急性失血和急性溶血性疾病。

核左移而白细胞总数不高，甚至减少者，称为退行性核左移。它表示骨髓造血机能减退，机体的抗病力降低，见于严重的感染、败血症等。

在兽医临床上，核左移的程度和白细胞总数的变化可作为评价动物病情严重程度和机体防御能力的指标。白细胞总数和中性粒细胞百分率略微增高，轻度核左移，表示感染程度轻，机体抵抗力较强；白细胞总数和中性粒细胞百分率均增高，中度核左移及中毒性改变，表示有严重感染；白细胞总数和中性粒细胞百分率明显增高，或白细胞总数并不增高甚至减少，但有显著核左移及中毒性改变，表示病情极为严重。

②中性粒细胞核右移　核右移是由于缺乏造血物质使脱氧核糖核酸合成障碍所致。如在疾病期出现核右移，则反映病情危重或机体高度衰弱，预后往往不良。见于重度贫血、重度感染和应用抗代谢药物治疗后。

2. 嗜酸性粒细胞

(1)嗜酸性粒细胞增多　见于过敏性疾病(如支气管哮喘、支原体肺炎、血管神经性水肿、食物过敏等)，肠寄生虫病(如钩虫病、蛔虫病等)，某些皮肤病(如剥脱性皮炎)，慢性粒细胞白血病，淋巴瘤等。

(2)嗜酸性粒细胞减少　见于伤寒、副伤寒、手术后严重组织损伤、应用肾上腺皮质激素和促肾上腺皮质激素。

3. 嗜碱性粒细胞

(1)嗜碱性粒细胞增多　见于慢性粒细胞白血病、嗜碱性粒细胞白血病、骨髓纤维化、真性红细胞增多症、黏液性水肿、溃疡性结肠炎、变态反应、甲状腺功能减退等。

(2)嗜碱性粒细胞减少　见于速发型变态反应如荨麻疹、过敏性休克等。因血液中嗜碱性粒细胞很少，临床较少检测。

4. 单核细胞

单核细胞增多。见于某些感染(亚急性感染性心内膜炎、疟疾、黑热病、活动性肺结核等)；粒细胞缺乏症的恢复期；恶性组织细胞病、淋巴瘤(可见幼单核细胞增多)、单核细胞白血病，粒-单核细胞白血病等。

5. 淋巴细胞

(1)淋巴细胞增多　多数病毒感染和慢性感染常使淋巴细胞增多，主要见于病毒性肝炎、痘病、流行性感冒、巨细胞病毒感染以及淋巴细胞白血病、白血病性淋巴瘤、再生障碍性贫血和粒细胞缺乏症(淋巴细胞相对增多)。

(2)淋巴细胞减少　主要见于接触放射线、应用肾上腺皮质激素或促肾上腺皮质激素时。严重化脓性感染时，中性粒细胞显著增加，而使淋巴细胞相对减少。

(七)血小板计数

血小板由成熟骨髓巨核细胞细胞质解离而成，具有保护毛细血管完整的作用。血小板破坏分解后能促进血管收缩和血块收缩，与血浆中其他凝血因子结合，可促进血液凝固。所以，血小板计数对诊断出血性疾病是必做的检验项目之一。

[检验样本]

Na_2EDTA 抗凝血。

[检验方法]

1.显微镜计数法

(1)原理 尿素能溶解红细胞及白细胞而保存完整形态的血小板。用复方尿素稀释液处理血液后，在血细胞计数板的计数室内计数一定体积血液中的血小板数。

(2)器材与稀释液 血细胞计数板，沙利氏血吸管，0.5 mL 吸管，小试管或青霉素瓶，毛细吸管或玻棒，显微镜，血小板常用复方尿素稀释液(尿素 10 g、枸橼酸钠 0.5 g、甲醛 0.1 mL、蒸馏水加至 100 mL，溶解过滤保存 10～20 d)。

(3)方法 吸取稀释液 0.38 mL 或 0.4 mL 于小试管内；沙利氏血吸管吸取血液 20 μL，擦净管外黏附的血液，在试管内反复吹吸混匀后静置 20 min 以上，使红白细胞溶解；稀释后的血液充入计数室内再静置 10 min，高倍镜下任选一个大方格计数。

(4)结果计算及表示方法 先计算出 1 mm^3 血液中的血小板个数，再换算为 $\times 10^{11}$ 个/L。

$$1\ mm^3 \text{ 血液中的血小板个数} = X \times 20 \times 10$$

式中：X 为 4 个大方格(一个大方格的面积为 1 mm^2)的血小板总数；20 为血液稀释倍数；10 为盖片与计数板之间的高度是 $\frac{1}{10}$ mm，$\frac{1}{10}\ mm \times 10 \times 1\ mm^2 = 1\ mm^3$。

(5)注意事项 ①采血要迅速(加抗凝剂)，防止红细胞破裂溶血造成误差。②血液与稀释液充分混匀，使红细胞完全溶解。③待血小板在计数室内完全下沉后再计数。④血小板多为圆形或椭圆形，要与尘埃相区别(尘埃有折光性)。

2.血细胞分析仪法

按仪器使用方法直接测定。

[参考值]

见表 2-8。

表 2-8 不同动物正常血小板数

动物	犬	猫	牛	马	猪	绵羊	山羊
血小板数/(10^{11} 个/L)	2～9	3～7	1～8	1～6	2～5	2.5～7.5	3～6

[临床意义]

1.血小板增多

血小板增多多为暂时性的，主要见于急性和慢性出血、骨折、创伤、手术后、真性红细胞增多症、慢性粒细胞白血病、溶血性贫血、出血性贫血、肺炎及传染性胸膜炎。

2. 血小板减少

血小板减少主要见于某些真菌毒素中毒、某些蕨类植物中毒、马传染性贫血、再生障碍性贫血、药物中毒、X线照射、急性白血病、败血症等。

(八)红细胞形态学检查

贫血的动物不仅红细胞数和血红蛋白含量减少，而且红细胞形态学也发生改变，即红细胞的大小、形态、着色性、结构异常。进行红细胞形态学检查，对于推断贫血的病因具有一定的意义。

[检验样本]

末梢血或EDTA抗凝静脉血。

[检验方法]

同白细胞分类计数，制作血涂片染色后显微镜检查。

[临床意义]

健康哺乳动物的红细胞多为无核的凹盘形，而骆驼的红细胞为卵圆形，家禽的红细胞呈卵圆形，有核。红细胞染色后四周呈浅橘红色，而中央血红蛋白含量较少，故中央较周边色淡，称为中央淡染区。淡染区的直径约相当于红细胞直径的1/3～2/5。正常红细胞的大小随动物而异，各种动物红细胞的直径为：马4.5～7.5 μm，牛4.4～7.7 μm，绵羊3.0～5.6 μm，山羊2.1～4.9 μm，猪4～9 μm，鸡(9.3～12.3) μm×(5.6～7.2) μm。病理情况下，红细胞的大小、形态、着色性和结构可发生一定的变化(图2-8)。

1. 红细胞大小异常

(1)大红细胞(macrocyte)　动物红细胞直径大于该种动物红细胞直径上限值，如马红细胞的直径大于7.5 μm。见于急性失血性贫血、溶血性贫血等。直径大于上限值0.5 μm的红细胞可称为巨红细胞(megalocyte)，见于叶酸缺乏或维生素B_{12}缺乏等所引起的营养性贫血。

(2)小红细胞(microcyte)　动物红细胞直径小于该种动物红细胞直径下限值，如马红细胞的直径小于4.5 μm。见于铜缺乏、铁缺乏等所致的低色素性贫血。

(3)红细胞大小不均(anisocytosis)　红细胞大小不均，直径可相差一倍以上。表明骨髓中红细胞系增生明显旺盛，见于溶血性贫血、失血性贫血和低色素性贫血。

2. 红细胞形态异常

(1)球形红细胞(spherocyte)　红细胞呈圆球形，体积小，着色深，中央淡染区消失。见于新生骡驹溶血性黄疸等疾病。

(2)椭圆形红细胞(elliptocyte)　红细胞呈现与骆驼红细胞相似的椭圆形。见于严重的贫血。

(3)口形红细胞(stomatocyte)　红细胞中央淡染区呈鱼口状。见于酒糟中毒和弥散性血管内凝血(DIC)。

(4)靶形红细胞(target cell)　红细胞中心部分染色深，而其周围变淡，边缘又变深，状似射击的靶。见于缺铁性贫血、阻塞性黄疸等。

(5)镰形红细胞(sickle cell)　红细胞呈镰刀状或半月状。见于猪亚硝酸盐中毒等。

(6)泪滴形红细胞(teardrop cell)　红细胞呈泪滴状或蝌蚪状。见于溶血性贫血。此外，

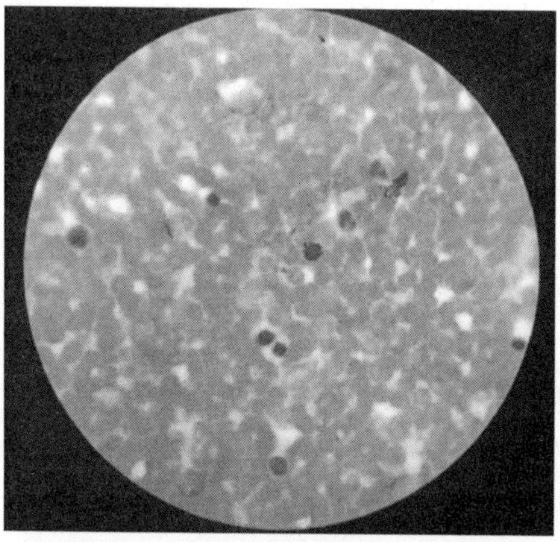
A.真性红细胞增多症

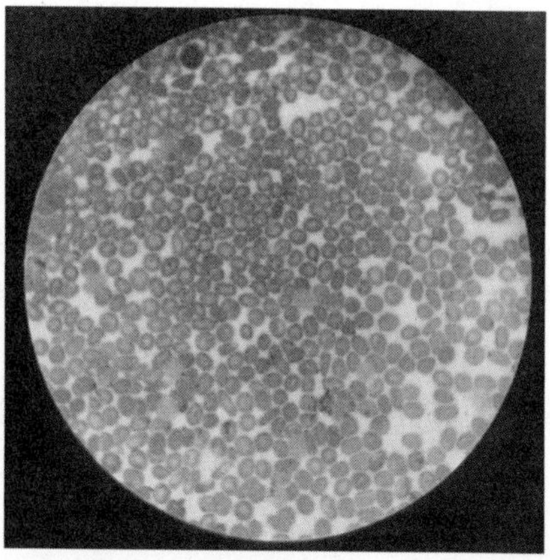
B.缺铁性贫血

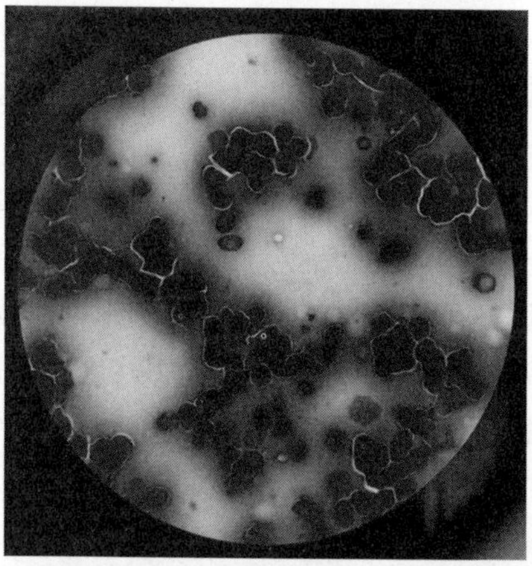
C.溶血性贫血

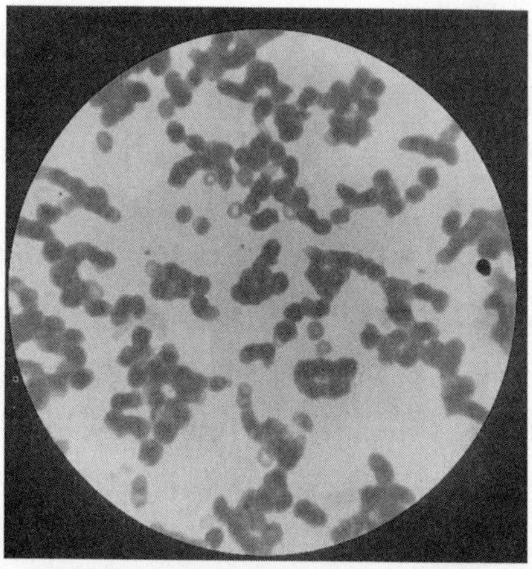
D.再生障碍性贫血

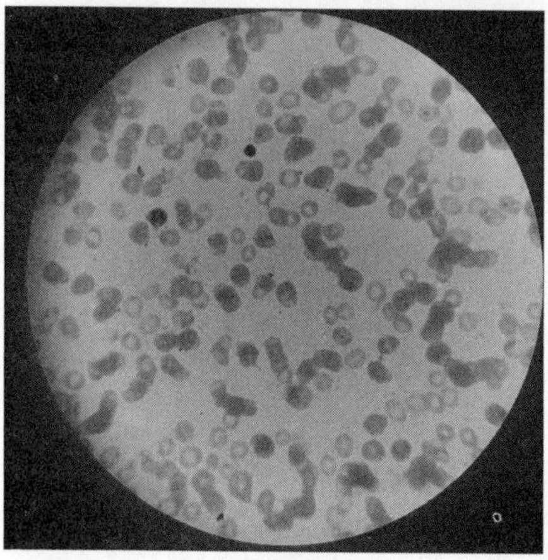
E.巨幼细胞性贫血

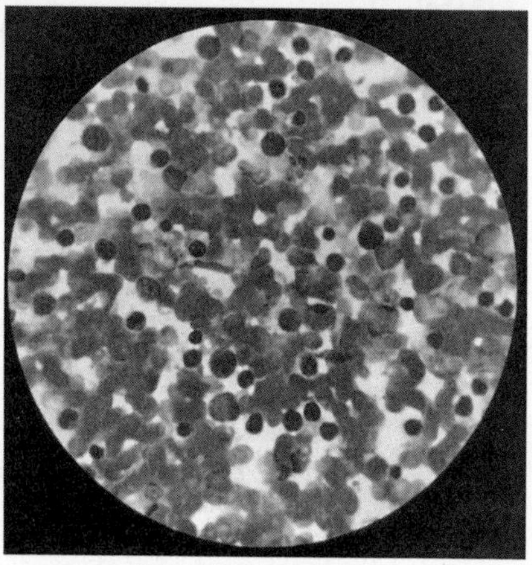
F.传染性单核细胞增多症

图 2-8　异常血细胞(血涂片)

在高海拔地区鸡的血液中也常能见到这种红细胞。

(7)星形红细胞(burr cell)　红细胞边缘皱缩,呈不规则的星芒状或钝齿状突起。见于酒糟中毒性肝脏疾病、铅中毒、尿毒症等，也见于制作血液涂片未及时干燥时。

3. 红细胞着色性异常

(1)低染色性(hypochromic)红细胞　红细胞着色很浅，中央淡染区扩大或仅周边着色而呈环状。低染色性红细胞是红细胞中所含的血红蛋白减少所致。见于缺铁性贫血、出血性贫血。

(2)浓染色性(hyperchromic)红细胞　红细胞着色深，中央淡染区消失。见于新生骡驹溶血性黄疸等。

(3)多染性(polychromatic)红细胞　红细胞呈淡灰色、淡蓝色、淡紫灰色、淡紫色，体积较正常红细胞稍大，是一种刚脱核而未完全成熟的红细胞，是骨髓造血功能活跃，红细胞再生能力强的表现。见于出血性贫血和溶血性贫血。

4. 红细胞结构异常

(1)点彩(basophilic stippling)红细胞　瑞氏染色的血液涂片中，红细胞胞浆内含有大小不同、数量不一的圆形或三角形蓝黑色小点。颗粒为红细胞胞浆内的核糖体聚集变性所致。见于铅、汞、铋等重金属中毒，是诊断铅中毒的重要指标之一。

(2)卡伯特(Cabot)氏环　在红细胞中有一紫红色的圆形或“8”字形细线状环，即卡伯特氏环。它可能是纺锤体的残余物或是细胞浆中脂蛋白变性所致。见于重金属盐中毒、恶性贫血。

(3)何-乔(Howell-Jolly)氏小体(染色质小体)　红细胞中紫红色的圆形或椭圆形、直径1～2 μm 的粗颗粒。它可能是核染色质的残留部分。见于严重贫血或脾脏切除后的动物。

(4)海因茨(Heinz)小体　血液涂片用5%甲基紫生理盐水染色后，在红细胞内可发现深紫色或蓝黑色的小点或较大的颗粒，即海因茨小体。一个红细胞内可有一至数个海因茨小体。见于铜中毒、吩噻嗪中毒、溶血性贫血。

(5)有核红细胞(nucleated erythrocyte)　即晚幼红细胞。正常哺乳动物的外周血液中见不到有核红细胞。外周血液中出现有核红细胞均属病理现象，说明骨髓受到刺激。见于严重贫血。

任务三

血液生化检验

血液生物化学检验，是利用动物血浆或血清进行化学成分分析，简称血液生化检验。血浆内含血浆蛋白（白蛋白、球蛋白、纤维蛋白原）、脂蛋白等各种营养成分以及无机盐、氧、激素、酶、抗体和细胞代谢产物等。血清是由血浆去除纤维蛋白原而形成的一种很复杂的混合物。血液生化检验对疾病的诊断和鉴别诊断、判定病情及预后等具有重要意义。血液生化检验项目包括肝功能检查、肾功能检查、心肌损伤指标检查、胰脏损伤指标检查、血糖及血脂指标检查及血液电解质检查等。

【任务解析】

完成本任务需要"动物生理"中血液的组成及理化特性、血浆成分及功能等知识，需要"动物生化"中血液生化及肝脏生化等相关知识，需要严谨的科学态度。

通过本任务的学习，能对牛、羊、猪、犬、猫、禽类等动物进行采血，并制备血清或血浆；能使用血液生化分析仪进行肝功能检查、肾功能检查、心肌酶学检查、胰脏损伤指标检查、血糖及血脂指标检查等及结果分析。

【任务实施】

【病例导入】

宠物主人张先生带着一杂交犬到宠物医院就诊。

主诉：杂交犬，雄性，3 岁，已经按程序免疫。该犬长期饲喂骨头，有较长的慢性肠炎史。11 月 24 日突然病情严重，已经 5 d，精神差，不吃东西，呕吐。曾到诊所注射消炎针，未见明显效果。

临床检查：体重 12 kg，体温 37.3 ℃。频繁性呕吐，呕吐物为黄色黏液，量多。小便赤黄、量少。大便为深咖啡色、稀软、量少。被毛凌乱无光泽，机体极度消瘦，皮肤弹性下降，皮温低。鼻镜干裂，眼窝下陷，结膜、巩膜、牙龈、全身皮肤等重度黄染。上腹部触摸敏感。舌苔厚，发绀。

请根据发病情况设计检验项目。

实验室检验项目	检验理由
1. 2. 3. ⋮	

【实践操作】

1. 采集动物血液,制备血清或血浆。
2. 使用血液生化分析仪进行血液生化检验。
3. 对血液生化检验结果进行判定。

【分析讨论】

根据实践操作,记录检验项目、材料准备、仪器设备、操作步骤及检验结果,并对操作过程中的注意事项和检验结果进行分析讨论。

检验项目	
材料准备	
仪器设备	
操作步骤	1. 2. 3. ⋮ 检验员:
检验结果	
结果分析	
体会与小结	
教师评价	

【相关知识】

一、血清或血浆的制备

详见任务二“血液常规检验”。

二、血液生化分析仪的使用

随着检验医学的飞速发展，各种全自动分析仪的引进和普及极大地扩展了检验项目，提高了检验结果的准确性，因其高效、快速而渐渐成为医院硬件建设的重点投入对象。目前，我国大型宠物医院、动物医院及科研院所已基本普及全自动血液生化分析仪。不同厂家生产的血液生化分析仪组成及操作不同，这里以某公司的 Pointcare M_4 全自动干式生化分析仪为例（图 3-1）。

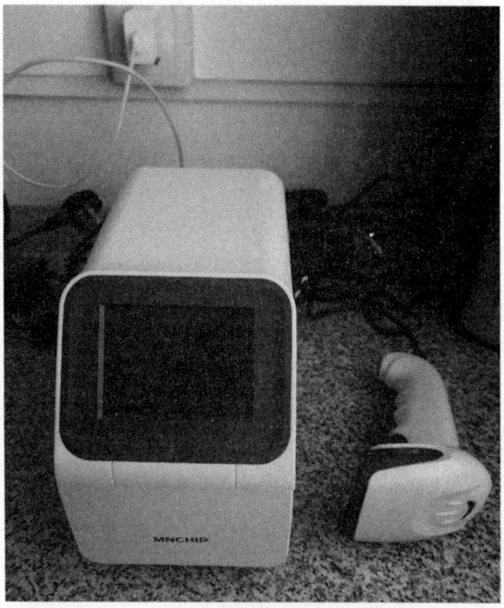

图 3-1　全自动血液生化分析仪

二维码 3-1　血液生化分析仪的使用（视频）

（一）原理

利用分光光度法分析血液样品中化学物质的种类和浓度。

（二）使用方法

（1）设备连接电源，按下开机按钮。

（2）设备开机后，点击“生化检测”。

（3）扫描铝箔袋上二维码，确定铝箔袋内盘片信息。

（4）拆开铝箔袋包装，取出盘片，在盘片加样孔中加入 100 μL 全血/血清/血浆，在稀释孔中加入稀释液。

（5）加样完毕，将盘片放入仪器舱内，撕下盘片上覆盖的蓝膜，点击“进舱”。

（6）输入病患信息，等待检测结果。

（7）检测结束后，显示检测结果。

(8)点击“出舱”,取出盘片,点击“进舱”,等待下一次检验或关机。

(三)检测项目

全自动干式生化分析仪的检测项目,见表 3-1。

表 3-1 全自动干式生化分析仪的检测项目

检测项目	缩写	检测项目	缩写
总蛋白	TP	尿素	UREA
白蛋白	ALB	尿酸	UA
球蛋白	GLO	二氧化碳	CO_2
白/球比值	A/G	钾	K^+
总胆红素	TBIL	钠	NA^+
直接胆红素	DBIL	钙	Ca^{2+}
间接胆红素	IBIL	镁	Mg^{2+}
丙氨酸氨基转移酶	ALT	氯	Cl^-
天冬氨酸氨基转移酶	AST	无机磷	P
γ-谷氨酰基转移酶	GGT	甘油三酯	TG
碱性磷酸酶	ALP	胆固醇	CHOL
肌酸激酶	CK	高密度脂蛋白胆固醇	HDL-C
肌酸激酶同工酶	CK-MB	低密度脂蛋白胆固醇	LDL-C
乳酸脱氢酶	LDH	葡萄糖	GLU
α-羟丁酸脱氢酶	α-HBDH	糖化血清蛋白	GSP
淀粉酶	AMY	同型半胱氨酸	HCY
肌酐	CRE		

三、血液生化检验

二维码 3-2 血液生化检验指标及临床意义(视频)

(一)肝功能检查

[检验样本]

血清或血浆。

[检验方法]

用血液生化分析仪测定总蛋白、白蛋白、球蛋白、总胆红素、结合胆红素、天冬氨酸氨基转移酶、丙氨酸氨基转移酶、碱性磷酸酶、γ-谷氨酰转移酶。

[参考值]

见表 3-2、表 3-3、表 3-4。

表 3-2　健康动物血清总蛋白、白蛋白和球蛋白参考值　　g/L

动物	总蛋白	白蛋白	球蛋白	白球比
牛	80.20±10.16	38.20±4.50	44.01±12.90	0.87±0.15
马	76.83±2.62	33.31±8.27	43.52±4.08	0.76±0.24
绵羊	47.50±8.06	21.25±2.50	26.25±6.31	0.83±0.12
山羊	69.60±1.20	36.30±3.01	34.60±6.70	1.05±0.11
猪	80.34±5.85	42.40±3.51	37.94±3.75	1.12±0.13
骆驼	68.42±3.50	48.76±4.42	19.66±2.54	2.56±0.61
兔	57.33±3.01	31.17±2.17	26.17±2.04	1.24±0.15
犬	55.48±2.89	26.05±1.75	29.44±3.31	0.90±0.14
猫	74.96±3.91	30.86±2.33	43.21±2.54	0.72±0.12
鸡	36.53±4.83	11.17±4.75	24.32±4.51	0.46±0.08

表 3-3　健康动物血清胆红素参考值　　μmol/L

动物	结合胆红素	总胆红素
牛	0.7～7.5	0.2～17.1
马	0～6.8	3.4～85.5
猪	0～5.1	0～10.3
绵羊	0～4.6	1.7～7.2
山羊	0～0.5	0～1.7
犬	1.0～2.1	1.7～10.3
猫	2.6～3.4	2.6～5.1

表 3-4　健康动物血清酶活性　　U/L

血清酶	犬	猫	马	牛	绵羊	山羊	猪	鸡
ALT	8.2～57.3	8.3～52.5	2.7～20.5	6.9～35.3	14.8～43.8	15.3～52.3	21.7～46.5	9.5～37.2
AST	8.9～48.5	9.2～39.5	116～287	45～110	49～123	66～230	15.3～55.3	88～208
ALP	11～100	12～65	70～226	18～153	27～156	61～283	41～176	25～44
GGT	1.0～9.7	1.8～12.0	2.7～22.4	4.9～25.7	19.6～44.1	20.0～50.0	31.0～52.0	
CK	1.15～28.4	7.2～28.2	2.4～23.4	4.8～12.1	8.1～12.9	0.8～8.9	2.4～22.5	
LDH	45～233	63～273	162～412	692～1 445	238～440	123～392	380～635	
AMS	270～1 462	371～1 193	47～188	41～98	140～270		44～88	
LPS	25～750	25～700						

注：ALT，丙氨酸氨基转移酶；AST，天冬氨酸氨基转移酶；ALP，碱性磷酸酶；GGT，γ-谷氨酰转移酶；CK，肌酸激酶；LDH，乳酸脱氢酶；AMS，α-淀粉酶；LPS，脂肪酶。

［临床意义］

1. 血清蛋白质

兽医临床上蛋白质代谢功能的检查主要测定血清总蛋白(total protein, TP)、白蛋白(albumin, A)、球蛋白(globulin, G)和白球比(A/G)。总蛋白是白蛋白和球蛋白的总和,90%以上的血清总蛋白和全部白蛋白由肝脏合成,因此血清总蛋白和白蛋白检测是反映肝脏功能的重要指标。球蛋白与机体免疫功能和血浆黏度密切相关。

(1)血清蛋白浓度升高(高蛋白血症)

血清总蛋白浓度升高:见于机体严重脱水、血液浓缩。此时血清总蛋白浓度相对升高,红细胞比容也升高,但白球比正常。

白蛋白浓度升高:单纯白蛋白浓度升高很少发生。

球蛋白浓度升高:α-球蛋白浓度升高见于组织损伤或炎症急性期。β-球蛋白浓度升高见于活动性肝脏疾病及圆线虫病。γ-球蛋白浓度升高是球蛋白升高的主要部分,见于慢性炎性疾病、免疫性疾病、淋巴瘤、骨髓瘤、肝硬化及免疫接种后等。慢性活动性肝炎和失代偿性肝炎后肝硬化时,γ-球蛋白浓度增高最为显著。在急性肝炎时,γ-球蛋白浓度正常或暂时性轻度增高;若持续增高,提示向慢性化发展。

(2)血清蛋白浓度降低(低蛋白血症)　由于血液中水分增加所致。见于静脉注射过多低渗溶液或各种原因引起的水钠潴留。

白蛋白浓度降低:往往出现白球比变小。因营养不良和消耗增加所致,见于饲料中蛋白质含量长期不足或慢性肠道疾病所引起的吸收不良,或长期消耗性疾病。因合成障碍所致,见于慢性肝脏疾病、肝脏功能严重损害时。因蛋白质丢失所致,见于大量血浆渗出、大出血、严重烧伤及肾病综合征。妊娠特别是妊娠晚期,血清白蛋白可明显下降,但分娩后又迅速恢复正常。

球蛋白浓度降低:见于幼畜喂初乳不足或未喂初乳(γ-球蛋白浓度极低),应用肾上腺皮质激素和其他免疫抑制剂,一些免疫缺陷性疾病(感染后难以控制)等。

2. 血清胆红素

胆红素是血液循环中衰老红细胞在肝脏、脾脏及骨髓的单核-吞噬细胞系统中分解和破坏的产物。红细胞破坏释放出血红蛋白,然后代谢生成游离珠蛋白和血红素。血红素(亚铁原卟啉)经微粒体血红素氧化酶的作用,生成胆绿素,进一步被催化还原为胆红素。红细胞破坏生成的胆红素占总胆红素的80%~85%,其余15%~20%来自骨髓内红细胞前体细胞的破坏及其他组织中的血红素蛋白(如肌红蛋白、过氧化物酶、过氧化氢酶及细胞色素酶等),这种胆红素称为旁路胆红素。以上形成的胆红素为游离胆红素。一旦胆红素释放进入血浆,立即与白蛋白发生结合,但这种结合是可逆的,称为非结合胆红素,不能经肾脏滤过从尿液排出。非结合胆红素随血流进入肝脏,在窦状隙与白蛋白分离,迅速被肝细胞摄取,经过复杂的代谢形成单葡萄糖醛酸胆红素和双葡萄糖醛酸胆红素,即结合胆红素。然后被排入小胆管,随胆汁进入肠道,在细菌作用下水解、还原,生成尿胆素原和尿胆素,大部分随粪便排出,小部分被肠道重吸收,经门脉入肝,重新转变为结合胆红素。红细胞破坏过多(如溶血性疾病)、肝脏代谢功能减弱及胆道阻塞等均可引起胆红素代谢障碍。临床上主要测定总胆红素和结合胆红素。

(1)总胆红素(T-Bil)或直接胆红素(D-Bil)增多　对区别黄疸的类型有重要意义。

①溶血性黄疸　血清中游离胆红素增加，因而血清总胆红素增高，但结合胆红素不增高。

②阻塞性黄疸　总胆红素和结合胆红素均增高，而且常出现 D-Bil/T-Bil>50%。

③肝细胞性黄疸　总胆红素和结合胆红素均增高。

(2)总胆红素(T-Bil)或直接胆红素(D-Bil)减少　见于各种类型的贫血。

3. 血清酶

(1)血清丙氨酸氨基转移酶(ALT)和天冬氨酸氨基转移酶(AST)　丙氨酸氨基转移酶(ALT，谷丙转氨酶)和天冬氨酸氨基转移酶(AST，谷草转氨酶)是临床上最常检验的两种血清转氨酶。ALT 主要分布在肝脏，其次是骨骼肌、肾脏、心肌等组织。AST 主要分布在心肌，其次是肝脏、骨骼肌、肾脏等组织。由此可见，ALT 和 AST 均为非特异性细胞内功能酶，正常时血清中含量很低，但当肝细胞受损时，肝细胞膜通透性增加，胞浆内的 ALT 和 AST 释放进入血浆，导致酶活性升高。

血清 ALT 活性升高：对犬和猫肝脏疾病的诊断具有重要意义。常见于各型肝炎、肝硬化、胆道疾病和其他原因引起的肝损伤，也见于严重的贫血、砷中毒、鸡脂肪肝肾综合征等疾病过程中。血清 ALT 活性可反映肝脏损伤的程度，一般认 60～400 U/L 为中度肝损伤，400 U/L 以上为严重肝损伤。由于成年马、绵羊、牛和猪肝脏 ALT 含量少，这些动物肝脏损伤时升高不明显。

血清 AST 活性升高：心肌、骨骼肌和肝脏等组织损伤均可引起 AST 活性升高，多见于乳牛产后瘫痪、黄曲霉毒素中毒、四氯化碳中毒、肌营养不良(白肌病)、肝外胆管阻塞、肝片吸虫病、高脂血症等。因此该酶对肝损伤不具有特异性，但除犬、猫和灵长类外，肝细胞破坏时，血清 AST 活性可急剧升高。在分析测定结果时，应仔细了解心脏和肌肉是否损伤，并结合肝功能检查的其他指标和临床症状综合判断。

(2)血清碱性磷酸酶(ALP)　碱性磷酸酶(ALP)主要分布在肝脏、骨骼、肾脏、小肠及胎盘中，血清中 ALP 以游离形式存在，大部分来自肝脏和骨骼，常作为肝脏疾病的检查指标之一。一般认为，幼年生长发育阶段的动物，血清 ALP 主要来自骨骼，随着动物发育成熟，来自骨骼的 ALP 逐渐减少。

血清碱性磷酸酶活性升高：见于肝胆疾病(如肝细胞损伤、胆道阻塞等)和骨骼疾病(如佝偻病、骨软症、纤维性骨炎、骨损伤及骨折修复愈合期等)。

(3)血清 γ-谷氨酰转移酶(GGT)　γ-谷氨酰转移酶(GGT)主要存在于细胞膜和微粒体上，参与谷胱甘肽的代谢，肾脏、肝脏和胰腺含量丰富。血清中 GGT 主要来自肝胆系统，在肝脏中广泛分布于肝细胞的毛细胆管和整个胆管系统，当肝脏合成亢进或胆汁排出受阻时，血清中 GGT 活性升高。

GGT 主要用于肝胆疾病的诊断，如牛、马、绵羊、猪的胆汁淤滞、肝片吸虫病、急性重型肝炎均出现 GGT 升高。江苏农学院的试验表明，给山羊灌服四氯化碳，2 d 后 GGT 比试验前升高了 4 倍。原发性或继发性肝癌时，血清 GGT 显著升高，多种血清酶测定比较试验发现，GGT 的阳性率最高。

(二)肾功能检查

[检验样本]

血清或血浆。

［检验方法］

血液生化分析仪测定肌酐、尿素、尿酸。

［参考值］

见表 3-5。

表 3-5　健康动物血清肌酐、尿素、尿酸参考值

项目	犬	猫	马	牛	绵羊	山羊	猪
肌酐/μmol/L	44～138	49～165	77～175	56～162	76～174	60～135	70～208
尿素/mmol/L	1.8～10.0	5.0～11.5	3.55～7.1	2.8～8.8	2.85～7.1	3.55～7.1	3.55～10.65
尿酸/μmol/L	0～120	0～60	54～66	0～119	0～113	18～60	

［临床意义］

1. 血清肌酐

机体每 20 g 肌肉每天代谢产生 1 mg 肌酐(Cr)，每天肌酐的生成量较恒定。在外源性摄入量稳定的情况下，血中肌酐的浓度取决于肾小球滤过能力。当肾实质损害，肾小球滤过率(GFR)降低到临界点后(降至参考值的 1/3 时)，血中肌酐浓度就会急剧上升，故测定血中肌酐浓度可作为肾功能的判定指标。敏感性较尿素氮好，但并非早期诊断指标。

(1)血清肌酐增高　见于各种原因引起的肾小球滤过功能减退。

急性肾衰竭：血清肌酐明显地进行性升高，为器质性损害的指标。

慢性肾衰竭：肾衰竭代偿期，血清肌酐＜178 μmol/L；肾衰竭失偿期，血清肌酐＞178 μmol/L；肾衰竭期，血清肌酐＞445 μmol/L。

(2)鉴别肾前性和肾实质性少尿　器质性肾衰竭时血肌酐常超过 200 μmol/L；肾前性少尿如心力衰竭、脱水、肝肾综合征、肾病综合征等所致的有效血容量下降，使肾血流量减少，血肌酐浓度上升多不超过 200 μmol/L。

2. 血清尿素

血清尿素浓度可在一定程度上反映肾小球滤过功能，但不是肾功能损伤的灵敏指标和特异指标。因为只有肾小球滤过功能下降到正常的 1/2 以下时，血清尿素浓度才会升高；此外，肾外因素如组织分解代谢加快、消化道出血、摄入过多蛋白质等都可引起血清尿素水平升高。在测定时应注意血清尿素与血清尿素氮(BUN)的区别，尿素分子中含有两个氮原子，1 mmol/L 尿素＝2 mmol/L 尿素氮，血清尿素氮(mg/dL)＝血清尿素(mmol/L)×2.8。为避免混乱，建议统一使用尿素含量。

(1)血清尿素升高

肾前性：见于脱水，此时尿素升高，但肌酐升高不明显，BUN/Cr(mg/dL)＞10，称为肾前性氮质血症。

肾性：急性肾衰竭肾功能轻度受损时，尿素可无变化，GFR 下降至 50％以下，尿素才见升高，因此血清尿素测定不能作为早期肾功能指标。但对于慢性肾衰竭，尤其是尿毒症，尿素增高的程度一般与病情严重性一致。

肾后性：见于尿道狭窄、尿路结石、膀胱肿瘤等致使尿道受压的疾病。

此外，蛋白质分解或摄入过多，如急性传染病、高热、上消化道大出血、大面积烧伤、严重创

伤、大手术后、甲状腺功能亢进、高蛋白饮食等，也出现尿素升高，但血清肌酐一般不升高。

(2)血清尿素降低　见于严重的肝病、肝硬化，长期厌食用葡萄糖治疗等。

3. 血清尿酸

尿酸(uric acid，UA)是嘌呤核苷酸分解代谢的产物。在人和其他灵长类动物，尿酸是嘌呤代谢的最终产物，随尿排出体外，而在马、牛、绵羊、山羊等动物，体内含有尿酸氧化酶，能使尿酸分解为尿囊素。嘌呤代谢紊乱(禽痛风)及肾脏对尿酸的排泄障碍(肾功能减退、严重肾损害、四氯化碳中毒、铅中毒等)等均可引起血清尿酸含量升高。

(三)心肌损伤指标检查

[检验样本]

血清或血浆。

[检验方法]

血液生化分析仪测定肌酸激酶、天冬氨酸氨基转移酶、乳酸脱氢酶。

[参考值]

详见表 3-4。

[临床意义]

1. 肌酸激酶

肌酸激酶(CK)是能量代谢过程中重要的酶类，又名肌酸磷酸激酶(CPK)，主要功能是可逆地催化肌酸和 ATP 生成磷酸肌酸和 ADP 的反应。肌酸激酶在骨骼肌和心肌中含量最高，其次是脑和平滑肌。正常动物血清中 CK 含量甚微。当上述组织受损时，CK 进入血液，血清中含量明显升高。CK 是一组具有三种同工酶的二聚体酶，CK1(CK-BB)存在于脑、外周神经、脑脊液及肠等内；CK2(CK-MB)主要存在于心肌，骨骼肌内也有少量；CK3(CK-MM)存在于骨骼肌和心肌中。肌肉损伤、各种类型肌萎缩时，血清 CK 活性均可增高，损伤后 6～12 h，即可达到最高。病毒性心肌炎、急性心肌梗死时 CK 也明显升高，且较 AST、LDH 特异性高。血浆 CK 半衰期较短，若不存在持续性损伤，通常 2～4 d 就可恢复正常，而 AST 对肌肉损伤的反应较慢，但升高后持续的时间稍长，因而对诊断及预后各具价值。牛、羊和猪维生素 E 和硒缺乏所引起的肌肉营养性疾病、母牛卧地不起综合征、马麻痹性肌红蛋白尿症等疾病时血清 CK 均明显升高。此外，动物剧烈运动、手术，肌肉注射氯丙嗪和抗生素等也能引起 CK 活性升高。

2. 天冬氨酸氨基转移酶

详见肝功能检查。

3. 血清乳酸脱氢酶

乳酸脱氢酶(LDH)广泛存在于体内各组织中，其中以心肌、骨骼肌、肾脏、肝脏、红细胞等组织或细胞中含量较高，组织中酶活力比血清高约 1 000 倍，所以即使少量组织坏死释放的酶也能使血清中 LDH 活性升高。目前已证实血清有五种乳酸脱氢酶同工酶。LDH1 和 LDH2 主要来自心肌、红细胞、白细胞及肾脏等；LDH3 主要存在于肝脏、脾脏、胰腺、白细胞、甲状腺、肾上腺及淋巴结等；LDH4 和 LDH5 主要来自肝脏及骨骼肌等。

(1)LDH 活性升高　常见于心肌损伤，骨骼肌变性、损伤及营养不良，维生素 E 及 Se 缺乏，肝脏疾病，恶性肿瘤，溶血性疾病，肾脏疾病等。

(2)LDH 同工酶活性升高　①血清 LDH1 及 LDH2 均增加，且 LDH2/LDH1 低于 1：见于急性心肌梗死。②LDH5 活性升高：急性肝炎早期，且常在黄疸出现之前已开始升高；慢性肝炎可持续升高；肝硬化、肝癌、骨骼肌损伤、手术后等 LDH5 活性也可升高。③LDH4 活性与 LDH5 活性均升高(以 LDH4 活性升高较多见)：见于阻塞性黄疸。④LDH1 活性升高：见于心肌炎、溶血性贫血等。

(四)胰脏损伤指标检查

[检验样本]

血清或血浆。

[检验方法]

血液生化分析仪测定 α-淀粉酶、脂肪酶。

[参考值]

详见表 3-4。

[临床意义]

1. α-淀粉酶(AMS)

(1)α-淀粉酶活性升高　见于胰腺炎，肾脏病，肠变位和肠阻塞、小肠炎，皮质类固醇过多(应激、肾上腺皮质机能亢进、应用皮质类固醇或糖皮质激素)等。

(2)α-淀粉酶活性降低　见于胰腺管阻塞性胰腺坏死。

2. 脂肪酶

血清脂肪酶(LPS)是脂肪水解的关键酶，胰腺是其最主要的来源。临床多见血清 LPS 活性升高，见于急性胰腺炎和胰腺癌，偶见于慢性胰腺炎。急性胰腺炎时，血清 α-淀粉酶活性升高的时间较短，而血清 LPS 活性升高可持续 10～15 d。此外，总胆管结石、癌变、肠梗阻、十二指肠穿孔等，有时 LPS 活性也可升高。

(五)血糖及血脂指标检查

[检验样本]

血清或血浆。

[检验方法]

血液生化分析仪测定血糖、胆固醇、甘油三酯。

[参考值]

见表 3-6。

表 3-6　健康动物血清葡萄糖、胆固醇、甘油三酯参考值　　mmol/L

项目	犬	猫	马	牛	绵羊	山羊	猪
血糖	3.94～6.39	2.94～6.67	3.33～5.56	2.22～4.44	2.77～4.44	2.77～4.17	0.9～1.4
胆固醇	3.4～7.0	2.4～3.4	1.9～3.9	2.0～3.1	1.3～2.0	2.0～3.4	0.9～1.4
甘油三酯	0.48±0.36	0.40			0.30±0.15		0.59±0.11

[临床意义]

1. 血糖

血糖是指血液中的葡萄糖。单胃动物的血糖，一是来自小肠内碳水化合物的消化吸收，食后 2～4 h 血糖浓度升高，二是来自肝糖原。反刍动物饲料中的碳水化合物在消化道中发酵为挥发性脂肪酸，食后血糖浓度升高甚微或根本不升高，其血糖主要由脂肪酸通过肝脏糖异生作用产生。机体通过糖原生成与分解、糖异生与酵解、脂肪形成与脂解作用之间的相互调节和平衡，使血糖的浓度保持相对恒定。血糖的浓度还受激素的调节。肝脏的糖原分解及糖异生受胰高血糖素的刺激，使血糖浓度增高，而胰高血糖素的分泌则是由低血糖症引起的一种反应。除胰高血糖素外，儿茶酚胺能刺激糖原分解，糖皮质激素能刺激糖异生。另外，肾上腺素、肾上腺皮质激素、促肾上腺皮质激素、生长激素、甲状腺素等通过调节肝糖原和肌糖原影响血糖的浓度。影响血糖水平最主要的激素是胰岛素，也是唯一降低血糖的激素。

血糖浓度反映体内糖的生成和组织消耗之间的动态平衡。血糖的相对恒定对维持机体(尤其是脑和神经)的正常生理功能有重要意义。许多疾病时都会出现糖代谢紊乱，导致血糖浓度异常。

(1)低血糖　主要是肝脏糖异生作用降低、外周组织利用葡萄糖增加或机体摄入糖不足所致。见于胰岛素增多(分泌或注射)，肾上腺皮质功能减退，糖原贮存病，新生畜低血糖症，牛酮病，绵羊妊娠毒血症，饥饿、消化吸收不良，肝脏机能不全及马黄曲霉毒素中毒。

(2)高血糖　主要是由于肝脏输出葡萄糖和外周组织利用葡萄糖之间的不平衡，或由于调节这些过程的激素紊乱所致。

①暂时性高血糖　见于反刍动物氨中毒、剧痛、运输、寒冷、兴奋、胰腺炎、注射肾上腺素和糖皮质激素等。

②持续性高血糖　见于糖尿病、肢端肥大症、垂体功能亢进性糖尿症、肾上腺和甲状腺功能亢进。

2. 血清胆固醇

胆固醇(CH)是脂质的组成部分，广泛分布于机体各组织中。血液中的胆固醇仅 10%～20%是直接从日粮中摄取的，其余主要由肝脏和肾上腺等组织合成。胆固醇主要经胆汁随粪便排出。体内胆固醇是合成胆汁酸、肾上腺皮质激素、性激素和维生素 D 等的重要原料，也是构成细胞膜的主要成分之一。

(1)胆固醇浓度升高　见于各种原因引起的肝内或肝外胆汁淤积和潴留，胆结石(尤其胆固醇结石)，急性胰腺炎，脂肪肝，糖尿病，肾病综合征等。

(2)胆固醇总量降低　见于严重贫血、营养不良、感染及甲状腺功能亢进等。

3. 血清甘油三酯(TG)

(1)TG 浓度增高　见于原发性高脂血症、肥胖症、糖尿病、脂肪肝、肾病综合征、母驴怀骡妊娠毒血症、犬急性胰腺炎、犬肝脏疾病、长期饥饿或高脂饮食等。

(2)TG 浓度降低　见于甲状腺功能减退、肾上腺皮质功能降低及严重的肝功能不全等。

(六)血清电解质检查

[检验样本]

血清。

[检验方法]

血液生化分析仪测定血清电解质。各种不同的离子测定方法不同：测定血清钾的方法有离子选择电极法、火焰光度法、四苯硼钠直接比浊法；测定血清钠的方法有离子选择电极法、火焰光度法、乙酸铀镁试剂法；测定血清氯化物通常采用离子选择电极法、硝酸汞滴定法；血清钙测定有高锰酸钾滴定法、乙二胺四乙酸二钠滴定法、邻-甲酚酞络合酮比色法；血清无机磷测定有紫外分光光度法、磷钼酸比色法等。

[参考值]

血清电解质正常参考值见表 3-7。

表 3-7 健康动物血液中各元素参考值 mmol/L

动物	钠(Na)	钾(K)	钙(Ca)*	氯(Cl)	磷(P)**
牛	132～152	3.9～5.8	2.35～3.05	97～111	0.74～3.10
马	132～146	3.0～4.7	2.25～3.25	114.00±5.52	0.96～2.26
绵羊	139～152	3.9～5.4	2.88～3.20	95～103	1.61～2.35
山羊	142～155	3.5～6.7	2.23～2.93	99～110	1.22～5.68
猪	135～150	4.4～6.7	1.78～2.90	94～106	1.71～3.10
犬	141～155	3.6～5.6	2.45～3.0	96～122	0.8～1.61
猫	143～158	3.2～5.3	2.15～2.70	108～128	1.29～2.26

注：* 血清钙(mg/dL)＝血清钙(mmol/L)×4；** 血清无机磷(mg/dL)＝血清无机磷(mmol/L)×3.1。

[临床意义]

1. 血清钾

(1)低钾血症　血清钾浓度低于 3.5 mmol/L 时即为低钾血症。①K^+由细胞外液向细胞内液转移：碱中毒；血浆胰岛素浓度升高；血浆葡萄糖浓度增加(非糖尿病性)；使用利尿剂。②K^+摄入减少：食物缺乏 K^+(少见)或食欲缺乏；输注缺 K^+ 的溶液。③经胃肠道丢失：呕吐，腹泻，过度使用灌肠剂、缓泻剂。④经尿液丢失：肾实质疾病；利尿治疗；低镁血症；盐皮质激素作用增强(醛固酮功能亢进)；非渗透性离子作用(青霉素钠、羧苄西林)。

(2)高钾血症　血清 K^+浓度等于或高于 6.0 mmol/L 即为高钾血症。高钾血症可能是钾正平衡(摄入 K^+－丢失 K^+＝正值)引起的，或者是 K^+由细胞内液转移到细胞外液引起的(体内总钾并无真正变化)。①假高钾血症：血小板或白细胞增多；溶血。②肾脏排泄 K^+减少：少尿性肾源性衰竭；肾上腺皮质功能减退(犬阿狄森氏病)；药物抑制 K^+分泌(保钾性利尿剂)；醛固酮不足；少尿性肾后衰竭。③细胞内 K^+转移或渗漏至细胞外液：代谢性或呼吸性酸中毒；组织损伤或分解导致细胞内 K^+急速释放；胰岛素不足。④K^+进入增多：口服或静脉输注钾过量。

2. 血清钠

(1)低钠血症　血清钠浓度低于 135 mmol/L 且尿比重小于 1.01 即为低钠血症。①尿钠排出过多：滥用利尿剂、肾上腺皮质功能减退、肾小管严重损害、糖尿病等。②胃肠道丢钠：主要是腹泻和呕吐、消化道手术造瘘或引流。③皮肤失钠：大出汗时只补水不补盐，大面积烧伤、创伤。④食物中缺乏盐类。⑤水过多使体内钠稀释：继发性醛固酮过多症，充血性心力衰竭，严重肝脏疾病(硬化)或肾病综合征，因静脉注射无盐溶液而呈现稀释作用。

(2)高钠血症　血清钠测定结果高于 155 mmol/L 且尿比重大于 1.03 即为高钠血症。①低渗液持续性丢失的同时缺乏足够饮水(高渗性脱水)。②大量应用钠盐(治疗时，特别是少尿或肾功能处于临界状态时)。③慢性肾脏疾病的末期。④肾上腺皮质功能亢进:原发性醛固酮过多症等。

3. 血清氯

(1)低氯血症　①严重的呕吐、腹泻等。②慢性肾上腺皮质功能减退、肾功能衰竭或严重的糖尿病(多尿)。③长期应用某些利尿剂以及大量出汗。④日粮中长期缺乏食盐等。

(2)高氯血症　①摄入过量:如食盐摄入过量而引起血液氯离子含量增多。②氯排泄减少:见于心力衰竭、脱水、肾功能衰竭及尿路阻塞等。

4. 血清钙

(1)高钙血症　①假甲状旁腺功能亢进:是非甲状旁腺组织的恶性且未发生骨骼转移的肿瘤分泌类似甲状旁腺激素物质引起的综合征,如淋巴肉瘤、直肠周围的顶泌腺癌等。②骨溶性病变:如骨髓瘤,淋巴肉瘤,霉菌性、细菌性或脓毒性骨髓炎。③原发性甲状旁腺功能亢进:老年犬偶有发生。④维生素 D 过多。⑤肾源性衰竭:慢性肾衰竭和急性肾衰竭利尿期。

(2)低钙血症　①低白蛋白血症:是低钙血症最重要的原因,通常为轻度降低。②慢性肾衰竭。③急性肾衰竭。④产后瘫痪和产后搐搦(惊厥)。⑤甲状旁腺功能减退。⑥小肠吸收不良。⑦维生素 D 缺乏。⑧反刍动物低镁血性搐搦。

5. 血清磷

(1)血清无机磷降低　①甲状旁腺机能亢进,抑制肾小管重吸收磷,尿磷排泄增多。②佝偻病、骨软病,维生素 D 不足。③牛产后血红蛋白尿等。

(2)血清无机磷升高　①甲状旁腺机能减退,肾小管重吸收磷失去控制,磷重吸收增多。②肾功能不全或衰竭,尿毒症及慢性肾炎晚期,磷酸盐排泄障碍。③维生素 D 过多症,促进肠道钙、磷吸收。

任务四

血气及酸碱平衡检查

血气是指血液中所含氧气和二氧化碳气体。机体的代谢活动必须在具有适宜酸碱度的体液内环境中进行。机体内环境酸碱度相对恒定是组织细胞正常代谢和生命活动的必要条件。健康动物依靠血液的缓冲系统、肺脏的呼吸功能以及肾脏的排酸保碱或排碱保酸功能三方面维持体液的酸碱平衡。如果任何一方面出现缺陷，都会引起机体出现酸碱平衡失调，从而发生代谢紊乱，导致功能障碍。血气和酸碱平衡分析的临床应用在于判断呼吸功能及酸碱平衡的紊乱状况，用于指导临床疾病的治疗及解释疾病的发生机理。

【任务解析】

完成本任务需要“动物生理”中血液及呼吸相关知识，需要“动物病理”中水盐平衡及酸碱平衡等相关知识，需要严谨的科学态度。

通过本任务的学习，会按照血气分析仪说明操作并检测样本，能对血气及酸碱平衡检测结果进行分析。

【任务实施】

【病例导入】

2022 年 9 月 25 日，余先生带着一只金毛犬到宠物医院就诊。

主诉，宠物 11 岁，前段时间患子宫蓄脓，后经抗生素治疗，症状减轻。该犬在抗生素治疗子宫蓄脓的第 19 天出现腹泻，后腹泻逐渐严重，口服补液盐、思密达、双歧杆菌三联活菌效果不明显。

临床检查：体重 21 kg；体温 37.3 ℃；频繁腹泻，大便呈水样，量少。被毛凌乱无光泽，机体极度消瘦，皮肤弹性下降，皮温低；鼻镜干裂，眼窝下陷，可视黏膜苍白。腹部稍稍膨大，腹部触摸敏感。

请根据发病情况设计检验项目。

实验室检验项目	检验理由
1. 2. 3. ⋮	

【实践操作】

1. 采集动物血液。
2. 用血气分析仪检测酸碱度、氧分压、二氧化碳分压。
3. 对血气及酸碱平衡检测结果进行判定。

【分析讨论】

根据实践操作，记录检验项目、材料准备、仪器设备、操作步骤及检验结果，并对操作过程中的注意事项和检验结果进行分析讨论。

检验项目	
材料准备	
仪器设备	
操作步骤	1. 2. 3. ⋮ 检验员：
检验结果	
结果分析	
体会与小结	
教师评价	

【相关知识】

一、机体酸碱平衡调节机制

酸碱度适宜的体液环境是动物机体进行正常生理活动和代谢过程的需要。通常，动物的体液保持着一定的 H^+ 浓度，也即保持着较为恒定的 pH（动脉血浆的 pH 为 7.35～7.45，平均为 7.4 左右）。但是动物机体在代谢的过程中，不断产生酸性物质，也产生碱性物质，使得体液中的 H^+ 浓度经常有所变动。为了使血液中 H^+ 浓度仅在很小范围内变动，动物机体通过体液的缓冲系统、肺的呼吸和肾的排泄对酸碱平衡进行调节。

（一）血液缓冲系统的调节机理

由弱酸及弱酸盐组成的缓冲对分布于血浆和红细胞内，这些缓冲对共同构成血液的缓冲系统。血浆的缓冲对有 $NaHCO_3/H_2CO_3$、Na_2HPO_4/NaH_2PO_4 和血浆蛋白（Pr）缓冲对 Na-Pr/H-Pr；红细胞内缓冲对有 $KHCO_3/H_2CO_3$、K_2HPO_4/KH_2PO_4，血红蛋白（Hb）缓冲对 K-Hb/H-Hb 和氧合血红蛋白（HbO_2）缓冲对 K-HbO_2/H-HbO_2 等。缓冲系统能有效地将进入血液中的强酸转化为弱酸，强碱转化为弱碱，最大限度地降低强酸、强碱对机体造成的损害，以维持 pH 的正常。血液的缓冲系统以 HCO_3^-/H_2CO_3 最为重要。HCO_3^- 的正常平均值为 24 mmol/L，H_2CO_3 平均为 1.2 mmol/L，两者比值 $HCO_3^-/H_2CO_3=24/1.2=20:1$。只要 HCO_3^-/H_2CO_3 保持 20∶1，即使 HCO_3^- 和 H_2CO_3 的绝对值高低有变化，血浆的 pH 仍能保持在 7.40。

（二）肾脏的调节机理

肾在酸碱平衡调节系统中起着最重要的作用。肾通过改变排出固定酸及保留碱性物质的量，来维持血浆 HCO_3^- 浓度，使血浆 pH 不变。血液缓冲系统和肺脏对酸碱平衡的调节作用发生较快（几秒钟至几分钟），而肾脏的调节作用发生缓慢，但持续时间较长。如果肾功能异常，则不仅影响其对酸碱平衡的正常调节，而且本身也会引起酸碱平衡紊乱。肾脏参与体内酸碱平衡调节有三方面的机制。

1. 分泌 H^+ 和 HCO_3^- 的重吸收

肾小管上皮细胞可以将 CO_2 转化成 H_2CO_3，以 H^+ 形式和 Na^+ 进行交换。同时促进小管液中 HCO_3^- 转化为 CO_2 和 HCO_3^- 与 Na^+ 的重吸收回血。

2. 分泌 NH_3 和 HCO_3^- 的产生

肾小管各段，特别是近曲小管，可以以 NH_4^+-Na^+ 交换的形式分泌 NH_4^+，但又有约 75% 的 NH_4^+ 在髓袢升支段以 NH_4^+-Na^+-$2Cl^-$ 协同转运方式被重吸收进入间质。因此肾脏在调节酸碱平衡中的作用主要在于远曲小管下段及集合管对 NH_3 的分泌和管腔内 NH_4^+ 的形成。从尿中每排一个 NH_4^+，同时在细胞内产生一个 HCO_3^- 回血。

3. 排出可滴定酸和产生 HCO_3^-

正常尿量时，肾小管上皮细胞分泌出的 H^+ 主要由尿液中的缓冲对（$HPO_4^{2-}/H_2PO_4^-$ 及 NH_3/NH_4^+）缓冲，即 HPO_4^{2-} 与 NH_3 反应，以 $H_2PO_4^-$ 及 NH_4^+ 形式排出。因酸性磷酸盐（NaH_2PO_4）可中和碱，故称为可滴定酸。该 H^+ 仍是来自细胞内的 H_2CO_3，因此可滴定酸每结合一个 H^+，同时有一个新产生的 HCO_3^- 进入血液。

（三）肺脏的调节机理

肺主要是通过排出 CO_2，对酸碱平衡进行调节。如排出 CO_2 可使动脉血中二氧化碳分压（$PaCO_2$）下降，也即调节了血中的 H_2CO_3。如果机体的呼吸功能失常，本身就可以引起酸碱平衡紊乱，也会影响其对酸碱平衡紊乱的代偿能力。当 $PaCO_2$ 升高，氧分压（PaO_2）降低，血浆 pH 下降时，可刺激延脑的中枢化学感受器和主动脉弓、颈动脉体的外周化学感受器，反射性地引起呼吸中枢兴奋，呼吸加深加快，排出 CO_2 增多，使血浆 H_2CO_3 浓度降低；但 $PaCO_2$ 过高则引起呼吸中枢抑制。而当 $PaCO_2$ 降低或血浆 pH 升高时，呼吸变慢变浅，CO_2 排出减少，使血浆中 H_2CO_3 浓度升高。通过这种调节，以维持血浆 HCO_3^-/H_2CO_3。

二、血气分析仪的构成及分析参数

不同厂家的仪器型号不同，各有不同的程序和性能，应按其说明书进行操作。电极是血气分析仪的重要部件，包括 pH 电极、PCO_2 电极、PO_2 电极和参比电极，应注意保养和维护。pH 标定液和气体定标应准确，以确保测定结果的可靠性。

血气和酸碱平衡分析的参数包括：血红蛋白（Hb）、酸碱度（pH）、非呼吸性酸碱度（non respiration pH，pHNR）、二氧化碳分压（PCO_2）、氧分压（PO_2）、氧饱和度（saturation oxygen，SO_2）和血红蛋白 50%氧饱和度时氧分压（P_{50}）、二氧化碳总量（TCO_2）、实际碳酸氢盐（actual bicarbonate，AB）和标准碳酸氢盐（standard bicarbonate，SB）、缓冲碱（buffer base，BB）、剩余碱（base excess，BE）、肺泡—动脉氧分压差（A-aD O_2）、阴离子隙（anion gap，AG）等。现介绍其中常用的几项。

三、血气及酸碱平衡分析

［检验样本］

动物动脉或静脉抗凝血。

［检验方法］

血气分析仪检测。

［参考值］

见表 4-1。

表 4-1　临床常见酸碱平衡紊乱的实验室诊断

项目	pH	PCO_2	HCO_3^-	BE	AB	SB	BB	原因
代谢性酸中毒	↓	↓	↓	负值增大	↓	↓	↓	腹泻、缺氧、肾衰、高钾血症、酮病等
呼吸性酸中毒	↓	↑	↑或正常	正值增大	↑	↑	↑	通气障碍引起 CO_2 排出受阻
代谢性碱中毒	↑	↑	↑	正值增大	↑	↑	↑	呕吐、长期用利尿药、低钾血症等
呼吸性碱中毒	↑	↓	↓	正常	—	—	—	肺通气过度
呼吸性酸中毒并代谢性酸中毒	↓	↑	↓	负值增大	↓	↓	↓	肺水肿、慢性阻塞性肺病、CO 中毒

续表 4-1

项目	pH	PCO_2	HCO_3^-	BE	AB	SB	BB	原因
代谢性碱中毒并呼吸性碱中毒	↑	↓	↑	正值增大	↑	↑	↑	呕吐、通气过度
呼吸性酸中毒并代谢性碱中毒	正常↑↓	↑	↑	正值增大	↑	↑	↑	慢性阻塞性肺病
代谢性酸中毒并呼吸性碱中毒	正常↑↓	↓	↓	负值增大	↓	↓	↓	糖尿病、肾衰、慢性肝病
代谢性酸中毒并代谢性碱中毒	正常	正常↑↓	正常	正常	正常	正常	正常	呕吐、腹泻

注：↑表示升高，↓表示下降，↑↓表示升高或降低不定。

［临床意义］

1. 酸碱度(pH)

血液 pH 维持恒定主要取决于碳酸氢盐/碳酸缓冲对。pH 参考值为 7.35～7.45，pH 大于 7.45 为碱血症，pH 小于 7.35 为酸血症。极值为 6.8 和 7.8。血液 pH 只决定是否有酸血症或碱血症，而 pH 正常并不能排除酸碱失衡，而且单凭 pH 不能区别是代谢性还是呼吸性酸碱失衡。

2. 二氧化碳分压(PCO_2)

动脉血 PCO_2 参考范围 4.65～5.98 kPa(35～45 mmHg)；小于 4.65 kPa 为低碳酸血症，大于 5.98 kPa 为高碳酸血症。极值为 1.33 kPa 和 17.29 kPa。PCO_2 增高提示存在肺泡通气不足，体内 CO_2 滞留；PCO_2 降低提示通气过度，体内 CO_2 排出过多。

3. 氧分压(PO_2)

氧分压指血浆中物理溶解 O_2 的张力。动脉血 PO_2 参考值为 10.64～13.3 kPa(80～100 mmHg)，低于 7.31 kPa 即有呼吸衰竭。

4. 实际碳酸氢盐(AB)和标准碳酸氢盐(SB)

AB 是指血浆中 HCO_3^- 的实际含量。SB 是指体温 37 ℃时 PCO_2 在 5.32 kPa(40 mmHg)、Hb 在 100%氧饱和条件下所测出的 HCO_3^- 的含量，即排除呼吸因素的改变的影响，故称为标准碳酸氢盐。AB 参考值为 21.4～27.3 mmol/L；SB 参考值为 21.3～24.8 mmol/L。代谢性酸中毒时血中 AB 和 SB 均下降，代谢性碱中毒时血中 AB 和 SB 均增加。

5. 缓冲碱(BB)

缓冲碱是全血中具有缓冲作用的阴离子总和。由于 BB 指标不仅受血浆蛋白和 Hb 的明显影响，而且还受呼吸因素及电解质影响，因此认为其不能确切反映代谢酸碱的内稳态情况。

6. 剩余碱(BE)

剩余碱指血液 pH 偏酸或偏碱时，在标准条件下(温度 37 ℃、一个大气压，$PaCO_2$ 在 5.32 kPa、Hb 完全氧合)，用碱或酸将 1 L 血液的 pH 调到 7.40 所需加入的碱或酸量。BE 参考值为－3～＋3 mmol/L。BE 能表示血浆、全血或细胞外液中碱储量增加或减少的量。当 BE 是正值时，在 BE 前加“＋”，即碱超(base excess)；当 BE 为负值时，则在 BE 前加“－”，即碱缺(base deficit)。当 BE 为正值时，说明缓冲碱增加；当 BE 为负值时，说明缓冲碱减少。因此 BE 是酸碱内稳态中反映代谢性因素的一个客观指标。

7. 阴离子隙(AG)

阴离子隙是指血清中所测定的阳离子电荷总数与阴离子电荷总数的差,可采用以下简化公式表示:$AG(mmol/L)=Na^{+}-[Cl^{-}+HCO_3^{-}]$,参考值为 8～16 mmol/L。阴离子隙是评价体液酸碱状况的一项重要指标,可鉴别不同类型的代谢性酸中毒。AG 增高见于高 AG 代谢性酸中毒,如乳酸性酸中毒、酮酸酸中毒等。AG 降低见于各种原因所致阳离子浓度降低,如低钾血症、低钙血症等;各种原因所致的脱水,使带负电荷的离子增加;代谢性碱中毒,如乳酸增加等。

任务五
尿液检验

尿液是血液经肾小球滤过、肾小管和集合管的排泌及重吸收的终末代谢产物。尿液的成分和性状反映机体的代谢状况，也受机体各系统功能状态的影响。动物患某种疾病特别是尿道疾病时，其尿液的组成和性状会发生变化，所以临床上通过尿液检验可以获得对疾病特别是尿道疾病的早期诊断，以及病情、治疗效果和预后判断的依据。常用的尿液检验项目包括：尿液物理检查，检查尿量、尿色、透明度、气味、比重等；尿液化学检查，测定尿液 pH 及所含化学成分，如蛋白质、葡萄糖、潜血等；尿沉渣检查，检查尿液的无机沉渣、有机沉渣等。

【任务解析】

完成本任务需要“动物生理”中尿的生成、尿的生成调节及尿的排放等知识，需要“动物生化”中氨的代谢等相关知识，需要“动物临床诊疗技术”中导尿法的操作技能，需要严谨的科学态度。

通过本任务的学习，能采集牛、羊、猪、犬、猫等动物的尿液，会进行尿液的物理检查、化学检查及沉渣检查，并会使用尿液分析仪。

【任务实施】

【病例导入】

一头 4 岁荷斯坦奶牛，5 d 前开始发病，少量吃草，不吃精料，产奶量下降，不断消瘦，2011 年 9 月 7 日就诊。

体温为 39.2 ℃，脉搏为 67 次/min，呼吸为 24 次/min。病牛精神沉郁，食欲减退，能吃少量干草，不吃精料，反刍无力，产奶量降低，瘤胃运动机能降低，皮肤失去弹性，被毛粗乱，体重急剧下降，乳中泡沫增多，呼出的气体、尿液有轻微的烂苹果味。

请根据发病情况设计检验项目。

实验室检验项目	检验理由
1. 2. 3. ⋮	

【实践操作】

1. 尿液的采集与处理。
2. 尿液的物理检查。
3. 尿液的化学检查。
4. 尿沉渣检查。
5. 结果判定。

【分析讨论】

根据实践操作，记录检验项目、材料准备、仪器设备、操作步骤及检验结果，并对操作过程中的注意事项和检验结果进行分析讨论。

检验项目	
材料准备	
仪器设备	
操作步骤	1. 2. 3. ⋮ 检验员：
检验结果	
结果分析	
体会与小结	
教师评价	

【相关知识】

一、尿液的收集及处理

(一)尿液的收集

1. 自然接取动物尿液

通常用清洁的容器,在家畜自然排尿时直接接取,也可以直肠内按摩膀胱或用温水灌注直肠引起排尿。母畜可以用洗净的手指按摩外阴下部引起排尿,公畜可以用手指密封尿道口2 min 引起排尿。此外,尚可用塑料或胶皮制接尿袋,固定在公畜阴囊的下方或母畜的外阴部以接取尿液。该法容易采集尿样,但容易被污染。值得注意的是,牛、羊、骆驼常常休息后站立时排尿。

2. 人工导尿

犬、猫尿液的采集多使用人工导尿。

公畜导尿时侧卧保定,上后肢前方转位,暴露腹底部,大动物也可站立保定。助手一手将阴茎包皮向后退缩,另一手在阴囊前方将阴茎向前推,使阴茎龟头露出。选择适宜的导尿管,并将其前端 2~3 cm 涂以润滑剂。操作者(戴灭菌乳胶手套)一手固定阴茎龟头,另一手持导尿管从尿道口慢慢插入尿道内或用止血钳夹持导尿管徐徐推进。导尿管通过坐骨弓尿道弯曲部时常发生困难,可用手指按压会阴部皮肤或稍退回导尿管调整其方位重新插入。一旦通过坐骨弓尿道弯曲部,导尿管易进入膀胱,尿液流出,接 20 mL 注射器抽吸。抽吸完毕,于膀胱内注入抗生素溶液,拔出导尿管。

母畜导尿时多数情况行站立保定。先用 0.1%新洁尔灭消毒液清洗阴门,然后将 2%利多卡因溶液滴入阴道穹隆黏膜进行表面麻醉。操作者戴灭菌乳胶手套,在导尿管顶端 3~5 cm处涂灭菌润滑剂。一手食指伸入阴道,沿尿生殖前庭底壁向前触摸尿道结节(其后方为尿道外口),另一手持导尿管插入阴门内,在前食指的引导下,向前下方缓缓插入尿道外口直至进入膀胱内。导尿完毕向膀胱内注入抗生素药液,然后拔出导尿管,解除保定。

3. 膀胱穿刺

经膀胱穿刺采集的尿液,可以减少在动物排尿过程中收集尿液的污染,使尿液的化验和细菌培养结果更为准确,也可减少导尿引起医源性尿道感染的机会。另外,膀胱穿刺技术还可以在动物排尿困难或尿闭时,排出膀胱积尿,防止膀胱破裂,缓解症状。膀胱穿刺时,动物前躯侧卧,后躯半仰卧保定。术部剪毛、消毒。一手隔着腹壁固定膀胱,另一手持一次性注射器,将其针头与动物耻骨前缘 3~5 cm 处腹白线一侧腹底壁上皮肤呈 45°角,向骨盆方向刺入膀胱,回抽,有尿液证明在膀胱,采集所需尿液,拔出针头,消毒。

(二)尿液的处理

尿液采集后应在 30 min 内完成检验,以避免细菌繁殖、细胞及管型等有形成分破坏、病理性尿酮减少甚至消失。如不能及时检验,应贮存于冰箱(4 ℃冰箱可保存 6~8 h 或加防腐剂保存)。常用防腐剂见表 5-1。

表 5-1　尿液常用防腐剂

种类	用法	原理及应用
甲苯	100 mL 尿液中加甲苯 2 mL	在尿标本表面形成一层薄膜，阻止样本与空气接触而达到防腐效果。适用于尿蛋白检查，是尿液检查最好的防腐剂
麝香草酚	100 mL 尿液中加入麝香草酚 0.1 g	既能抑制细菌生长，又能保护有形成分
甲醛	100 mL 尿液中加甲醛原液 0.2～0.5 mL	有利于保存有形成分和防腐，但因为甲醛有还原性的醛基，不适于化学检查

二、尿液的物理检查

二维码 5-1　尿液的采集和处理(视频)

(一)尿量

尿量就是动物 24 h 内排出的尿液总量。动物排尿量除受肾泌尿功能影响外，还受到温度、饲料含水量、劳动强度的影响。

[测定方法]

使用代谢笼，收集 24 h 尿量。

[临床意义]

1. 尿量增多

多尿是指动物 24 h 内排出的尿量多于正常值，是肾小球滤过能力增强或肾小管吸收能力减弱的表现。常见于肾充血、慢性肾炎、大量渗出液被吸收、重症传染病退热期、少数慢性传染病(结核病、传染性贫血)、中毒或者食入发霉变质饲料、过量饮水等。

2. 尿量减少

少尿是指动物 24 h 排出少量尿液，此时的尿液浓稠、比重大、异味重。常见于心脏衰弱、急性弥漫性肾炎、所有发热性疾病、许多传染病、腹水、腹泻、大出汗、重症失血、胸水和其他水肿性疾病。

(二)浑浊度(透明度)

正常马、骡的尿，含有大量的碳酸钙和不溶性磷酸盐类，浑浊不透明；其他健康动物的尿澄清透明。

马尿变透明，除因喂精料过多或重役外，常是病理现象。见于纤维性骨营养不良、慢性胃肠卡他等(使尿变酸，尿中大量碳酸钙被溶解)。牛和肉食动物的尿变浑浊，常提示肾脏和尿路疾病。这是尿中混入炎性细胞、白细胞、上皮细胞、坏死组织片或细菌等的结果，可以进行尿沉渣检查和尿液的化学检查。

(三)尿色

一般情况下健康动物排出的尿都呈现深浅不一的黄色。马尿黄色，牛尿淡黄色，犬尿和兔尿黄色，猪尿最淡为水样。当尿色发生变化时首先检查饲料、饮水或是否用了什么药物，如维生素 B_2 使尿呈浓黄色，台盼蓝类使尿呈蓝色，大黄或氨基比林使尿偏红色。尿色变红常常是尿液中混有血液、血红蛋白、肌红蛋白或者是服用药物引起的。常见于泌尿系统出血性疾病、溶血性疾病、肌肉变性坏死、血红蛋白合成障碍及服用了某些药物。上述疾病眼观有些相似，可以通过潜血试验、镜检、透明度的变化加以区别。

(四)气味

不同动物的尿液因含有不同的挥发性有机酸而具有特殊的气味。一般尿液越浓,气味就越大。在病理状态下,尿的气味往往发生改变。如膀胱炎或尿液长期潴留时,由于细菌的作用,尿素分解生成氨,尿液有氨臭。当膀胱、尿道有溃疡、坏死或化脓性炎症时,由于蛋白质分解,尿液有腐败臭。牛酮血病和产后瘫痪时,尿中含有大量酮体,尿有丙酮味(烂苹果味)。

(五)尿比重

尿比重是指在 4 ℃条件下,尿液与同体积纯水的重量之比。尿比重的高低取决于尿中溶质的浓度,尿中溶质浓度与排尿量的多少成反比(糖尿病例外),还与饮水、出汗以及肺和肠道的排水量等因素有关。

[检验样品]

新鲜尿液。

[测定方法]

1. 比重计法

将混合均匀的尿液沿量筒(100 mL)或其他容器壁缓缓倒入,到比重计能浮起为度,吸去上面的气泡。将比重计垂直放入尿液中,不可与侧壁和底面接触。待比重计稳定后,读取尿液面与比重计凹面重合点的刻度,即为尿比重。

比重计上的刻度是以室温在 15 ℃或 20 ℃为标准制定的。当室温高于标准温度 3 ℃时,所测比重应加 0.001;反之,应减 0.001。

2. 化学试带法

化学试带法又称干化学法,用尿液分析仪或目视比色法读出比重值。

[参考值]

马 1.020~1.050,牛 1.025~1.045,猪 1.010~1.030,羊 1.015~1.045,犬 1.010~1.030,猫 1.035~1.060。

[临床意义]

1. 尿比重增高

见于任何原因引起的脱水(如腹泻、呕吐、出血、出汗和利尿)、热性病、糖尿病、急性肾炎初期、心脏衰弱及渗出性疾病的渗出期。

2. 尿比重降低

见于急性肾炎、慢性肾小管性肾炎、尿崩症、肾上腺皮质功能亢进、子宫蓄脓(大量饮水)、渗出液的吸收期。

二维码 5-2 尿液常规检验指标及临床意义(视频)

三、尿液的化学检查

因为关于尿液成分的重要信息是肾的排出率,而不是尿液中的浓度,而且浓度取决于同时排出的尿量的多少,所以尿液的化学检查不会像血液的生化检验一样做精确的测定。尿液的化学检验包括尿液的酸碱度及尿蛋白质、葡萄糖、酮体、胆红素、尿胆原、血红蛋白、亚硝酸盐、白细胞酯酶、维生素C等。

(一)pH

［测定方法］

可采取pH试纸法或pH计测定法。

［参考值］

健康动物尿液酸碱度参考值见表5-2。

表5-2　健康动物尿液酸碱度参考值

动物	牛	犊牛	马	山羊	羔羊	猪	犬、猫
尿pH	7.7～8.7	7.0～8.3	7.2～7.8	8.0～8.5	6.4～6.8	6.5～7.8	6.0～7.0

［临床意义］

1. 尿液pH降低

见于严重腹泻、糖尿病、任何原发性肾衰竭和尿毒症。

2. 尿液pH升高

见于剧烈呕吐，膀胱炎或膀胱尿道的组织崩解，代谢性或呼吸性碱中毒，投服碳酸氢钠或乳酸钠。

(二)蛋白质

［测定方法］

1. 硝酸法

取一支试管，先加35%硝酸溶液1～2 mL，随后沿试管壁缓慢滴加尿液，使两液重叠，静置5 min，观察结果。两液重叠面产生白色环者为阳性反应。白色环越宽，表示蛋白质含量越高。按含量的多少，常用1～5个"＋"号表示。

2. 煮沸加酸法

取尿液5～10 mL于试管中(不超过试管1/3)，尿液加热煮沸。如出现白色浑浊或絮状沉淀，待冷却后再滴加10%醋酸溶液1～3滴，若浑浊不消失，则说明为尿蛋白阳性。浑浊程度越高，尿蛋白含量也就越高。

3. 磺基水杨酸法

取酸化尿液(加入适量10%醋酸溶液)少许于载玻片上，滴加5%磺基水杨酸1～2滴。如有蛋白质存在，即产生白色浑浊。

或取酸化尿液5 mL于试管中，再加入5%磺基水杨酸数滴，待3～5 min后观察。若出现混浊或沉淀，说明为阳性反应；加热煮沸后沉淀仍不消失，可排除因尿酸盐、蛋白胨等所引起的假阳性反应。此法观察极为方便，灵敏度很高。

4. 化学试带法

用尿液分析仪或目视比色法读出测定值。

［临床意义］

由于剧烈的运动、精神紧张、寒冷、发热、摄入蛋白质过多等引起肾小球内血流动力学改变，可引起暂时性尿蛋白增加，此时泌尿系统无器质性病变，称为功能性蛋白尿或生理性蛋白尿。

病理性的蛋白尿见于许多疾病过程。①肾脏的器质性病变导致肾小球滤过膜损伤或孔径增大，而使蛋白质透过性增强，或肾小管损伤使重吸收能力降低，这种蛋白尿持久而稳定，常见于急性肾炎、慢性肾炎、间质性肾炎、肾盂肾炎等。这类疾病时尿中除含较多的蛋白质外，尿沉渣中还有肾上皮细胞和管型，并且病畜表现相应的临床症状。②某些药物和化学物质可引起以肾病为特征的肾脏损伤，导致肾小管上皮细胞肿胀、退行性变和坏死等，出现显著的蛋白尿，见于重金属（如汞、铅、砷等）、有机溶剂（如苯、乙醚、四氯化碳等）、抗生素（如卡那霉素、庆大霉素、磺胺类等）中毒以及采食霉变饲料等。③在许多急性热性传染病（如猪瘟、猪丹毒、传染性胸膜肺炎、流感、马腺疫、马传染性贫血、血孢子虫病等）过程中，由于肾脏淤血和肾小管上皮损伤，可发生轻微或暂时性蛋白尿。④肾脏梗死、肿瘤、创伤和代谢性酸中毒等也可引起肾病并伴发蛋白尿。⑤尿内混有大量的血、脓、黏液等成分，也可导致蛋白质定性试验阳性。见于血尿、膀胱炎、阴道或包皮分泌物、前列腺炎、尿道炎等。

（三）葡萄糖

健康动物的尿中仅含微量的葡萄糖，一般化学方法无法检出。若用一般方法检出尿中含有葡萄糖时，称为糖尿，常用班氏试剂法检测。

［测定方法］

1. 葡萄糖还原法

(1)原理　葡萄糖含有醛基，在热碱性溶液中能将硫酸铜还原成黄色的氧化铜或黄红色的氧化亚铜。

(2)配制班氏试剂　硫酸铜 17.3 g，枸橼酸钠 173 g，无水碳酸钠 100 g，加蒸馏水至 1 000 mL。

(3)操作方法　试管中加入 5 mL 班氏试剂，再加被检尿液 8～10 滴，振荡，加热煮沸 1～2 min，冷却后判定结果见表 5-3。

表 5-3　葡萄糖还原法检测尿糖的颜色变化与尿糖含量的关系

符号	反应颜色	葡萄糖的大致含量/(g/100 mL)
－	仍为蓝色	无糖
＋	仅在冷却后才有微量黄绿色沉淀	0.5 以下
＋＋	冷却后管底有多量黄绿色沉淀	0.5～1
＋＋＋	冷却后管底有多量黄色沉淀	1～2
＋＋＋＋	冷却后管底有多量黄红色沉淀	2 以上

2. 化学试带法

用尿液分析仪或目视比色法读出测定值。

［临床意义］

1. 暂时性糖尿

暂时性糖尿又称生理性糖尿。见于恐惧、兴奋等引起机体肾上腺素分泌增多及肾小管对葡萄糖的重吸收暂时性降低，也见于饲喂大量含糖饲料等。

2. 病理性糖尿

见于糖尿病、甲状腺功能亢进、肾上腺皮质功能亢进、肾脏疾病、化学药品中毒、肝脏疾病等。

(四)酮体

健康家畜的尿中含微量酮体,用一般化学方法无法检出。若用一般方法检出尿中含有酮体时,称为酮尿。亚硝基铁氰化钠法是检查奶牛亚临床酮病的简易方法,犬、猫尿酮测定多用尿液分析仪直接测定。

[测定方法]

1. 亚硝基铁氰化钠法

(1)原理　尿液中的乙酰乙酸、丙酮,在碱性溶液中,与亚硝基铁氰化钠作用产生红色或紫红色物质。这种物质在醋酸溶液内不但不褪色,而且色泽深度还会增加。

(2)试剂　5%亚硝基铁氰化钠水溶液(此液不能长期保存,应配制新鲜溶液并贮于棕色瓶中),10%氢氧化钠水溶液(或氨水),20%醋酸溶液(98%的醋酸溶液 20 mL 加蒸馏水至 100 mL)。

(3)方法　取试管一支,先加尿液 5 mL,随即加入 5%亚硝基铁氰化钠溶液和 10%氢氧化钠溶液各 0.5 mL(约 10 滴),再加入 20%醋酸溶液 1 mL(约 20 滴),颠倒混合,观察结果(或取 5 mL 被检尿液加入试管内,再加 5～10 滴新配制的饱和亚硝基铁氰化钠液及冰醋酸各 1 mL,充分混合,然后用吸管小心沿管壁加入氨水 2.0 mL 使其重积于混合液面上。若两液接触面出现红色或紫红色环,为阳性反应。显色越快、越深,说明酮体含量越高)。

(4)结果判定　尿液呈现红色为阳性反应,加入 20%醋酸溶液后颜色消失为阴性。根据颜色的不同,可以估计丙酮的大致含量,判定方法见表 5-4。

表 5-4　亚硝基铁氰化钠法测定尿中酮体结果判定参考

符号	反应颜色	丙酮的大致含量/(mg/100 mL)
+	淡红色	2～6
++	红色	10～15
+++	深红色	20～30
++++	黑红色	40～50

2. 化学试带法

用尿液分析仪或目视比色法读出测定值。

[临床意义]

尿中出现酮体,主要见于奶牛酮病、羊的妊娠毒血症、仔猪低血糖、犬和猫的糖尿病等。另外,长期绝食、长期饥饿、各种原因所致的消瘦、酸中毒、长期麻醉以及恶性肿瘤等,尿中也会出现少量酮体。

(五)胆红素

尿中胆红素都是直接胆红素,间接胆红素不能通过肾小球毛细血管壁。正常犬尿中含有微量胆红素,公犬微量胆红素阳性率为 77.3%,母犬为 22.7%。其他动物尿中不含任何胆红素。

［测定方法］

1. 碘环法

胆红素可被碘氧化成胆绿素而显绿色。反应式为

$$C_{33}H_{36}N_4O_6+I_2 \longrightarrow C_{33}H_{34}N_4O_6+2HI$$

取被检尿液 3 mL 于试管中，用滴管沿试管壁慢慢加入稀碘液（碘 1.0 g，碘化钾 2.0 g，蒸馏水加至 100 mL）1 mL，停 1～2 min 后观察结果。

2. 斑点试验法

尿液中加入氯化钡使生成硫酸钡和磷酸钡。胆红素被硫酸钡吸附而沉淀，于沉淀上滴加三氯醋酸氯化高铁液。在酸性条件下氯化高铁将胆红素氧化成胆绿素而呈绿色。

取新鲜尿液 10 mL 放于试管中，加入 10％三氯化钡 5 mL，混合过滤。将滤纸平铺在另外一张干滤纸上。加一滴三氯醋酸氯化高铁溶液，如果显绿色为阳性反应，证明尿中有胆红素存在。如果不显绿色则为阴性。

3. 化学试带法

用尿液分析仪或目视比色法读出测定值。

［临床意义］

尿胆红素检验阳性见于阻塞性黄疸（如结石、胆道瘤、寄生虫）、肝细胞性黄疸（如犬传染性肝炎、肝坏死、钩端螺旋体病、肝硬化）及溶血性黄疸（如巴贝斯虫病、自体性溶血、糖尿病、猫传染性腹膜炎、猫白血病）等。

（六）尿胆原

尿胆原是肠道中细菌还原直接胆红素而产生的物质，从粪便中排出的为粪胆原，大部分尿胆素原从肠道重吸收经肝脏转化为结合胆红素再排入肠道，小部分尿胆素原从肾小球滤过从尿液排出。因此，健康动物的尿中含有少量的尿胆原。

［测定方法］

1. 欧氏法

尿胆原在酸性条件下与对二甲基氨基苯甲醛发生醛化反应，生成红色化合物。此醛化反应与尿胆原含吡咯环有关。

取新鲜无胆红素尿液 5 mL 置于试管中，加入欧氏试剂（对二甲基氨基苯甲醛 2 g，溶于 80 mL 蒸馏水中，然后加入 20 mL 浓盐酸）0.5 mL（约 10 滴）。在自然光线下，自管口向管底观察（在试管底部衬以白纸，可使色泽更为显著）。红色越深，表明尿胆原含量越多。

2. 化学试带法

用尿液分析仪或目视比色法读出测定值。

［临床意义］

1. 尿胆原增多

常见于肝脏疾病（如肝炎、中毒性肝炎、肝硬化）、溶血性疾病、充血性心力衰竭、便秘和肠道阻塞的初期。

2. 尿胆原减少

见于肠道阻塞、肾炎的后期，多尿，腹泻，口服抗生素（抑制和杀死肠道细菌）等。

(七)血红蛋白

健康动物的尿液不含有红细胞或血红蛋白。尿液中含有不能用肉眼直接观察到的红细胞或血红蛋白称为尿潜血。

[测定方法]

1. 联苯胺法

(1)原理　尿液中的血红蛋白或红细胞被酸破坏所产生的血红蛋白,具有过氧化氢酶的作用,可以分解过氧化氢而产生新生态的氧,使联苯胺氧化成蓝色或绿色的联苯胺蓝。

(2)试剂　联苯胺、3%过氧化氢溶液、冰醋酸溶液等。

(3)方法　取联苯胺少许(绿豆粒大,0.5～1 g)于试管中,加冰醋酸 2 mL,振荡溶解,再加入 3%过氧化氢溶液 3 mL,充分混合后,将煮沸后冷却的被检尿 5 mL 重积其上。若两液接触面出现绿色或蓝色环,则为阳性。显色的快慢和深浅可表示反应的强弱。若 3 min 内出现蓝色、绿色反应为阳性,3 min 后仍不显色为阴性。

2. 化学试带法

用尿液分析仪或目视比色法读出测定值。

[临床意义]

1. 血尿

常见于泌尿器官炎症(如急性肾炎、肾盂肾炎、输尿管炎、膀胱炎、尿结石、尿道炎)、肿瘤(肾脏和膀胱肿瘤)、寄生虫病(如犬恶丝虫幼虫、肾膨结线虫、皱褶毛细线虫等感染)、某些中毒性疾病(如铜、砷、汞、甜三叶草、蕨类植物等中毒)。此外,出血性败血病、出血性紫斑、出血性钩端螺旋体病、炭疽、心衰伴发肾淤血症状者,尿也会呈现潜血阳性反应。

2. 血红蛋白尿

常见于引起溶血的各种疾病,如钩端螺旋体病、血液寄生虫病(如血孢子虫病)、牛产后血红蛋白尿、某些中毒性疾病(如铜、汞中毒)、细菌(如溶血性梭菌)感染以及新生仔畜溶血病等。

(八)亚硝酸盐

[测定方法]

化学试带法:用尿液分析仪或目视比色法读出测定值。

[临床意义]

正常情况下,尿液亚硝酸盐的定性实验一般为阴性。当泌尿系统受到感染时,由于细菌还原硝酸盐生成亚硝酸盐,因此检验结果为阳性。常见于大肠杆菌引起的泌尿系统感染。尿液亚硝酸盐检测结果为阳性时,提示尿液中的细菌数量在 10 万个/mL 以上。

(九)白细胞酯酶

[测定方法]

化学试带法:用尿液分析仪或目视比色法读出测定值。

[临床意义]

在各种尿路炎症情况下,尿液中都可能出现白细胞。

(十)维生素 C

测定尿中维生素 C 量的最简便的方法是碘酸法。

[**测定方法**]

1. 碘酸法

将尿液用棉花滤过后取 1 mL 于试管中，加入 10 mL 蒸馏水，再加入 1 mL 醋酸液、1 mL 2% 碘化钾液及 5 滴 2%淀粉液。混合后再用 0.001 mol/L 碘酸钾液滴定至出现黄色，以黄色在 30 s 内不消失为终点，记录碘酸钾用量 V_1。

因已知 0.001 mol/L 碘酸钾液 1 mL 相当于维生素 C 0.088 mg，则 100 mL 尿中所含维生素 C 可按下式算出：

$$100\ \text{mL 尿中维生素 C 含量}=\frac{V_1\times 0.088\ \text{mg}\times 100}{V_2}$$

式中：V_1 为滴定消耗碘酸钾体积，mL；V_2 为尿样体积，mL。

2. 化学试带法

用尿液分析仪或目视比色法读出测定值。

[**临床意义**]

尿中维生素 C 的含量，与其摄入量有关。动物机体缺乏维生素 C 时，其红细胞数及所含血红蛋白以及组织中的糖原、血糖等的分解作用均降低，蛋白分解增强，血液凝固性降低，骨及软骨组织发生营养障碍，骨质变得疏松及引起骨脆症。尿液中维生素 C 含量增高，可对尿液中血红蛋白、葡萄糖、亚硝酸盐试带反应产生严重的负干扰，通过检测可以判断试带法其他项目检测是否正确，以避免假阴性结果存在。

四、尿液分析仪的使用

尿液分析仪目前已经成为宠物医院及相关机构进行尿液自动化检查的重要仪器，能够快速检查出尿液中的某些化学成分，并且操作简单。现以某公司的 URIT-180 尿液分析仪为例来介绍其原理、检测项目及使用方法等(图 5-1)。

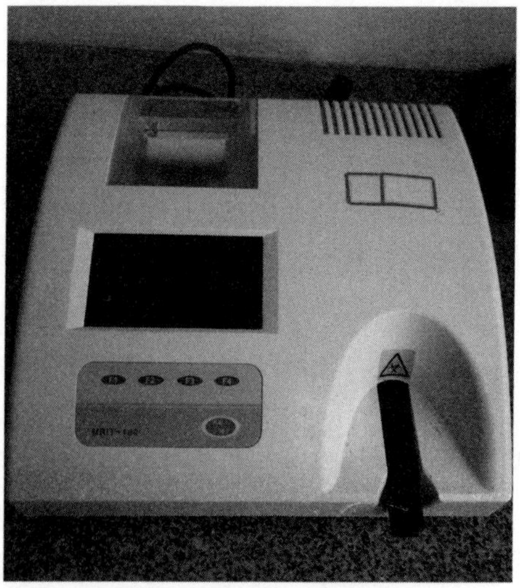

图 5-1 全自动尿液分析仪

(一)原理及参数

试纸条上的试剂区与尿液中的生化成分反应产生颜色变化,色块颜色的深浅使它在单色光的照射下反射率不同,根据反射率的梯度可确定尿液中生化成分含量。对多个试剂区进行测试,从而实现对尿液中多项生化成分的检验。

根据检测实际情况,尿液分析仪可以设置时间、尿试带类型、打印形式、单位等参数。

(二)尿液分析仪检测项目

不同生产厂家的尿液分析仪检测项目有所不同,目前常用的是 11 项检测尿液分析仪。检测项目包括尿蛋白、尿葡萄糖、尿 pH、尿酮体、尿胆红素、尿胆原、尿潜血、亚硝酸盐、尿白细胞、尿比重和维生素 C。

(三)尿液分析仪使用方法

(1)打开电源开关,系统进入自检状态。仪器自动检测外界光强、机械单位、控制单位、光敏探头。自检正常,屏幕进入主屏幕,显示时间、日期等信息。此时按“菜单”键,进入主菜单,根据需要对仪器进行设置;自检结束后,载物台移出,仪器处于待机状态。

(2)检查载物台位置是否正确及载物台和白色校准片是否干净,如发现有异物及时清理。

(3)按“开始”键,蜂鸣器鸣三短声,在 5 s 内完成将试纸浸入尿液 2 s、取出沥干。20 s 后,蜂鸣器鸣一长声,在 10 s 内将试纸放置在载物台上的凹槽内。

(4)检测完成后读取结果。

(四)尿液分析仪使用注意事项

(1)尿液分析仪使用前必须仔细阅读仪器说明书,详细了解仪器的工作原理、操作规程、注意事项、校正方法以及仪器保养要求。

(2)仪器应安装在远离电磁干扰源、热源、防止阳光照射、防潮、通风好的实验台上,室内温度应在 15～25 ℃,相对湿度应小于 80%。

(3)开机后用校正带进行测定,当校正带检测结果与校正带要求完全一致后才能进行质控物或尿标本的检测。

(4)尿液分析仪测定结果与手工法结果有一定的差异,并且影响因素也不完全一样。如尿液分析仪主要对白蛋白起反应,对球蛋白反应不敏感;测定尿糖的灵敏度比班氏法高,但最高浓度只能测到“+++”;胆红素测定比手工法灵敏度低;尿液分析仪只能与完整的粒细胞起反应,而不与淋巴细胞发生反应等。因此当用两者做对比试验时应注意这些差别。报告结果时还应注意报告清楚尿液颜色、透明度等一般性状检查结果。外观异常时,即使结果正常也应做显微镜检查。

(5)要结合临床进行结果分析,既不可一概以检验结果确定疾病,也不可一概否定检验结果,应具体问题具体分析。

五、尿沉渣检查

尿沉渣检查是指对尿液进行离心或静置后,借助显微镜观察沉渣的种类、形态、数量等,判断机体的病理变化。尿沉渣的成分主要有两类:无机沉渣和有机沉渣。前者多为各种盐类结晶,后者包括上皮细胞、红细胞、白细胞、脓细胞、各种管型及微生物等。

［检验样品］

新鲜尿液。

［检验方法］

取新鲜尿液(采尿后不超过 30 min),离心(1 000～3 000 r/min,3～5 min)或静置。去上清液,取少许沉渣滴于载玻片上(图 5-2),滴加 1 滴碘溶液,加盖玻片。检查细胞构造时,在载玻片上加 10%醋酸数滴,则细胞核很明显。镜检时,使视野稍暗,先用低倍镜检查后转换高倍镜。

二维码 5-3　尿液分析仪和尿沉渣检查(视频)

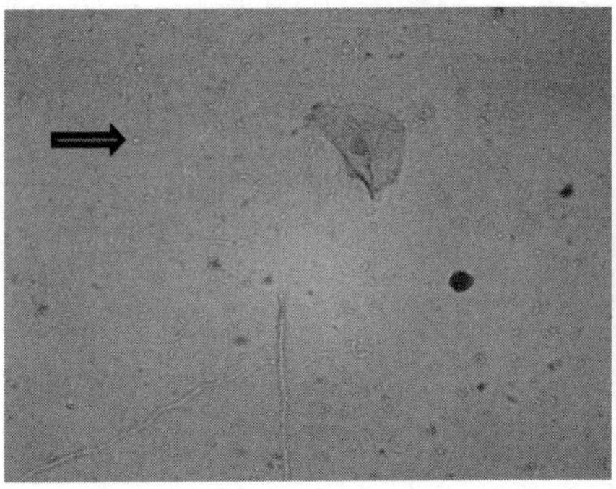

1. 尿液中的细菌

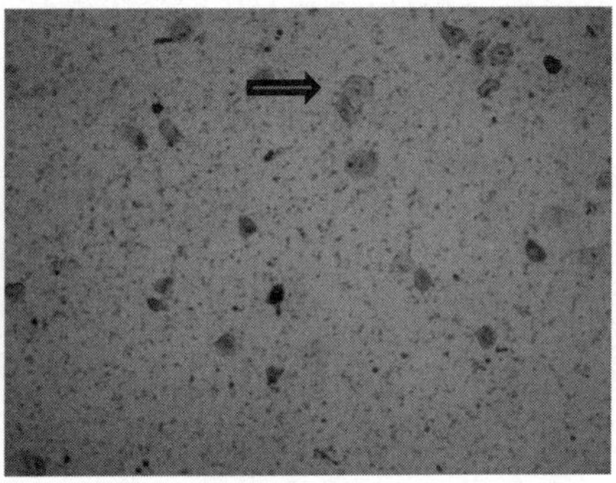

2. 尿液中的上皮细胞

图 5-2　尿液沉渣

［临床意义］

1. 尿中的有机沉渣

(1)上皮细胞　见图 5-3。

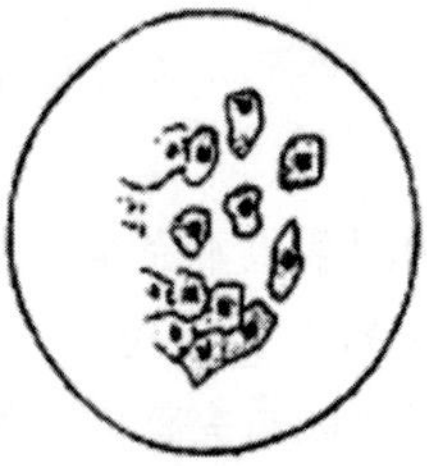

肾上皮细胞

肾盂及尿路上皮细胞

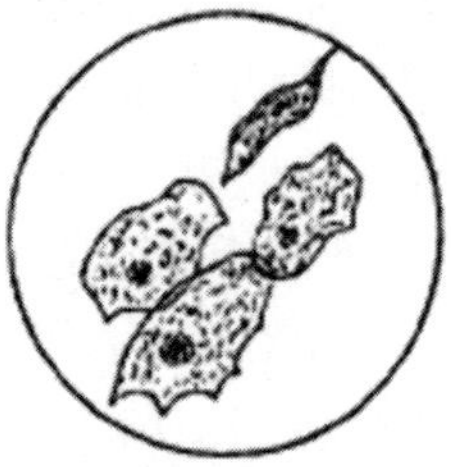

扁平上皮细胞

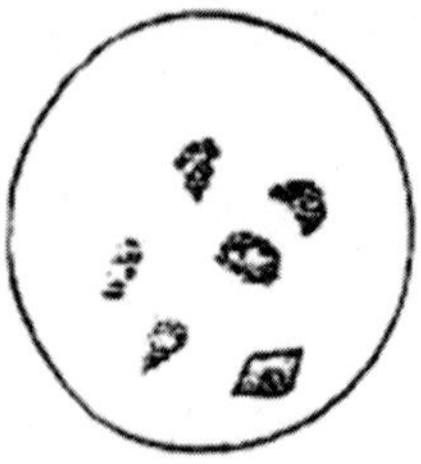

脂肪变性的肾上皮细胞

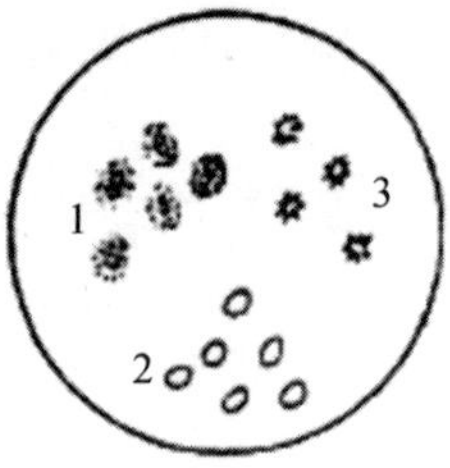

1.白细胞　2.正常红细胞　3.异形红细胞

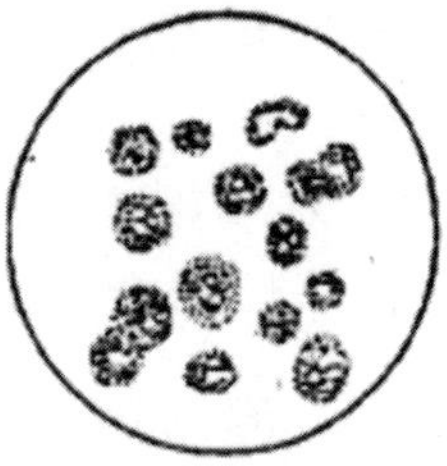

脓细胞

图 5-3　尿液中的细胞

肾上皮细胞:呈小圆形。核圆形,较大而明显,位于细胞的中央。细胞浆中有小颗粒。见于肾炎,常集聚而成为上皮细胞管型。

肾盂及尿路上皮细胞:比肾上皮细胞大。肾盂上皮细胞呈高脚杯状,细胞核较大,偏离中心。尿路上皮细胞多呈纺锤形,也有多角形及圆形,核大,位于中央或略偏离中心。这些细胞在尿中大量出现,为肾盂肾炎、输尿管炎的特征。

膀胱上皮细胞:膀胱黏膜表层为大而多角的扁平细胞,含有小而明显的圆形或椭圆形的核。中层细胞为纺锤形,深层细胞为立方形。在膀胱炎时,尿中可出现大量扁平上皮细胞。

阴道和包皮的上皮细胞:呈扁平多角形,有大的核,多聚集成团。见于阴道炎和包皮炎。

(2)红细胞　小而圆,淡黄褐色,无细胞核。尿中出现红细胞,见于肾炎、膀胱炎、尿道炎、肾结石及泌尿器官的出血。

(3)白细胞或脓细胞　新鲜尿中的白细胞,外形与外周血中的白细胞一样,只是没有染色的核不清楚,胞浆内颗粒清晰可见。比红细胞略大,有细胞核。尿中出现大量白细胞,见于肾及尿路的炎症。炎症时死亡的中性粒细胞为脓细胞,即变性的分叶核中性粒细胞,其结构模糊,细胞核隐约可见,常聚集成堆。尿中出现多量脓细胞,见于泌尿生殖道感染,如阴门炎、阴道炎、龟头炎、子宫炎、肾炎、肾盂肾炎、膀胱炎和尿道炎。

(4)黏液　为无结构的带状物,被稀碘液染成淡黄色,比透明管型宽,称为假管型。尿道炎时,黏液显著增多。

(5)管型　管型是在肾脏发生病变时,由于肾小球滤出的蛋白质在肾小管内变性凝固,或变性蛋白质与其他细胞成分相黏合而形成的直的或稍弯曲的圆柱状物体,两端钝圆或呈折断样,见图 5-4。

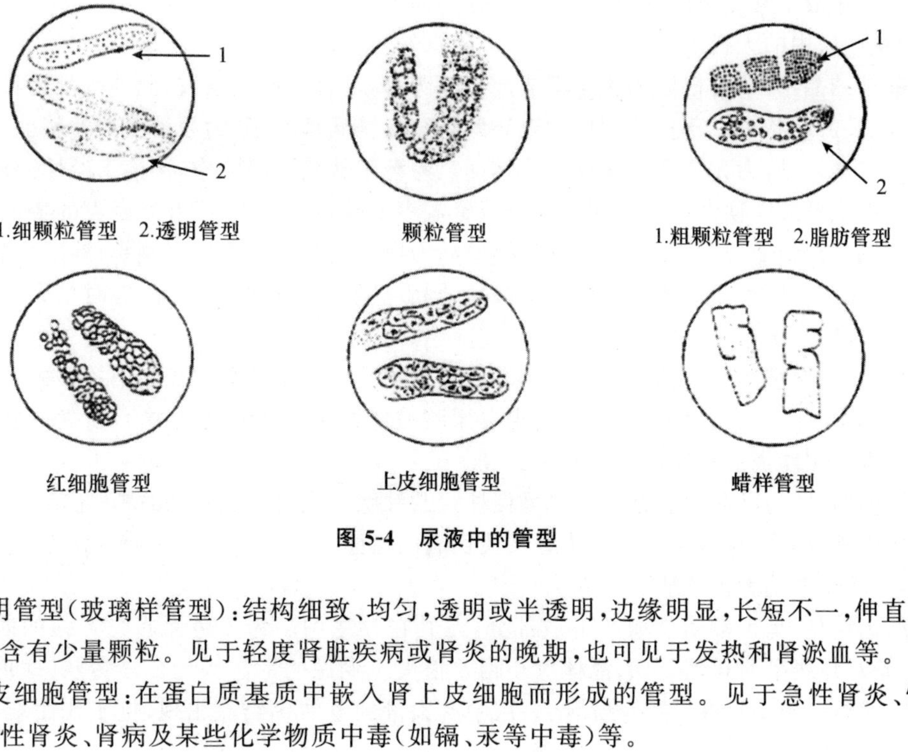

图 5-4　尿液中的管型

透明管型(玻璃样管型):结构细致、均匀,透明或半透明,边缘明显,长短不一,伸直而少弯曲,有时含有少量颗粒。见于轻度肾脏疾病或肾炎的晚期,也可见于发热和肾淤血等。

上皮细胞管型:在蛋白质基质中嵌入肾上皮细胞而形成的管型。见于急性肾炎、慢性肾炎、间质性肾炎、肾病及某些化学物质中毒(如镉、汞等中毒)等。

白细胞或脓细胞管型：此种管型内充满白细胞或脓细胞，同时常混有上皮细胞或红细胞，即所谓混合管型。见于肾盂肾炎、间质性肾炎、肾脓肿、急性肾炎。

红细胞管型：在透明或颗粒管型内有多量红细胞。见于肾脏出血性疾病。

颗粒管型：在透明管型内有许多粗大或细小颗粒，呈黄色或褐色。尿中出现颗粒管型，表示肾小管有较严重的损伤。

脂肪管型：由上皮细胞变性破碎后产生的脂肪滴形成，以管型内含有多量脂肪滴为特征。临床上多见于慢性肾炎，常为病情严重的标志。

蜡样管型：一般较粗，末端往往折断呈方形，边缘常有缺口，屈光度强，颜色较灰暗。尿中出现蜡样管型，表示肾小管有严重的变性和坏死，常见于重剧的慢性肾炎。

(6)微生物

细菌：用高倍镜才能看到，表现出布朗运动。正常尿中无细菌，导尿或穿刺所得尿如含有细菌，则说明尿道细菌感染，如伴有白细胞和红细胞，提示膀胱炎和肾盂肾炎。

真菌：有菌丝，分节，可能有色。见于白色念珠菌的尿道感染，有时见于芽生菌和组织胞浆菌的全身感染。

(7)寄生虫

寄生虫卵：犬的肾膨结线虫卵，椭圆形，壁厚，表面有乳头状凸起；犬、猫膀胱皱襞内的毛细线虫卵，椭圆形，两端似塞盖。

原生动物：由于粪便或生殖道分泌物的污染，可看到阴道滴虫。

2.尿中的无机沉渣

尿液中有无结晶及其数量，与尿液的浓度和 pH 有关。在碱性尿液中常见磷酸铵镁盐结晶。在酸性尿液中常见草酸钙、尿酸和尿酸盐结晶。

(1)碱性尿中的无机沉渣

碳酸钙结晶：为草食兽尿的正常组成成分。圆形，具有放射状条纹，此外有哑铃状、磨刀石状、饼干状及鼓槌状等。草食兽尿中缺乏碳酸钙结晶是病理状态，为尿液变酸的特征。

磷酸铵镁结晶：为无色多角棱柱体状结晶。易溶于盐酸及醋酸中，不溶于碱性溶液或热水中。尿中出现磷酸铵镁结晶表示尿在膀胱或肾盂中发酵，是肾盂肾炎和膀胱炎的特征。

磷酸钙(镁)结晶：碱性尿中磷酸钙(镁)结晶为白色或淡灰色无定形颗粒；溶于醋酸而不产气，不溶于碱液。中性或弱酸性尿中的磷酸盐结晶，呈发亮的楔状三棱形，有时集聚成束，偶尔可见针状结晶。

尿酸铵结晶：黄褐色，曼陀罗果穗状，表面有刺突。可溶于醋酸和盐酸中并形成尿酸结晶，易溶于氨水中，加热结晶溶解，冷后又析出。尿酸铵能溶于氢氧化钾中并形成氨。在膀胱炎、肾盂肾炎等化脓性炎症的尿沉渣中常可见到。

马尿酸结晶：为马尿的正常成分。呈棱柱状及针状。易溶于氨水和酒精，不溶于盐酸和醋酸。马尿中马尿酸结晶减少或消失为肾实质疾病的指标。

(2)酸性尿中的无机沉渣

草酸钙结晶：是正常动物尿的组成部分，尤其在犬尿中。为无色而屈光力强的四角八面体，有两条对角线呈西式信封状，晶体大小相差很大。少见的形态为无色哑铃状、球形和各种不同的六面体。溶于盐酸，不溶于醋酸。尿中有大量的草酸钙结晶出现，见于代谢紊乱，常常有结石出现。

尿酸结晶：黄褐色的锭状、块状、针状及磨石状等。加热不溶于水及酸，但能溶于碱液中。尿酸结晶多见于肉食兽尿中，草食兽尿中含量极少。当肾脏机能不全，不能制造氨以中和尿中的酸性物质时，可有尿酸结晶的形成。草食动物见于发热、传染病及寄生虫病时。

尿酸盐结晶：主要为尿酸钠和尿酸钾，还有尿酸钙及尿酸镁。呈黄色细小颗粒状。尿酸盐含量增高，表示蛋白分解旺盛，在热性病经过中有时出现，无决定性诊断意义。

硫酸钙结晶：尿中少见，仅见于强酸性尿中。为无色细长的棱柱状或针状，聚集成束，常排列成放射状，有时为块状，和磷酸钙结晶相似。在酸及氨水中均不溶解。硫酸钙结晶一般无临床意义。据报道，草食动物在胃肠炎及内服硫酸钠后，尿中出现硫酸钙结晶。

任务六
粪便检验

正常粪便由消化后未被吸收的食物残渣、消化道分泌物、大量细菌、无机盐和水分等组成。粪便检验的主要目的是了解消化道及与消化道相通的肝、胆、胰等器官有无炎症、出血、寄生虫感染等疾病以及了解胰腺和肝胆系统的消化与吸收功能状况，是诊断消化系统疾病甚至其他系统疾病的辅助方法。粪便检验包括一般检查、显微镜检查和化学检查。

【任务解析】

完成本任务需要“动物生理”中消化与吸收等知识，需要“动物生化”中脂类及含氮小分子的代谢等相关知识，需要“动物临床诊疗技术”中排粪检查及灌肠法等相关操作技能。

通过本任务的学习，能对牛、羊、猪、犬、猫等动物的粪便进行收集和一般检查，会进行粪便的显微镜检查、化学检查。

【任务实施】

【病例导入】

2016 年 4 月 20 日，辛女士带一只家养杂种犬来青岛市畜牧兽医研究所就诊。该犬 9 岁，7.5 kg，雌性，未绝育，最近 3 年未做过疫苗免疫注射，平时以犬粮、肉、蛋黄为主，食量较大，比较胖。4 月 18 日主人给其吃过从冰箱取出的未加热的猪头肉，4 月 18 日晚开始又吐又拉，4 月 19 日自己在家灌服土霉素不见效，同时出现血便，于是前来就诊。

该犬体温 39.5 ℃，精神沉郁，触诊腹部痛感强烈，毛细血管再充盈时间 1 s，心率 110 次/min，心音正常，无杂音；呼吸频率 36 次/min，肺音正常。

请根据发病情况给出检验项目。

实验室检验项目	检验理由
1.	
2.	
3.	
⋮	

【实践操作】

1. 粪便的采集。

2. 粪便的一般检查。

3. 粪便的显微镜检查。

4. 粪便的化学检查。

【分析讨论】

根据实践操作，记录检验项目、材料准备、仪器设备、操作步骤及检验结果，并对操作过程中的注意事项和检验结果进行分析讨论。

检验项目	
材料准备	
仪器设备	
操作步骤	1. 2. 3. ⋮ 检验员：
检验结果	
结果分析	
体会与小结	
教师评价	

【相关知识】

一、粪便的采集与处理

粪便采集是粪便检查的前提，粪便采集方法直接影响结果的准确性。粪便检查时注意采集没被尿液污染的，没与地面接触的，内外层都含有的，不少于 100 g 粪便，放于干净的容器内(小家畜用 5% 甘油或 0.9% 盐水灌肠取粪便；大家畜直肠取粪便，不加防腐剂，以 500 g 为宜)。也可以手指或其他光滑的棒状工具直接从直肠掏出粪便。

猫、兔等动物不易人工导泻,一般由宠物主人日常收集。对于发生泄泻的动物,有时可收集到粘在肛门附近皮毛上的粪便。

二、粪便的一般检查

二维码 6-1 粪便采集与处理(视频)

(一)粪便的硬度与外形

健康动物粪便的形状和硬度取决于饲料的种类以及饲料中水分、脂肪和纤维素含量,而与饮水量无关。不同动物正常粪便的外形各不相同。健康马、骡的粪便呈球形,约含75%水分,粪球呈一定的硬度,落地即破碎。牛粪比马粪软(如奶牛粪常呈糊状),约含85%水分,落地呈叠饼状,放牧吃青草时呈稠粥状。羊粪小而硬,呈圆豆状球形,约含55%水分,放牧吃青草时呈圆柱状或条状。猪、犬、猫粪便呈圆柱状。禽类粪便为圆柱状、细而弯曲,外被一薄层白色尿酸。

病理情况下,粪便硬度及形状均可发生改变。如便秘时,粪便干燥,落地不破碎;牛的瓣胃阻塞时,粪干小呈算盘珠状。腹泻时粪便稀薄呈稀粥状,甚至呈水样。

(二)粪便的颜色

动物粪便的颜色因饲料种类及有无异常混合物而不同。放牧或喂青草时,粪呈暗(黄)绿色;饲喂稻草、谷草、小麦秆(糠)时,为黄褐色。病理情况下,当胃及前部肠管出血时,粪呈褐色或黑色(沥青样便);后部肠管出血时,粪便表面附有鲜红色血液。阻塞性黄疸时,粪中缺乏粪胆原和粪胆素,呈灰白色。犊牛白痢及仔猪下痢,粪为黄白色或灰白色。鸡的尿酸盐增多时,粪便表面有大量白色沉着物聚集。内服铁剂、铋剂、木炭末时,粪便呈黑色。内服白陶土时,粪便呈白色。

(三)粪便的气味

食草动物粪便并无难闻气味,猪、鸡、犬、猫等动物粪便有特异的恶臭味。草食动物酸性肠卡他、幼畜单纯性消化不良时,粪呈酸臭味。患胃肠炎或粪便长期停滞时,由于肠内容物腐败发酵,粪呈恶臭味,如犬瘟热、犬细小病毒病、大肠癌、胰腺疾病等,粪便有特殊难闻的腥臭味。

(四)异常混合物

正常粪便表面有微薄的黏液层。动物患有消化道疾病或异食某种物体时粪便中会出现异常混合物。常见的异常混合物有:

1. 黏液

正常有少量黏液,黏液增多,提示肠炎、阻塞;黏液覆盖整个粪球,提示肠黏膜脱落。

2. 脓汁

多见于直肠脓肿破溃。

3. 血液

预后不良。见于胃肠出血、出血性败血症、犬细小病毒病、氟化物中毒(食肉动物因采食和舔伤口而引起的粪便黑色除外)。

4. 寄生虫

肠道寄生虫病时，粪中可发现寄生虫，如蛔虫、毛首线虫、马胃蝇幼虫等。同时注意粪便中虫卵的检查，这对寄生虫病的诊断很有意义。

此外，马粪便中可见到沙石，牛粪便中可见到各种小金属片、破布、塑料薄膜碎片等，绵羊粪便中可见到毛球，犬、猫粪便中可混有骨和毛发等。

三、粪便的显微镜检查

粪便的显微镜检查，其主要目标是观察有无寄生虫及虫卵、肠道脱落的细胞、异常菌，以及了解动物的消化功能等(图 6-1)。

二维码 6-2　粪便显微镜检查(视频)

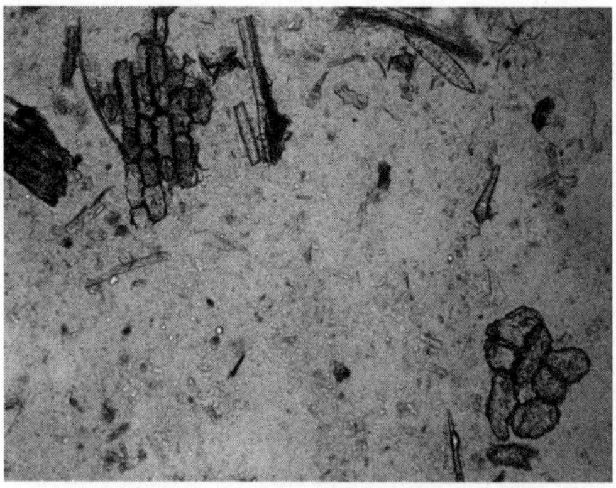

图 6-1　正常粪便显微镜检查

(一)标本片的制备

在载玻片上加一滴生理盐水，取粪便少许于载玻片上，涂成均匀薄层(透过薄层能看到字)，再加一滴碘液，加盖玻片，在低倍和高倍镜下观察。

(二)显微镜检查

粪便检查中与病理有关的主要是体细胞含量。当体细胞增加时才可能是病态。由于各种细胞在粪便中分布不均，故各种细胞的数量以高倍镜 10 个视野内的平均数进行判定。

(三)临床意义

1. 红细胞

正常粪便中无红细胞。粪便中出现红细胞，见于肠道下段炎症或出血、细菌性肠炎。

2. 白细胞

正常粪便中没有或偶尔看到。粪便中白细胞增多，见于细菌性大肠炎、过敏性肠炎或肠道寄生虫病。

3. 脓细胞

细胞核隐约可见，结构不清晰，常成堆。白细胞、脓细胞同时存在表明肠炎、溃疡(如仔猪白痢、羔羊痢疾等)。

4. 上皮细胞

有扁平上皮细胞和柱状上皮细胞。扁平上皮细胞形态不规则，边角有棱角，细胞核小。柱状上皮细胞呈椭圆形或短柱状，两端稍钝圆。粪便中的上皮细胞和粪便混合难以发现(扁平细胞来自直肠口，而柱状细胞来自肠壁)。只有发现大量柱状上皮细胞，同时发现多量白细胞和脓细胞，才能表明肠道有炎症和溃疡。

5. 脂肪球

为大小不等的正圆球，有折光性并来回游动。量多时提示肠炎(消化不良)或胆汁、胰液分泌不足。同粪便中肌肉纤维、淀粉含量等一起，用于判断动物对食物的消化程度。

6. 菌类

正常动物粪便中有菌生长，种类繁多，而且不能仅靠形态观察来鉴别菌的种类。正常粪便中含有大肠杆菌、肠球菌、沙门菌、变形杆菌、绿脓杆菌以及少量芽孢菌和酵母菌等，以上细菌在粪便中多无临床意义。但是出现某些形态或运动方式特殊的异常菌，同种形态细菌含量较多，需引起注意。粪便内出现大量真菌，应考虑是否摄入了霉变的饲料。

7. 寄生虫虫体及虫卵

先用 4 倍或 10 倍物镜观察有无蛔虫卵、绦虫卵等较大的虫卵，再用 40 倍物镜仔细检查吸虫卵、球虫、滴虫等较小的虫卵或虫体。

四、粪便的化学检查

(一)粪便 pH 测定

[检验样本]

新鲜粪便。

[测定方法]

1. 广泛 pH 试纸法

取试纸一条，放在粪便的表面，等试纸条被粪便水分浸润后，取下试纸条与 pH 标准色板进行比较读数，然后把粪球或粪块打开，用同样的方法检验粪便内部的酸碱度(若粪便干燥，可先用蒸馏水将试纸条浸湿)。

2. 溴麝香草酚蓝法

取粪球表面和粪球内部的粪块(大小如玉米粒)各一块，分别放在一张洁净的载玻片两端，玻片下面衬垫一块白纸。在每块小粪块上，各加 1～3 滴 0.04%溴麝香草酚蓝溶液，1 min 后观察反应并记录结果。呈现绿色为中性反应，呈现黄色为酸性反应，呈现蓝色为碱性反应。

[临床意义]

草食动物的正常粪便都呈现弱碱性反应，如果粪便变为酸性反应，表明胃肠内的食物发酵产酸，常见于胃肠卡他；如果粪便变为较强的碱性反应，表明肠道内产生了炎性渗出物，多见于胃肠炎。

(二)粪便中潜血的检查

粪便中不能用肉眼看出来的血液叫作潜血。整个消化系统不论哪一部分出血，都可以使粪便含有潜血。这项检验对于消化系统出血性疾病的诊断、治疗及预后都有意义。肉食动物应禁食 3 d 肉类食物，方可进行这项检验。采食植物或蔬菜的动物，粪便加入蒸馏水煮沸破坏过氧化氢酶后检验。

[检验样本]

新鲜粪便。

[测定方法]

采用联苯胺法。用竹签或竹制镊子在粪的不同部位各取一小块，于干净载玻片上涂成直径约 1 cm 的涂片(粪太干燥时，可加少量蒸馏水，混合涂布)，将玻片在酒精灯上缓缓通过数次，以破坏粪中的酶类，待冷后，滴加 1%联苯胺冰醋酸溶液和过氧化氢液各 1 mL，将玻片轻轻摇晃数次，5 min 内观察结果。本实验也可以在试管中操作。

正常无潜血的粪便不呈现颜色反应；呈现蓝色反应为阳性，蓝色出现越早，粪便内的潜血越多，见表 6-1。

表 6-1　粪便潜血检查结果判定

符号	±	+	++	+++
蓝色出现的时间/s	60	30	15	5

[临床意义]

胃肠道任何部位出血，粪便潜血检验都可呈现阳性。见于出血性胃肠炎、胃溃疡、牛创伤性网胃炎、羊血矛线虫病、犬钩虫病。

(三)犬细小病毒快速试纸检测

目前，宠物临床常采用快速试纸法检测犬细小病毒。

[检验样本]

新鲜粪便。

[检验方法]

用配套棉签取患犬粪便 1 g 置于稀释液瓶内，混合均匀，静置 5 min。用吸管吸取上清液滴于试纸板孔内，5 min 后观察结果。C 线、T 线均为红色判定为阳性；C 线红色、T 线不出现判定为阴性；C 线不出现，试纸无效。

任务七
动物寄生虫检验

寄生虫可以在动物全身各部位生长，有的缺少特异性症状，必须依赖实验室诊断。动物寄生虫检验主要是对动物的粪便、尿液、血液、组织液、体表及皮屑进行检查，查出各种蠕虫的虫卵、幼虫、成虫或其碎片，原虫的各发育期虫体以及蜱、虱、螨等体外寄生虫的虫体或虫卵，即可得出正确的诊断。

【任务解析】

完成本任务需要“动物解剖”中皮肤、毛及皮肤腺等知识；需要“动物寄生虫”中吸虫、线虫、绦虫形态及发育史等相关知识，血液寄生虫的相关知识，蜱、虱、疥螨、蠕形螨及痒螨等相关知识；需要严谨的科学态度。

通过本任务的学习和训练，掌握寄生虫及寄生虫虫卵检查方法，血液寄生虫检查方法，皮肤刮片镜检方法，并能根据检查结果进行疾病的判定。

【任务实施】

【病例导入】

病例1：某养牛场从山西某养殖场购买50头犊牛，严格按照养牛场技术员制定的免疫程序进行防疫。当饲养到5月20日时，牛群中开始出现精神沉郁、被毛松乱、体温略升高、有下痢、粪便稍带血等症状的病牛。发病后场技术员用抗生素治疗5 d，效果不明显，同时发病数量逐日增加，有20头发病，2头死亡。

临床可见病牛精神沉郁，被毛松乱，体温有的略高，有的正常，严重的身体消瘦。喜躺卧，瘤胃蠕动和反刍停止。肠蠕动增强。排带血的粪便，个别混有纤维性薄膜，有恶臭，后肢及尾部被稀粪污染。排粪时里急后重。

剖检病死犊牛2头，可见尸体失水，极度消瘦，可视黏膜苍白。后肢和肛门被带血粪便所污染。主要特征性病变在盲肠、结肠和后段小肠。肠黏膜增厚，有卡他性或出血性炎症变化，淋巴滤泡肿大突出，有白色和灰色的小病灶。直肠内容物呈褐色，带恶臭，有纤维性伪膜和黏膜碎片。肠系膜淋巴结肿大、发炎。

怀疑为犊牛球虫病。

病例2：2022年5月，宠物医院接诊一北京犬，雌性，2岁半，全身多处掉毛，以膝部皮肤发红、脱毛，前肢和颈部多处掉毛为主。

病例 3:2023 年 6 月 7 日，张先生和其小孩带着一条杂交犬到某高校教学兽医院就诊。问诊该犬为其小孩在外捡到的流浪犬。2 周前精神沉郁，食欲下降，不愿走动，尿液黄色。平时该犬爱在户外玩耍，今年曾经发现该犬身上有蜱叮咬。临床检查体温 41 ℃，精神沉郁，喜卧厌动，活动时四肢无力。鼻镜干燥，龟裂。眼眶周围有脓性分泌物。眼结膜轻度黄染、苍白。

请根据发病情况给出检验项目。

实验室检验项目	检验理由
1. 2. 3. ⋮	

【实践操作】

1. 粪便中蠕虫幼虫的检查。
2. 粪便中蠕虫虫卵的检查。
3. 皮肤刮片检查。
4. 血液原虫检查。

【分析讨论】

根据实践操作，记录检验项目、材料准备、仪器设备、操作步骤及检验结果，并对操作过程中的注意事项和检验结果进行分析讨论。

检验项目	
材料准备	
仪器设备	
操作步骤	1. 2. 3. ⋮ 检验员：
检验结果	
结果分析	
体会与小结	
教师评价	

【相关知识】

一、粪便寄生虫检查

寄生于消化道以及与其相连的脏器如肝、胰腺，肺、气管、支气管以及肠系膜静脉内的蠕虫，还有寄生于消化道的原虫（如球虫、结肠小袋纤毛虫）都可以通过粪便检查来确诊。检查时粪便要新鲜，盛放粪便的容器要干净，并防止污染及干燥。

(一)蠕虫虫体或节片的检查

在消化道内寄生的绦虫常以孕卵节片（孕节）排出体外，有时一些蠕虫的虫体由于受驱虫药的影响或超敏反应排出体外。粪便中的节片和虫体，其中较大型者，通过肉眼观察即可发现，然后用镊子或挑针挑出；对于较小的，应用下列方法收集后观察。

（1）设备材料　放大镜、烧杯、平皿、清水。

（2）检验方法　将粪便放于烧杯内，加 5～10 倍清水，搅匀，静置 5 min 后，倾去上液，挑去大量粪渣。反复操作，直到上液透明。取沉渣于平皿内，在黑色背景上用放大镜观察有无虫体和节片。发现虫体时用挑针或毛笔挑出以供检查。

(二)蠕虫幼虫的检查

利用蠕虫的幼虫有向热性和向水性进行检查。

（1）设备材料　纱布、漏斗、胶管、离心机、离心管、载玻片、盖玻片、显微镜。

（2）检验方法　漏斗上放用纱布包好的新鲜粪便 10～20 g。在漏斗下接一胶管，用止水夹夹住。加 40 ℃温水，没过粪便浸泡 1 h。打开止水夹将下部液体放入 10 mL 离心管内，1 500～2 000 r/min 离心 3 min。取沉淀物一滴于载玻片上并加盖玻片，用显微镜低倍镜镜检。

(三)蠕虫虫卵的检查

粪便内蠕虫虫卵的检查，根据所采取的方法不同可区分为直接涂片法、漂浮法和沉淀法。

1. 直接涂片法

检查虫卵的最简单方法，但粪便中虫卵数量少时则不易查到。

（1）设备材料　显微镜、载玻片、盖玻片、生理盐水。

（2）检验方法　取洁净的载玻片，中央滴 1～3 滴生理盐水，用竹签或牙签取少量粪便加入其中涂抹均匀，涂片的厚薄以透过涂片隐约可见书上的字迹为宜。在粪膜上加盖玻片镜检。

2. 漂浮法

利用比重比虫卵大的溶液稀释粪便，将粪便中比重小的虫卵集于液体表面。

（1）设备材料　显微镜、烧杯、60 目铜筛（或纱布）、食盐、载玻片、盖玻片。

（2）检验方法　制备饱和盐水时，将氯化钠 400 g 溶于 1 000 mL 水中，加热溶解到不能溶为止再冷却至常温。取粪便 10 g 加饱和盐水 100 mL，用玻璃棒搅匀，通过 60 目铜筛或双层纱布过滤。滤液放入 50 mL 三角烧瓶内，补加盐水满瓶但不要流出，上盖一载玻片，不能溢出或有气泡。经 30～40 min 后取下载玻片，加盖玻片，镜检。或滤液直接过滤于另一烧杯中，静置 30 min，用 5～10 mm 的铁丝圈与液面平行接触以蘸取表面液膜，抖落于载玻片上，加盖玻片检查。

3. 沉淀法

用于检查粪便中的吸虫卵。因为吸虫卵一般比重大于水，可沉积于水底。

(1)设备材料　离心机、显微镜、清水、双层纱布、离心管等。

(2)检验方法　取粪便 5 g 加清水 100 mL,用玻璃棒搅匀,双层纱布过滤。滤液放入离心管中,1 500～2 000 r/min 离心 1～2 min,弃去上液,沉渣加入清水再离心沉淀。如此反复,直到上液透明为止。最后取沉淀物一滴于载玻片上加盖玻片,镜检。

(四)各类蠕虫卵特征描述

1. 吸虫卵

吸虫卵多数呈卵圆形或椭圆形,黄色、黄褐色或灰褐色(图 7-1A)。卵壳由数层卵膜组成,比较厚而坚实。大部分吸虫卵的一端有卵盖,卵盖和卵壳之间有一条不明显的缝(新鲜虫卵在高倍镜下可见)。当毛蚴发育成熟时,则顶盖而出。有的吸虫卵无卵盖,毛蚴则破壳而出。有的吸虫卵卵壳表面光滑,也有的有各种突出物(如结节、小刺、丝等)。新排出的吸虫卵内,有的含有卵黄细胞所包围的胚细胞,有的则含有成形的毛蚴。

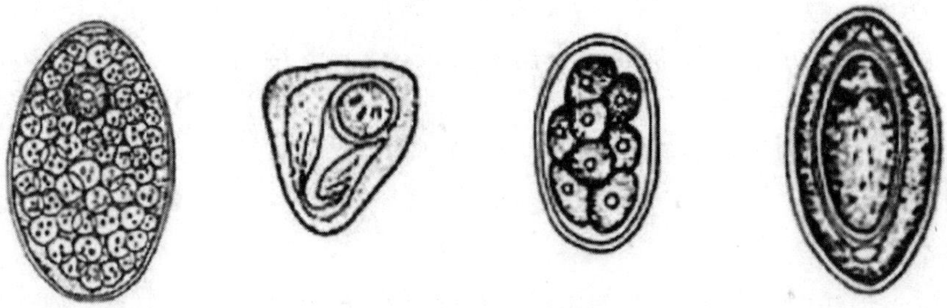

A.吸虫卵　B.绦虫卵（有梨形器）　C.线虫卵　D.棘头虫卵

图 7-1　各类蠕虫卵

2. 绦虫卵

圆叶目绦虫卵与假叶目绦虫卵构造不同。圆叶目绦虫卵中央有一椭圆形具三对胚钩的六钩蚴。六钩蚴被包在一层紧贴着的膜里,该膜称为内胚膜;还有一层膜位于内胚膜之外,称为外胚膜。内外胚膜之间呈分离状态,中间含有或多或少的液体,并常含有颗粒状内含物。有的绦虫卵的内胚膜上形成突起,称为梨形器(灯泡样结构)(图 7-1B)。各种绦虫卵卵壳的厚度和结构有所不同。绦虫卵大多数无色或灰色,少数呈黄色、黄褐色。假叶目绦虫卵则非常近似吸虫卵。

3. 线虫卵

一般的线虫卵有四层膜(光学显微镜下只能看见两层)所组成的卵壳,壳内为卵细胞(图 7-1C)。但有的线虫卵随粪便排至外界时,已经处于分裂前期,有的甚至已含有幼虫。各种线虫卵的大小和形状不同,常见椭圆形、卵形或近于圆形。卵壳的表面也各有所不同,有的完全光滑,有的有结节,有的有小凹陷等。各种线虫卵的色泽也不尽相同,从无色到黑褐色。不同线虫卵卵壳的薄厚不同,蛔虫卵卵壳最厚,其他多数卵壳较薄。

4. 棘头虫卵

多为椭圆形或长椭圆形(图 7-1D)。卵的中央有一长椭圆形的胚胎,在胚胎的一端具有三对胚钩。胚胎被三层卵膜包着:最里面的一层常是最柔软的;中间一层常较厚,大多在两端有显著的压迹;最外一层的构造往往变化较大,有的薄而平,有的厚,并呈现凹凸不平的蜂窝状构造。

(五)粪便内原虫的检查

1. 球虫卵囊的检查

一般情况下,采取新排出的粪便,按照蠕虫卵的检查方法进行直接涂片检查或采用饱和盐水漂浮法检查。应注意卵囊较小,利用锦纶筛兜淘洗法检查时卵囊能通过筛孔,故应留取滤下的液体取沉渣检查。

2. 隐孢子虫卵囊的检查

可用饱和蔗糖溶液漂浮法收集粪便中的卵囊。因隐孢子虫卵囊很小,需要用放大至1 000倍的油镜观察。还可采用沙黄-亚甲蓝染色法染色后显微镜检查。

(1)设备材料 显微镜、载玻片、酒精灯、30%盐酸甲醇溶液、10%沙黄水溶液、10%亚甲蓝水溶液。

(2)检验方法 做粪便抹片,待干后火焰固定,滴加30%盐酸甲醇溶液,3~5 min后水洗,滴加10%沙黄水溶液,在火焰上加热至发出蒸汽,2~3 min冷后水洗,再滴加10%亚甲蓝水溶液30 s后水洗,待干后镜检。

(3)检查结果 卵囊染成橘红色,背景为蓝色。应注意,抹片中可出现染成橘红色的杂质,应加以区别。

3. 结肠小袋纤毛虫的检查

猪患结肠小袋纤毛虫病时,在粪便中可查到活动的虫体(滋养体),但是粪便中的滋养体很快会变成包囊。

(1)设备材料 显微镜、载玻片、盖玻片、生理盐水。

(2)检验方法 检查时,取新鲜的稀粪一小团放在载玻片上,加1~2滴温热的生理盐水混匀,挑去粗大的粪渣,盖上盖玻片。在低倍镜下检查时即可见到活动的虫体。

二、皮肤寄生虫检查

动物皮肤病的病因有多种,但临床上绝大多数皮肤病例属感染性疾病。患部常表现红疹、瘙痒、脱毛、皮屑增多,甚至红肿、破溃、化脓等。病原主要是细菌、真菌或寄生虫,也常见三者的混合感染。各类感染性皮肤病症状间的区别常不明显,须通过实验室检验来确定感染类型。皮肤病的实验室检验,是判断病原种类的重要手段,对诊断、用药和护理有指导意义。

二维码 7-1 皮肤检验(视频)

(一)病料的采集

刮取皮屑时应选择患病皮肤与健康皮肤的交界处(这里的螨虫较多)。刮取时先剪毛,取凸刃刀在酒精灯上消毒,用手握刀使刀刃与皮肤表面垂直,反复刮取皮屑,直到皮肤轻微出血为止(这点对疥螨的检查尤为重要)。在野外工作时为了避免皮屑被风吹走,可在刀刃上蘸取少量50%的甘油水溶液,使皮屑黏附在刀上。将刮下的皮屑集中于培养皿和试管内带回实验室供检查。检查蠕形螨时,可用力挤压病变部挤出脓液,放在载玻片上加盖玻片置于显微镜下检查。

(二)检查方法

1. 肉眼直接检查

此法适用于检查体型较大的痒螨。

(1)设备材料　平皿、酒精灯。

(2)检验方法　把新采集的皮屑放在平皿内,将平皿在酒精灯上轻微加热或用热水对皿底加热 30～40 min,移去皮屑用肉眼观察。观察时,应在平皿底下衬以黑色背景,可见白色虫体在黑色背景上移动。

2. 显微镜直接检查

(1)设备材料　显微镜,载玻片,煤油或 10% NaOH 溶液或 50%甘油水溶液。

(2)检验方法　取少许刮下的皮屑放在载玻片上,滴加煤油或 10% NaOH 溶液或 50%甘油水溶液,再加另一张载玻片。搓压玻片使皮屑散开,然后分开载玻片,显微镜下检查。

3. 虫体浓集(虫体较少时)

(1)设备材料　显微镜,载玻片,煤油或 10% NaOH 溶液或 50%甘油水溶液,60%硫代硫酸钠溶液。

(2)检验方法　采取病料置于试管中,加入 10%氢氧化钠溶液浸泡过夜(如急待检查,可在酒精灯上煮数分钟),使皮屑溶解,虫体自皮屑中分离出来,然后待其自然沉淀或以 2 000 r/min 离心 5 min,虫体即沉于管底,弃去上层液。吸取沉渣检查,或向沉淀中加入 60%硫代硫酸钠溶液,直立,待虫体上浮,再取表层液膜检查。

(三)常见的体表及皮内寄生虫

1. 蜱

蜱属于寄螨目蜱总科。成虫在躯体背面有壳质化较强的盾板者,通称硬蜱,属硬蜱科;无盾板者,通称软蜱,属软蜱科。蜱是多种脊椎动物体表的暂时性寄生虫,是一些人兽共患病的传播媒介和贮藏宿主。虫体椭圆形,未吸血时背腹扁平,背面稍隆起,成虫体长 2～10 mm;饱血后胀大如赤豆或蓖麻籽状,大者可长达 30 mm。

2. 跳蚤

跳蚤是属于蚤目的完全变态类节肢动物,是小型、无翅、善跳跃的寄生性昆虫。成虫通常生活在哺乳类动物身上,少数在鸟类。触角粗短。口器锐利,用于吸吮。腹部宽大,有 9 节。后腿发达、粗壮。成虫一般体小(几毫米,个别可达十余毫米),光滑,黄至褐色。

3. 虱

虱属昆虫纲虱目,是一种体外寄生虫,包括体虱、头虱、阴虱、兽虱等,通称虱子。体小,背腹扁平,无翅。头略呈圆锥形。触角短小,3～5 节。复眼退化或消失,无单眼。口器刺吸式,具不分节的喙,喙的前端开口具微齿列,口器不用时缩入头内。胸部狭小,胸节多愈合。足粗短,攀悬式,跗节 1 节,末端具一强大的弯向内侧的爪,与胫节端部的突起钳合以夹持毛发。腹部 9 节,无尾须。引起犬虱病的主要有犬毛虱和犬长颚虱两种。犬毛虱外形短宽,约 2 mm 长,黄色带黑斑;犬长颚虱呈圆锥形,长 1.5～2 mm。

4. 蠕形螨

蠕形螨半透明、乳白色,虫体如蠕虫样狭长,体长 0.25～0.3 mm,宽 0.04 mm,虫体可以区分为前、中、后 3 个部分。口器位于虫体前部且呈马蹄铁状；中部有 4 对很短的足，每足 5 节；虫体的后部比较细长，在后部的表面密布横行纹。

蠕形螨的整个生活史都在毛囊中进行，包括卵、幼虫、若虫、成虫 4 个阶段，若虫有 3 期。犬蠕形螨主要寄生在发病皮肤毛囊的上部，不久后能够转入底部，很少寄生于皮脂腺内。除了寄生于毛囊内，蠕形螨还可在犬的皮下结缔组织和淋巴组织内寄生，其中有一部分会在其中繁殖。

5. 疥螨

犬疥螨的形态和生活史与寄生于其他动物的疥螨相似。犬疥螨呈长圆形，雌雄异体。雌螨大小(0.290～0.380) mm×(0.235～0.385) mm，雄螨大小(0.190～0.250) mm×(0.140～0.170) mm，肉眼无法看清。它的全部发育过程都在犬体上度过，包括卵、幼螨、若螨、成螨 4 个阶段。疥螨在宿主表皮挖凿隧道，以角质层组织和渗出的淋巴液为食，在隧道内发育和繁殖。雌螨在隧道内产卵，每 2～3 d 产卵 1 次，一生可产 40～50 个卵。卵呈椭圆形，黄白色，长约 150 μm。卵经 3～8 d 孵出幼螨，幼螨 3 对肢，很活跃，采食后经过静止期蜕皮变为若螨。若螨似成螨，但体型较小，若螨蜕皮变为成螨。疥螨整个发育过程为 8～22 d。疥螨在外界环境中仅能存活 3 周左右。因此，疥螨除主要由于病犬和健犬之间直接接触传播外，还可通过螨及虫卵污染的犬窝、用具等间接接触传播。

6. 痒螨

犬耳痒螨成虫呈椭圆形，雌螨大小(0.41～0.53) mm×0.28 mm，雄螨大小(0.32～0.38) mm×0.26 mm。口器短圆锥形。足 4 对，较长，雄螨每对足末端和雌螨第一、二对足末端均有带柄的吸盘，柄短，不分节。

痒螨的全部发育过程都在动物体上度过，包括卵、幼虫、若虫、成虫 4 个阶段，其中雄螨有一个若虫期，雌螨有两个若虫期。

三、血液寄生虫检查

有些丝虫的幼虫及血液原虫可以寄生于动物的血液中，这些病的确诊依靠血液中寄生虫的检查。这里重点介绍血液原虫的检查方法。寄生于血液中的伊氏锥虫、梨形虫和住白细胞虫，一般可采血检查。采血部位：牛、羊、猪和兔均可选用耳静脉，禽类取翅下静脉。

(一)直接检查

(1)设备材料　显微镜，载玻片，盖玻片，生理盐水。

(2)检验方法　将刚采出的血液滴在洁净的载玻片上，加等量的生理盐水与之混合，加上盖玻片，立即放显微镜下用低倍镜检查。发现有运动的可疑虫体时，再换高倍镜检查。此法适用于检查伊氏锥虫。

(二)涂片染色检查

(1)设备材料　显微镜，载玻片，甲醇，吉姆萨染色液或瑞氏染色液。

(2)检验方法　采集血液一滴，滴在载玻片的一端，制成血涂片，晾干。滴加甲醇 2～3 滴于血膜上，使其固定。然后用吉姆萨染色液或瑞氏染色液染色，染色后用油镜检查。本法适用于各种血液原虫。

(三)虫体浓集法(虫体较少时)

当血液中的虫体较少时,可先将血液进行离心,然后再制片检查。此法适用于伊氏锥虫和梨形虫。

(1)设备材料　显微镜、离心机、载玻片、离心管、生理盐水。

(2)检验方法　取 6～7 mL 抗凝血于离心管内,加生理盐水 3～4 mL 混匀,500 r/min 离心 5 min。因虫体比红细胞轻,所以大部分红细胞沉降。将含有少量红细胞、白细胞和虫体的上层血浆吸入另一离心管内,再加生理盐水,以 2 500 r/min 离心 10 min,取沉渣制成抹片,染色镜检。

(四)常见的血液寄生虫

1. 巴贝斯虫病

巴贝斯虫病是以蜱为传播媒介的血液寄生虫病,是由巴贝斯属的多种蜱传性、红细胞内原虫引起的,可引起多种脊椎动物发病。寄生于犬的有犬巴贝斯虫和吉氏巴贝斯虫,寄生于马属动物的有驽巴贝斯虫和马巴贝斯虫,寄生于牛的有双芽巴贝斯虫和牛巴贝斯虫。巴贝斯虫呈圆形、梨形、杆形、环形、椭圆形、逗点形和变形虫样等多种形态。犬巴贝斯虫虫体较大,一般长 4～5 μm,最长可达 7 μm。典型虫体为梨籽形,两虫尖端以锐角相连,每个红细胞内的虫体数目为 1～16 个。吉氏巴贝斯虫虫体很小,多呈环形,呈梨籽形的很少,每个红细胞内最多可寄生 15 个虫体。驽巴贝斯虫的虫体长度大于红细胞半径,尖端连成锐角,成对。马巴贝斯虫的虫体长度不超过红细胞半径,以 4 个梨形虫体尖端相连而构成十字形。双芽巴贝斯虫的虫体长度小于红细胞半径,连成锐角,成对。牛巴贝斯虫的虫体长度小于红细胞半径,连成钝角,成对,多位于红细胞边缘。临床上病畜主要表现高热、贫血、黄疸、消瘦和衰弱等症状。

2. 泰勒虫病

泰勒虫病是由泰勒科泰勒属的原虫所引起的一种梨形虫病,以侵袭牛、羊、骆驼和其他野生动物的巨噬细胞、淋巴细胞和红细胞为特征。寄生于黄牛体内的主要为环形泰勒虫,在羊体内寄生的为山羊泰勒虫。环形泰勒虫在红细胞内的虫体为配子体,又称血液型虫体,70%～80%呈圆环形和卵圆形,其他还有杆状、圆点状、十字形等,大小依形态不同而有差别,圆形虫体一般直径为 0.7～2.1 μm,每个红细胞内寄生的虫体数为 1～12 个不等,多数为 2～3 个,各种形态的虫体可同时出现于一个红细胞内;山羊泰勒虫在红细胞内的形态与环形泰勒虫相似,圆形虫体直径为 0.6～1.6 μm,一个红细胞内一般只有一个虫体,有时可见到 2～3 个。临床上病畜主要表现高热、贫血、消瘦和体表淋巴结肿胀等症状。

3. 弓形虫病

弓形虫病是由刚地弓形虫引起的人和动物的感染。弓形虫属于形体最小、结构简单的一类寄生虫。猫和其他猫科动物是弓形虫的终宿主。弓形虫寄生于细胞内,随血液流动,到达全身各部位,破坏大脑、心脏、眼底。生活史中出现 5 种形态,即滋养体(速殖子)、包囊(可长期存活于组织内)、裂殖体、配子体和卵囊。前三期为无性生殖,后两期为有性生殖。临床上主要引起孕妇和孕畜流产、弱胎、死胎、畸胎及生长受阻、死亡等。

4. 犬心丝虫病

犬心丝虫病是犬心丝虫寄生于犬的右心室和肺动脉所引起的一种临床或亚临床疾病。蚊子的叮咬是犬感染心丝虫的唯一渠道。蚊子叮咬患犬，摄取到微丝蚴。微丝蚴在蚊子体内获得了感染能力。蚊子将感染性幼虫传递给下一条犬或者原来的犬，幼虫在犬体内发育并移行，最终到达肺动脉。成虫继续在心内繁殖大量微丝蚴，对犬形成致命的威胁。临床上主要症状为循环障碍、呼吸困难、贫血等。

5. 附红细胞体病

附红细胞体病是由附红细胞体寄生于多种动物的红细胞表面、血浆及骨髓中引起的一种人畜共患病。关于附红细胞体的分类目前仍有争议，有的定为原虫，还有的认为属于立克次氏体目乏浆体科附红细胞体属，但近些年来有研究证明附红细胞体更接近于支原体。一般以寄生宿主命名，但病原的种类与宿主之间的关系不甚清楚，有待进一步研究。附红细胞体呈环状、哑铃状、S形、卵圆形、逗点形或杆状；直径为 0.1～2.6 μm；无细胞壁，无明显的细胞核、细胞器，无鞭毛，属原核生物。临床上主要引起贫血、黄疸、发热等症状。

任务八
常见毒物检验

动物常见的中毒性疾病有动物暴露在自然条件下因采食某些有毒植物、水甚至土壤而引起的中毒,也有由饲养过程中应用的药物、饲料添加剂以及农药、灭鼠药、家庭用品等引起的中毒。毒物进入动物机体后,通过吸收、分布、代谢和排泄等转运过程,损害机体的组织和生理机能,引起中毒现象。动物中毒性疾病的快速、准确诊断是进行必要治疗的先决条件。

【任务解析】

完成本任务需要“动物生理”中消化与吸收等知识,需要“动物内科”中中毒性疾病等相关知识,需要严谨的科学态度。

通过本任务的学习,能根据牛、羊、猪、犬、猫等动物中毒表现选择检验样品,会进行常见的氢氰酸中毒、亚硝酸盐中毒、有机磷中毒、食盐中毒、灭鼠药中毒等的检验及结果判定。

【任务实施】

【病例导入】

山西省某村420只羊,采食秋收后的高粱茬新生嫩芽,且因气温骤然降低受冻,当日晚上发病,40只羊死亡。

21只羊食后突然发病,病羊张嘴伸颈,呼吸困难,呼出气体有苦杏仁味;瞳孔散大,口角流涎;腹部疼痛,时起时卧,极度不安;迅速毙命。19只羊病程拉长,逐渐表现停食,运动不稳,肌肉震颤,体温下降,呼吸极度困难,可视黏膜鲜红,后肢麻痹,瞳孔散大,反射机能减弱或消失;心动徐缓,呼吸浅表,脉细弱,直至昏迷死亡。其余病症稍轻。

剖检可见血管充血,血液呈鲜红色、凝固不良;肌肉暗红色;口腔有带血泡沫;气管和支气管黏膜充血、出血,肺部出现水肿或充血;心包、心内膜出血;瘤胃内有大量的气体和未消化的饲料,可闻到苦杏仁味;真胃、小肠出血。

请根据动物发病情况、临床症状及病理变化给出实验室检验方案。

实验室检验项目	检验理由
1. 2. 3. ⋮	

【实践操作】

1. 氢氰酸中毒检验及结果判定。

2. 亚硝酸盐中毒检验及结果判定。

【分析讨论】

根据实践操作，记录检验项目、材料准备、仪器设备、操作步骤及检验结果，并对操作过程中的注意事项和检验结果进行分析讨论。

检验项目	
材料准备	
仪器设备	
操作步骤	1. 2. 3. ⋮ 检验员：
检验结果	
结果分析	
体会与小结	
教师评价	

【相关知识】

一、氢氰酸中毒的检验

由于多食了含氰苷的植物（如木薯、玉米苗、高粱苗、亚麻籽饼，桃、李、梅、杏的核仁及叶子）引起。以发病快，张口伸颈，瞳孔散大，流涎，黏膜鲜红，呼出气有苦杏仁味，兴奋等为特征。

氰化物在酸性条件下温热，生成氢氰酸，遇碳酸钠后生成氰化钠，再与苦味酸作用，生成异氰紫酸钠呈玫瑰红色。另外，氢氰酸液可以与硫酸亚铁-氢氧化钠试纸作用生成亚铁氰化物，在酸性条件下与三价铁生成普鲁士蓝显蓝色。实验室根据此原理进行氢氰酸中毒检验。

[检验样品]

饲料，呕吐物，胃内容物。

[设备材料]

水浴箱或恒温培养箱，定性滤纸，磨口三角烧瓶，酒石酸，碳酸钠，苦味酸，硫酸亚铁，氢氧化钠，盐酸。

[检验方法]

1. 苦味酸试纸法

(1)准备材料：10%酒石酸溶液、10%碳酸钠溶液、苦味酸试纸（定性滤纸剪成 7 cm 长、0.5～0.7 cm 宽的小条，浸入 1%苦味酸溶液中，阴干或吹干）。

(2)磨口三角烧瓶内放样品 10 g，加水 10 mL，再加 10%酒石酸溶液 5 mL。将滴有 10%碳酸钠的苦味酸试纸条压在瓶盖下悬于瓶内，50 ℃水浴（或恒温培养箱）加热 30～40 min，观察试纸变化。

(3)纸条变为粉、橙红、红、紫红色依次为毒物含量增多。

2. 普鲁士蓝反应法

(1)准备材料：20%硫酸亚铁溶液（现用现配）、10%氢氧化钠溶液、10%盐酸溶液、10%酒石酸溶液、试纸（定性滤纸剪成 7 cm 长、0.5～0.7 cm 宽小条）。

(2)取样品 5～10 g 切细（捣碎），放于三角烧瓶内。加蒸馏水呈粥样（不能多），再加酒石酸溶液呈酸性。在瓶口盖以试纸，试纸上滴加 20%硫酸亚铁溶液和 10%氢氧化钠溶液各一滴。以小火加热煮沸（稍稍煮沸，不能剧烈煮沸）。取下试纸，浸入 10%盐酸中。

(3)试纸上有蓝色斑点为阳性。

[注意事项]

(1)硫酸盐、硫化物、醛、酮等对本试验有干扰作用，出现阳性需进一步试验，如果为阴性可做否定结论。

(2)加热温度不宜过高，避免蒸汽使纸条上的试剂流下来，无法显示结果。

二、亚硝酸盐中毒的检验

油菜、白菜、甜菜、野菜、萝卜、马铃薯等青绿饲料或块根块茎饲料富含硝酸盐。而在使用硝酸铵、硝酸钠、除草剂、植物生长剂的饲料和饲草，其硝酸盐的含量增高。硝酸盐还原菌广泛分布于自然界，在温度及湿度适宜时可大量繁殖。当饲料慢火焖煮、霉烂变质、枯萎等时，硝酸盐可被硝酸盐还原菌还原为亚硝酸盐，引起中毒。

亚硝酸盐的毒性比硝酸盐强 15 倍。亚硝酸盐也可在猪体内形成，在一般情况下，硝酸盐转化为亚硝酸盐的能力很弱，但当胃肠道机能紊乱时，如患肠道寄生虫病或胃酸浓度降低时，可使胃肠道内的硝酸盐还原菌大量繁殖，此时若动物大量采食含硝酸盐的饲草饲料时，即可在胃肠道内大量产生亚硝酸盐并被吸收而引起中毒。

临床上以可视黏膜发绀、血液酱油色、呼吸困难及其他缺氧症状为特征。

[检验样品]

饲料,呕吐物,胃内容物。

[设备材料]

试管,试管夹,联苯胺,冰醋酸,酒石酸,对氨基苯磺酸,甲萘胺。

[检验方法]

1. 联苯胺冰醋酸法

(1)配制试剂:取联苯胺 0.1 g 溶于 10 mL 冰醋酸中,加蒸馏水稀释至 100 mL 后过滤,滤液保存备用。

(2)取被检液[被检物(饲料、呕吐物、胃内容物)5～10 g 加水 10 mL,搅拌振荡数分钟。如有颜色加入少量活性炭脱色,过滤取滤液]几滴于试管内,加等量的试剂。

(3)根据颜色判定亚硝酸盐含量:黄色,微量;橙色,中量;红棕色,多量。

2. 亚硝酸盐快速检验法

(1)配制格利斯固体试剂:取酒石酸 0.89 g,对氨基苯磺酸 1 g,甲萘胺 0.01 g,于研钵内研成粉末状,棕色瓶内保存备用(试剂变红则不能再用)。

(2)取 2 mL 被检液(制备方法同联苯胺冰醋酸法)于小试管内,加试剂 0.025 g 振荡。

(3)根据颜色判定亚硝酸盐含量:浅玫瑰色,少量;紫色,中量;深紫色,大量。

[注意事项]

(1)亚硝酸盐在酸性条件下易分解、挥发,如送检不及时,不易检出。

(2)格利斯反应十分灵敏,因痕量的亚硝酸盐在饮水、青饲料、空气和泥土中均存在,所以出现阴性可作否定结论,反应强烈时才能定为阳性,同时需作空白对照,必要时需进行定量分析。

三、有机磷中毒的检验

[检验样品]

有机磷农药中毒时,最适宜的检样:若是经消化道引起的中毒,生前可取病畜的呕吐物,洗胃时第一次导出液,血液,有些有机磷农药(敌百虫、对硫磷、甲基对硫磷等)中毒时还可取尿液;死后可取胃及胃内容物、血液、肝脏;此外还可取病畜吃剩的饲料或饮水。若是经呼吸道引起的中毒,可取呼吸道分泌物、血液、肺脏及肝脏。若是因污染皮肤引起的中毒,可取被污染部位的皮肤及皮下组织、血液和肝脏。

[设备材料]

试管,试管夹,氢氧化钠溶液,硝酸银溶液,磨口棕色瓶,溴麝香草酚蓝,溴代乙酰胆碱,无水乙醇。

[检验方法]

1. 有机磷农药快速检查法

取可疑的农药 5～10 滴,加水 4 mL,振荡使之乳化后,加 10%氢氧化钠溶液 1 mL,如变成金黄色为农药 1605,如无颜色变化,再加 1%硝酸银溶液 2～3 滴,若变成灰黑色为敌敌畏,若变成棕色为乐果,若变成白色为敌百虫。

2. 全血胆碱酯酶活性试纸测定法

(1)原理　有机磷农药进入机体后能抑制胆碱酯酶活性,测定血液胆碱酯酶活性是诊断有机磷农药中毒的特异性检测指标。乙酰胆碱遇血液中胆碱酯酶分解为胆碱和乙酸，乙酸可引起 pH 的改变。用溴麝香草酚蓝（BTB）作指示剂，在一定温度、一定时间内，观察颜色变化，推测酶的活力。

（2）乙酰胆碱试纸的制备　可取溴麝香草酚蓝 0.14 g，溴代乙酰胆碱 0.23 g，加无水乙醇 20 mL 溶解，用 0.4 mol/L 氢氧化钠溶液调 pH 为 7.4～7.6（溶液应呈灰褐色）。将质量好的定性滤纸浸入，2 min 后取出阴干，剪成 1 cm×1 cm 的小片，贮于磨口棕色瓶中，于干燥处避光保存。

（3）操作　取乙酰胆碱试纸两片置于载玻片两端，分别加被检病畜血和健康同种动物血（或健康马血）1 滴，标记后立即加盖另一载玻片，用橡皮筋扎紧，置 37 ℃温箱中或腋下保温 15～20 min 后取出，观察纸片颜色变化。根据颜色变化估计酶的活性，进而判定中毒程度（表 8-1）。

表 8-1　采用被检全血时判断胆碱酯酶活力和中毒程度的标准

纸片颜色	酶活力/%	中毒程度	备注
红色	80～100（－）	正常	
紫红色	60（＋）	轻度中毒	
深紫色	40（＋＋）	中度中毒	最好重复试验一次
蓝色	20（＋＋＋）	重度中毒	最好重复试验一次

[注意事项]

（1）采血及检验所用器具均应洗涤干净，并用 pH 6.8～7 蒸馏水反复冲洗后烘干备用。

（2）检验时血滴不可过大，直径以 0.6～0.8 cm 为宜。刚加血时两纸片均应呈蓝黑色，否则试纸失效。观察血斑时，要看试纸反面，以血斑中心颜色为准，最好成一斜角观察，不要直接对光。

（3）当酶活性在 60%以下时，应复试一遍，以免误判。

（4）如无溴化乙酰胆碱，可用氯化乙酰胆碱代替，效果一样。

（5）被检动物营养不良、贫血、患有肝脏疾病或应用了磺胺药物等，均可影响胆碱酯酶的活性，故判定结果时要结合临床症状。

四、食盐中毒的检验

食盐中毒是在动物饮水不足的情况下，过量摄入食盐或含盐饲料而引起的以消化紊乱和神经症状为特征的中毒性疾病。

[检验样品]

眼结膜囊内液，剩余饲料，肝或血清。

[检验方法]

1. 眼结膜囊内液氯化物的检查

（1）原理　氯化钠中的氯离子在酸性条件下与硝酸银中的银离子结合，生成不溶性的氯化银白色沉淀。

（2）试剂　酸性硝酸银溶液（取硝酸银 1.75 g，硝酸 25 mL，蒸馏水 75 mL，充分混合并溶解)。

(3)操作 取蒸馏水 2～3 mL 置于试管中,再用小吸管取眼结膜囊内液少许,放入小试管中,然后加入酸性硝酸银溶液 1～2 滴。如有氯化物存在即呈现白色浑浊,量多时浑浊程度增大。

2. 血清中钠含量测定

详见任务三“血液生化检验”。

3. 肝中氯化物含量测定

(1)原理 氯化钠与硝酸银作用生成白色的氯化银,当溶液中的 Cl^- 与硝酸银反应完全后,稍过量的硝酸银即与指示剂铬酸钾作用,生成砖红色铬酸银沉淀,以此来判定终点。根据硝酸银的消耗量可计算氯化物的含量。

(2)试剂 ①0.1 mol/L 硝酸银溶液:称取硝酸银 17 g,加蒸馏水溶解后稀释至 1 000 mL,然后用 0.1 mol/L 氯化钠溶液标定。②0.01 mol/L 硝酸银溶液:用已标定的 0.1 mol/L 硝酸银溶液稀释(1 mL 0.01 mol/L $AgNO_3$ 相当于 0.000 58 g NaCl)。③5%铬酸钾溶液。

(3)操作 先取肝组织 10 g 左右,置于 50 mL 离心管或小玻瓶中,剪碎。称取 3.0 g,放入 150 mL 三角瓶中。加蒸馏水 80～90 mL,在 30 ℃条件下(夏季可在室温,冬季可用水浴)浸提 15 min 以上,并不时摇动。然后过滤,收集滤液于 100 mL 容量瓶中,用水洗滤纸直至总体积达到刻度为止。如果滤液无色透明(一般经放血剖杀的猪肝滤液无色),可直接进行下项操作。如果滤液呈红色或不透明时,可将滤液转入小烧杯中,加热煮沸 1～2 min,然后再用滤纸过滤到 100 mL 容量瓶中,加蒸馏水至刻度。

用 10 mL 移液管吸取 10 mL 滤液于小烧杯中,加入 5%铬酸钾指示剂 0.5 mL,以 5 mL 滴定管用 0.01 mol/L 硝酸银溶液缓缓滴定,当溶液刚刚出现明显砖红色浑浊时为止。再加蒸馏水 50 mL 左右稀释,放置 30 s。砖红色不消失并有红色沉淀生成,说明已达终点。如果溶液又变黄,需要继续用硝酸银滴定,直到砖红色不消失为止,记下所消耗硝酸银溶液的体积,再多加 1 滴作为参比溶液。

取滤液三份,每份 10 mL,各加 5%铬酸钾指示剂 0.5 mL,作为正式测定样。分别用 0.01 mol/L 硝酸银溶液滴定至出现明显砖红色浑浊且放置 30 s 不消失为止(与参比溶液对照),记录每份样液消耗 0.01 mol/L 硝酸银溶液的体积,取其平均值,进行计算。

(4)计算 肝中氯化物含量计算公式如下:

$$\text{肝中氯化物含量}=\frac{0.000\,58\,V\,V_1}{mV_2}\times 100\%$$

式中:V 为滴定时所消耗 0.01 mol/L 硝酸银溶液的量(mL);V_1 为滤液的总体积(mL);V_2 为滴定时取样液的量(mL);m 为检验时取检材的量(g)。

[注意事项]

(1)一般取样 10 mL,滴定总体积不超过 50～60 mL 时,加 0.5 mL 指示剂已足够。滴定总体积超过 70 mL 时,可再多加 0.5 mL 指示剂。

(2)摩尔法滴定要求的 pH 为 6.5～10.5。用肝脏为检材,如果没有腐败,溶液接近中性可直接滴定。如果检材滤液 pH 低于 6.5,可加硼砂或碳酸氢钠调整滤液的 pH 至 7.0 以上再进行滴定。

(3)滴定不能在热的情况下进行。因为随着温度升高,铬酸银的溶度积也增加,对银离子检测的灵敏度降低,所以经煮沸后的滤液应冷到室温后再进行滴定。

五、磷化锌中毒的检验

[检验样品]

被检材料以剩余饲料最好,其次是呕吐物和胃内容物。呕吐物和胃内容物需及时检验,否则磷化锌在潮湿的空气中容易分解。

[检验方法]

1.磷的检验

(1)原理　磷化锌在酸性条件下生成磷化氢,磷化氢遇硝酸银生成黑色的磷化银,磷化氢和溴化汞作用生成黄红色的化合物。

(2)试剂　10%盐酸,1%硝酸银溶液,碱性醋酸铅棉花(5%醋酸铅溶液加入50%氢氧化钠溶液直到刚生成沉淀又溶解为止。取脱脂棉在此溶液中浸湿晾干)。

(3)操作　取被检材料10 g放入三角瓶中,加水搅拌呈粥状,瓶口上塞上软木塞。软木塞内装两个玻璃管,管下塞入疏松的碱性醋酸铅棉花,上面分别放入硝酸银试纸条和溴化汞试纸条,然后于瓶中注入10%盐酸5 mL,套上黑纸套,在50 ℃水浴中加热30 min。若有磷化物存在,硝酸银试纸条变黑色,溴化汞试纸条变黄红色。阴性反应时两种试纸条均不变色。

2.锌的检验(亚铁氰化钾反应)

(1)原理　在微酸性溶液中,锌与亚铁氰化钾生成铁氰化锌白色沉淀。此沉淀不溶于稀酸而溶于碱中。若加过量试剂,则生成更难溶的白色亚铁氰化锌钾沉淀。

(2)试剂　5%亚铁氰化钾溶液,10%氢氧化钠溶液。

(3)操作　将做完磷化氢反应后的被检材料进行过滤或取有机质破坏后的溶液2 mL,置于小试管中,加5%亚铁氰化钾溶液。如有锌存在产生白色沉淀,再加10%氢氧化钠时沉淀溶解。

[注意事项]

被检材料新鲜没腐败时,可不加醋酸铅棉花;可直接加酒石酸粉末代替10%盐酸。

六、敌鼠钠中毒的检验

[检验样品]

剩余饲料和可疑药物是最好的被检材料,其次是血液和尿液。

被检材料如为固体或半固体可取50~100 g放入三角瓶中,加水调成粥状,加稀盐酸酸化,用乙醚提取3次,合并乙醚液。乙醚液再用1%焦磷酸钠或磷酸氢二钠水溶液提取3次,合并水溶液提取液。经稀盐酸酸化后,再用氯仿提取3次,合并氯仿提取液,经无水硫酸钠脱水后,水浴上挥去氯仿,残渣供检验用。

被检材料如为尿,则可直接经盐酸酸化后用乙醚提取3次,合并乙醚液。乙醚液再用1%焦磷酸钠或磷酸氢二钠水溶液提取3次,合并水溶液提取液。经稀盐酸酸化后,再用氯仿提取3次,合并氯仿提取液,经无水硫酸钠脱水后,水溶上挥去氯仿,残渣供检验用。

被检材料如为血液，可先经酸化后用乙醇浸出，挥去乙醇后再用1%焦磷酸钠或磷酸氢二钠水溶液提取3次，合并水溶液提取液。经稀盐酸酸化后，再用氯仿提取3次，合并氯仿提取液，经无水硫酸钠脱水后，水溶上挥去氯仿，残渣供检验用。

［**检验方法**］

1. 三氯化铁试验

(1)原理　敌鼠钠与三氯化铁在无水乙醇中反应呈红色。

(2)试剂　9%三氯化铁溶液。

(3)操作　取被检材料，加无水乙醇溶解后，加入一滴9%三氯化铁溶液观察。如有红色悬浮物形成，即为阳性反应。

2. 硝化反应

(1)原理　敌鼠钠含有苯环，与浓硝酸反应生成硝基苯类化合物，遇醇性氢氧化钾溶液呈蓝色。

(2)试剂　浓硝酸，2%醇性氢氧化钾溶液。

(3)操作　将被检材料置于蒸发皿中，加10～20滴浓硝酸溶解残渣，然后在沸水浴上加热至干，取下，冷却，滴加2%醇性氢氧化钾溶液数滴，如有敌鼠钠即显蓝色。

任务九
常规病理学检验

动物病理通过研究疾病的原因、发病机理和患病机体内所呈现的代谢、机能和形态结构的变化，来阐明疾病的发生、发展规律，为疾病的诊断与防治提供理论基础和方法。

病理诊断常规技术主要包括尸体剖检技术、病理组织切片技术及病理变化观察与综合分析。尸体剖检技术可以直接参与临床疾病诊断，验证临床诊疗结果。病理组织切片技术是病理实验室最基本的方法，是一项极有使用价值的病理学专业技能，对于兽医疾病诊断起着很重要的作用，如高质量的病理切片对疾病的性质特别是肿瘤良恶性判断起着非常关键的作用。

【任务解析】

完成本任务需要“动物解剖及组织胚胎”中动物组织器官解剖结构及组织结构等相关知识，需要“动物病理”中各种疾病的病理变化特点等基本知识，需要严谨的科学态度。

通过本任务的学习，掌握进行猪、鸡、牛、羊、兔等动物的剖检，能配制用于病理固定、脱水、染色的各种试剂，能制备出染色清晰的高质量石蜡病理切片。

【任务实施】

【病例导入】

某兔场种兔、商品兔存栏 10 000 余只。有一栋兔舍先后饲养的两批伊拉系商品肉兔，1～3 月龄皆有症状相同但不同程度的腹泻和死亡。有的兔头天正常，第 2 天清晨发现死在笼子内。部分兔陆续出现精神倦怠，被毛粗乱，食欲减退或废绝，眼结膜潮红、流泪、磨牙、流涎、四肢发冷伏卧于笼内。有的腹部膨大，手敲有鼓音，提后肢晃动有流水声。病兔开始排细小成串、两头尖、外包有透明胶冻样黏液的粪便，随后剧烈腹泻，排黄色水样或白色泡沫状稀便。粪便污浊腥臭，污染肛门和后躯被毛。死前尖叫，部分呈角弓反张姿势。"请根据发病情况给出检验项目。

请根据发病情况给出检验项目。

实验室检验项目	检验理由
1. 2. 3. ⋮	

【实践操作】

1. 动物(如猪、鸡、羊、兔等)尸体剖检。
2. 动物组织的取材和固定。
3. 组织切片制备。
4. 石蜡切片 HE 染色。

【分析讨论】

根据实践操作,记录检验项目、材料准备、仪器设备、操作步骤及检验结果,并对操作过程中的注意事项和检验结果进行分析讨论。

检验项目	
材料准备	
仪器设备	
操作步骤	1. 2. 3. ⋮ 检验员:
检验结果	
结果分析	
体会与小结	
教师评价	

【相关知识】

一、尸体剖检

尸体剖检是运用病理解剖知识和病理诊断技术,检查尸体的病理变化,诊断和研究疾病的一种方法。临床主要通过全面完整地检查尸体的病理变化,查明病畜患病和死亡的原因,确定疾病的性质,建立客观而准确的病理诊断,为疾病防治提供科学依据。

(一)尸体变化

动物死亡后,受体内存在的酶和细菌的作用,以及外界环境的影响,逐渐发生一系列的死后变化。

1. 尸冷

动物死亡后,由于动物体内产热过程停止,尸体温度逐渐降至外界环境温度的水平。尸体温度下降的速度,在最初几小时较快,以后逐渐变慢。通常在室温条件下,平均每小时下降1 ℃。当外界温度低时,尸冷可能发生得更快。尸温检查有助于确定死亡时间。

2. 尸僵

动物死亡后其肢体发生僵硬的现象,称为尸僵。由于肌细胞蛋白质发生凝固,肌肉固缩变得致密僵硬,而引起尸僵。尸僵一般在动物死后1～6 h开始发生,经10～24 h发展完全,在死后24～48 h开始缓解。尸僵的发生和缓解一般是按头部、颈部、前肢、体躯和后肢的顺序进行。尸僵除见于骨骼肌外,心肌、平滑肌同样可以发生。心肌的尸僵在死后0.5 h左右即可发生。环境气温较高时,尸僵出现较早,解僵较快;寒冷时则出现较晚,解僵较迟。肌肉发达的动物尸僵较明显,死于破伤风的动物尸僵发生快而明显。死于败血症的动物,尸僵不显著或不出现。心肌变性或心力衰竭的心肌,则尸僵不出现或不完全,其心脏扩张并充满血液,心肌质地柔软。

3. 尸斑

动物死亡后,血液由于受重力的影响,沉降到尸体低下部位而出现的色斑,称为尸斑。动物死后,由于心脏和大动脉的临终收缩及尸僵的发生,将血液排挤到静脉系统内,并由于重力作用,血液流向尸体的低下部位,使该部血管充盈血液,组织呈暗红色(死后1～1.5 h出现)。初期指压褪色,并且这种色斑可随尸体位置的变更而改变。后期由于发生溶血使该部组织染成红色(一般在死后24 h左右开始出现),此时指压或改变尸体位置也不会消失,即尸斑形成。尸斑在尸体卧侧的皮肤、肺脏、肝脏、肾脏等表现特别明显,注意不要把这种死后变化与生前的充血、淤血相混淆。在采取病料时,如无特异病变、特殊需要,最好不取这些部位的组织。

4. 血液凝固

动物死后,心脏和大血管内的血液凝固成块,称为血液凝固。死亡较慢者,血凝块往往分为两层,上层为黄色鸡油样血浆层,称为鸡脂样凝血块,下层是暗红色细胞层。死亡较快时,则血凝块呈一致的暗紫红色。死于败血症或窒息、缺氧的动物,血液凝固不良或不凝固。剖检时,要注意将血凝块与生前形成的血栓相区别。

5. 尸体自溶和腐败

尸体自溶是指体内组织受到自身蛋白溶解酶的作用,而发生自体溶解的过程。表现最明显的是胃肠和胰腺。在外界气温较高,死亡时间较长的情况下,剖检时常可见到胃肠道黏膜的脱落,就是一种自溶现象。

尸体腐败是指尸体组织蛋白由于受到腐败菌的作用发生腐败分解的现象。参与腐败过程的腐败菌主要是厌氧菌,它们主要来自外界环境和消化道。死于败血症或有大面积化脓的动物尸体极易腐败。尸体腐败破坏生前病变,给剖检工作带来困难,因此,动物死后剖检应尽早进行,最好在6 h以内进行。尸体腐败有以下几种表现形式。

(1)腹围膨大　腹围膨大是由于胃肠内细菌大量繁殖,胃肠内容物腐败发酵而产生大量气体的结果。

(2)尸绿　组织分解产生的硫化氢与红细胞分解产生的血红蛋白和铁结合形成硫化血红

蛋白和硫化铁，致使腐败组织呈绿色。此种变化在肠道最明显。

(3)尸臭　在尸体腐败过程中，可产生大量有恶臭气味的气体，如硫化氢等，使尸体发出腐臭味。

(4)实质脏器腐败　实质脏器腐败后体积增大，质地柔软，呈泡沫状。

(二)尸体剖检的注意事项

为保证尸体剖检的顺利进行，并达到预期目的，在剖检前必须做好一些必要的准备工作，如剖检器械、消毒药品的准备以及对剖检人员的防护等。尤其对患传染病死亡动物的尸体的剖检，剖检人员既要预防自身的感染，又要注意防止病原的扩散。

1. 剖检时间的确定

应在动物死后尽早进行，特别是炎热的夏季，最好在死后 6 h 以内进行。死后超过 24 h 的尸体，由于尸体自溶与腐败而难以辨别原有病变，失去剖检意义。剖检最好在白天进行，夜间应在充足的 LED 灯下辨别脏器的色彩。

2. 剖检地点的选择

最好在专用的动物剖检室进行。在畜牧场死亡的动物，可在其设置的剖检场所进行。如在室外剖检时，应选择远离水源、居民区、道路和畜舍的地点进行。剖检前，先掘好深达 2 m 的尸坑；剖检后，将尸体连同垫布或垫草和污染的土壤一起投入坑内，撒上生石灰或 3%～5%的来苏儿或其他消毒药，然后用土掩埋。

3. 剖检尸体的搬运

对疑似传染病的尸体，特别是炭疽等烈性传染病尸体的搬运，必须在搬运前进行相应的处理。用浸透消毒液的棉花堵塞天然孔，并用消毒液喷湿体表各部，以防运输时造成病原的扩散。搬运时应用不透水容器盛装尸体。剖检场地、运输车辆及其他用具都要进行严格消毒。若疑为炭疽时，可在末梢血管采血做涂片检查，之后对采血处马上烧烙处理；或切开腹壁局部，取小块脾脏组织进行检查，然后将切口用浸透了浓漂白粉液的棉花或纱布堵塞，妥善包装后送检。若确定为炭疽则严禁剖检，并将尸体与被污染的场地、用品等进行严格消毒与处理。

4. 剖检器械和消毒药品的准备

常用的剖检器械有剥皮刀、脏器刀、外科刀、脑刀、外科剪、肠剪、镊子、骨锯、骨斧、量尺、量杯、注射器和针头、磨刀棒等。

常用的消毒药物有 3%～5%来苏儿、5%石炭酸、3%碘酊、0.2%高锰酸钾、70%酒精等。还要准备一些固定液，如 10%福尔马林、95%酒精，用于采集和送检病料的固定与保存。

5. 剖检人员的防护

剖检人员应注意自身保护，剖检人兽共患病的动物尸体时更应严格防护。穿戴好工作衣帽，外罩橡胶或塑料围裙，戴乳胶手套并外加线手套，穿胶靴，必要时还要戴上口罩和眼镜。不慎损伤皮肤时，应立即消毒包扎。剖检完毕，尸体处理后，先除去手套，再脱去全部防护衣物，投入消毒液中浸泡。在全部工作完毕后，用消毒液浸泡和洗净双手，最后用清水将手上消毒液冲洗干净。

6. 尸体消毒与处理

在剖检前应对尸体表面喷洒消毒液。经剖检确定为传染病的尸体，可采用焚尸炉焚烧、投入专用的尸坑或临时掘坑深埋等方法处理。消毒应参照中华人民共和国国家标准《畜禽产品消毒规范》执行。

(三)反刍动物(牛、羊等)的剖检

1.外部检查

检查畜别、品种、年龄、性别、毛色、营养状态、皮肤和可视黏膜以及部分尸征等。

2.内部检查

(1)剥皮和皮下组织的检查　首先使尸体仰卧,从下唇正中线沿颌间正中线,经颈、胸、腹下正中线做一切线,切开皮肤,切至脐部时向左右分为两条。绕过阴茎或乳房等器官后切线又合二为一,直至尾根。再从腹正中切线沿肢内侧正中做一切线分别切开四肢皮肤,切至球节部做一环形切线。然后沿切线剥离全身皮肤。患传染病死亡的尸体一般不剥皮。

在剥皮时应随时对皮下组织进行检查,主要检查皮下脂肪含量及性状,肌肉的丰瘦情况,皮下有无出血、水肿和炎症等。

(2)腹腔脏器的采出和检查

①腹腔的剖开　先切离剖检侧的前后肢,同时切除母畜乳房或公畜外生殖器。然后从肷窝肋骨弓后缘至剑状软骨部,再从肷窝沿髂骨体至耻骨前缘做两条切线,切开腹壁并翻转于腹下,即可显露出腹腔。此时应随时检查腹腔脏器的位置有无变化,胃肠壁的完整性,腹膜有无出血、炎症反应、损伤和粘连,腹水的数量及性状等。

②腹腔脏器的采出　剖开腹腔后,在剑状软骨部可见到网胃,右侧肋骨后缘部为肝脏、胆囊和皱胃,右髂部可见盲肠,其余脏器均被网膜覆盖。因此,为了采出腹腔器官,应先将网膜切除,并依次采出小肠、大肠、胃和其他器官。

切取网膜:首先检查网膜有无充血、出血及其他病变,然后将两层网膜切下采出。

空肠和回肠的采出:提起盲肠,沿盲肠体向前,在三角形的回盲韧带处切断,分离一段回肠,在距盲肠约 15 cm 处做双重结扎,从双重结扎中间切断。再抓住回肠断端向前牵引,使肠系膜呈紧张状态,在接近小肠部切断肠系膜。分离十二指肠空肠曲,再做双重结扎,于双重结扎中间切断,即可取出全部空肠和回肠。与此同时,要检查肠系膜及其淋巴结等有无变化。

大肠的采出:在骨盆口处将直肠内粪便向前挤压并在直肠末端做一次结扎,在结扎后方切断直肠。抓住直肠断端,由后向前分离直肠、结肠系膜至前肠系膜根部。再把横结肠、肠盘与十二指肠回行部之间联系切断。最后切断前肠系膜根部的血管、神经和结缔组织,即可取出整个大肠。

胃、十二指肠和脾脏的采出:先将胆管、胰管与十二指肠之间的联系切断,然后分离十二指肠系膜。将瘤胃向后牵引,露出食管,并在末端结扎切断。再用力向后下方牵引瘤胃,用刀切离瘤胃与背部的联系,切断脾膈韧带,将胃、十二指肠及脾脏同时采出。

胰腺的采出:胰脏可从左叶开始逐渐切下或随腔动脉、肠系膜一并取出。

肝脏采出:先切断左叶周围的韧带及后腔静脉,然后切断右叶周围的韧带、门静脉和肝静脉(勿伤及右肾),便可取出肝脏。

肾脏和肾上腺的采出:首先应检查输尿管的状态,然后沿腰肌剥离肾脏周围的脂肪囊,并切断肾门处的血管和输尿管,采出左肾,并用同样方法采出右肾。肾上腺可与肾脏同时采出,也可单独采出。

③腹腔脏器的检查

肝脏的检查:先检查肝门部的动脉、静脉、胆管和淋巴结;然后检查肝脏的形态、大小、色

泽、包膜性状(有无出血、结节、坏死等);最后切开肝组织,观察切面的色泽、质度和含血量等情况,注意切面是否隆突,肝小叶结构是否清晰,有无脓肿、寄生虫结节和坏死灶等。

脾脏的检查:先检查脾脏的形态、大小、质地;然后纵行切开,检查脾小梁、脾髓的颜色,红、白髓的比例,脾髓是否容易刮脱。

肾脏的检查:先检查肾脏的形态、大小、色泽、质地,然后由外侧面向肾门部将肾脏纵切为相等的两半,检查包膜是否容易剥离,肾表面是否光滑,皮质和髓质的颜色、质度、比例、结构,检查肾盂黏膜及肾盂内有无结石等。

胃的检查:检查胃的大小、质度,浆膜的色泽、有无粘连,胃壁有无破裂和穿孔等,然后将瘤胃、网胃、瓣胃、皱胃之间的联系分离,使四个胃展开。首先沿皱胃小弯剪开至皱胃与瓣胃交界处,再沿瓣胃的大弯部剪开至瓣胃与网胃口处,并沿网胃大弯剪开,最后沿瘤胃上下缘剪开。分别检查胃内容物的数量、性状及黏膜变化等,并检查瘤胃内有无吸虫,网胃内有无异物和刺伤,瓣胃内容物是否干燥等。

肠的检查:十二指肠、空肠、回肠、盲肠、结肠、直肠分段进行检查。先检查肠管浆膜的色泽和有无粘连、破裂、穿孔等。然后沿肠系膜附着处剪开肠腔,检查肠内容物数量、性状,再除去内容物检查肠黏膜有无病变。注意检查肠系膜淋巴结大小、颜色、硬度,以及与周围组织的关系,切面的色泽及有无出血、坏死、增生病变等。

(3)胸腔脏器的采出和检查

①锯开胸腔　锯开胸腔之前,应先检查肋骨的高低及肋骨与肋软骨结合部的状态。然后将膈的左半部从季肋部切下,用锯把左侧肋骨的上下两端锯断,只留一肋骨,即可将左胸腔全部暴露。锯开胸腔后,应随时检查左侧胸腔液的量和性状,胸膜的色泽,有无充血、出血或粘连等。

②胸腔脏器的采出

心脏的采出:先在心包左侧中央做十字形切口,把食指和中指插入心包腔,提取心尖,检查心包液的量和性状;然后沿心脏的左侧纵沟左右各 1 cm 处,切开左、右心室,检查心室内血量及性状;最后将左手拇指和食指分别伸入左、右心室的切口内,轻轻提取心脏,切断心基部的血管,取出心脏。

肺脏的采出:先切断纵隔的背侧部,检查胸腔液的量和性状;然后切断纵隔的后部;最后切断胸腔前部的纵隔、气管、食管和前腔静脉,并在气管轮上做一小切口,将食指和中指伸入切口牵引气管,将肺脏取出。

胸主动脉的采出:胸主动脉可以单独采出,或与肺同时采出,必要时可胸主动脉和腹主动脉一并采出。

③胸腔脏器的检查

心脏的检查:先检查心脏纵沟、冠状沟的脂肪量和性状,有无出血;然后检查心脏的外形、大小、色泽及心外膜的性状;最后检查心腔内血液的性状,心内膜、心瓣膜是否光滑,有无变形、增厚,心肌的色泽、质度、心壁的厚薄等(也可采出时检查)。

肺脏的检查:首先注意其大小、色泽、重量、质度、弹性、有无病灶及表面附着物等,然后用剪刀沿支气管剪开,注意检查支气管黏膜的色泽及表面附着物的数量、黏稠度。最后横切左右肺叶,注意观察切面的色泽及流出物的数量、色泽变化,同时观察切面有无出血、坏死和结节等病变。注意检查肺门淋巴结的大小、颜色、硬度,以及与周围组织的关系,切面的色泽及有无出血、坏死、增生病变等。

(4)骨盆腔脏器的采出和检查 先锯断髂骨体,然后锯断耻骨和坐骨的髋臼支,除去锯断的骨体,盆腔即暴露。用刀切离直肠与盆腔上壁的结缔组织,母牛还应切离子宫和卵巢,再由盆腔下壁切离膀胱颈、阴道及生殖腺等,最后切断附着于直肠的肌肉,将肛门、阴门作圆形切离,即可取出骨盆腔脏器。

公畜骨盆腔脏器检查尿道、膀胱黏膜、尿量及色泽;检查阴茎、包皮、龟头、睾丸及附睾外形、大小、质地和色泽,切开后观察有无充血、出血、结节、化脓和坏死等。

母畜除检查膀胱、尿道外,注意子宫的大小,子宫体和子宫角的形状。然后检查阴道、子宫颈、子宫内腔和黏膜面的性状,内容物的性质,输卵管管壁厚度和黏膜状态,卵巢的外形、大小、重量和色泽等。

(5)口腔及颈部器官的采出和检查

①口腔及颈部器官的采出 先切开咬肌,再在下颌骨的第一臼齿前,锯断左侧下颌支,再切开下颌支内面的肌肉和后缘的腮腺、下颌关节的韧带及冠状突周围的肌肉,将左侧下颌支取出;然后用左手握住舌头,切断舌骨支及其周围组织,再将喉、气管和食管的周围组织切离,直至胸腔入口处,可采出口腔及颈部器官。

②口腔及颈部器官的检查 检查舌、咽喉部、食管、喉头及气管黏膜有无病变,扁桃体有无炎症、坏死或化脓,食管周围有无肿瘤、脓肿,喉头软骨、肌肉和声门有无异常。

(6)脑的采出和检查 沿寰枕关节切断颈部,使头与颈分离,然后除去下颌骨体及右侧下颌支,切除颅顶部附着的肌肉。先沿两眼的后缘用锯横行锯断,再沿两角外缘与第一锯相连接锯开,并于两角的中间纵锯一正中线,然后两手握住左右两角,用力向外分开,使颅顶骨分成左右两半,脑即可取出。

观察脑膜有无充血、出血或浑浊,检查脑回和脑沟有无水肿、积水、肿瘤、充血,并用手触检脑实质的质地。检查脑组织有无出血、坏死、包囊、囊肿、肿瘤等病变。检查脑垂体重量、大小,切面色泽、质地、光泽及湿润度。

(7)鼻腔的采出和检查 沿鼻中线两侧各1 cm纵行锯开鼻骨、额骨,暴露鼻腔、鼻中隔、鼻甲骨及鼻窦。

用刀将鼻中隔沿其附着部切断取下。检查鼻中隔和鼻道黏膜色泽、外形,有无出血、结节、糜烂、溃疡、穿孔、炎性渗出物等。

(8)脊髓的采出和检查 剔去椎弓两侧的肌肉,凿(锯)断椎体,暴露椎管,切断脊神经,即可取出脊髓。

检查时要注意脊髓的外形、色泽、质地,脊髓切面上灰质、白质和中央管有无病变。

上述各体腔的打开和内脏的采出,是系统剖检的程序,在实际工作中,可根据生前的病性,进行重点剖检,适当地改变或取舍某些剖检程序。

(四)猪的尸体剖检

1. 外部检查

主要检查病尸的营养状况,肢体形态,尸体变化,体表皮肤及可视黏膜有无新旧损伤、充血、淤血、出血、贫血、黄疸,天然孔的开闭状态和有无分泌排泄物等。

2. 内部检查

(1)剥皮与皮下检查 猪的剖检多采取背侧仰卧位,一般先分别切断肩胛内侧和髋关节周围肌肉，仅以部分皮肤与体躯相连，使四肢摊开。猪的剖检多不剥皮，如要剥皮其方法和步骤与牛大体相同。在剥皮过程中随时进行皮下检查，除检查皮下有无充血、出血、淤血、水肿等病变外，还必须检查体表淋巴结的大小、颜色，有无充血、出血、水肿、坏死、化脓等病变。

(2)腹腔的剖开与腹腔脏器的采出

①腹腔的剖开　先沿腹壁正中线切开剑状软骨与肛门之间的腹壁，再沿肋骨弓将腹壁两侧切开，使腹腔器官全部暴露。此时应检查腹腔脏器的位置，腹膜及腹腔器官浆膜是否光滑，腹腔中有无渗出物及其数量、颜色和性状等。

②腹腔脏器的采出　先取出脾脏与网膜，其后依次取出空肠和回肠，大肠，胃和十二指肠，肾脏和肾上腺，胰腺和肝脏。

脾脏和网膜的采出：在右季肋部可见脾脏。提起脾脏，并在接近脾脏根部切断网膜和其他联系后取出脾脏。然后将网膜从其附着部分离采出。

空肠和回肠的采出：将结肠盘向右侧牵引，盲肠拉向左侧，显露回盲韧带与回肠。在离盲肠约 15 cm 处，将回肠作二重结扎并切断。然后握住回肠断端，用刀切离回肠、空肠上附着的肠系膜，直至十二指肠空肠曲，在空肠起始部做二重结扎并切断，取出空肠和回肠。边分离肠系膜边检查肠浆膜有无出血，肠系膜有无出血、水肿，肠系膜淋巴结有无肿胀、出血、坏死等。

大肠的采出：在骨盆腔口分离直肠，将其中粪便挤向前方做一次结扎，并在结扎后方切断直肠。从直肠断端向前方分离肠系膜，至前肠系膜根部。分离结肠与十二指肠、胰腺之间的联系，切断前肠系膜根部血管、神经和结缔组织，以及结肠与背部之间的联系，即可取出大肠。

(3)胸腔的剖开与胸腔脏器的采出　用刀先分离胸壁两侧表面的脂肪和肌肉，检查胸腔的压力。用刀切断两侧肋骨与肋软骨结合部，再切断其他软组织，除去胸壁腹面，胸腔即可露出。检查胸腔、心包腔有无积液及其性状，胸膜是否光滑，有无粘连。

(4)骨盆腔脏器的采出　参照反刍动物的剖检方法进行。

(5)颅腔的剖开　可在脏器检查完后进行。清除头部的皮肤和肌肉，在两眼眶之间横劈额骨，然后再将两侧颞骨(与颧骨平行)及枕骨髁劈开，即可掀掉颅顶骨，暴露颅腔。检查脑膜及脑组织有无充血、出血、坏死及其他病变。

对小猪剖检，可自下颌沿颈部、腹部正中线至肛门切开，暴露胸腹腔，切开耻骨联合露出骨盆腔。然后将口腔、颈部、胸腔、腹腔和骨盆腔的器官一起取出。

各器官的检查与反刍动物的剖检相同，按一定顺序，逐一检查各器官的病理变化。

(五)禽的尸体剖检

家禽的解剖结构与大动物不同。在家禽的消化系统中有发达的肌胃，肠管较短而十二指肠较大，盲肠有 2 条。肺小，并固定在肋间隙，有和肺相通的气囊。两侧肾脏固定在腰荐部，各 3 叶，无膀胱，输尿管直接通入泄殖腔。左侧卵巢发达，成年禽类右侧的卵巢退化，输卵管通入泄殖腔。睾丸位于腰区。鸡没有淋巴结，淋巴组织分散于其他组织和器官中。在泄殖腔背侧有禽类特有的免疫器官法氏囊，在性成熟时最大，以后逐渐萎缩变小。

1. 外部检查

先观察全身肢体形态有无异常，羽毛有无光泽、是否蓬乱，是否脱毛，泄殖腔周围的羽毛有无粪便污染，皮肤有无肿胀，关节及脚趾有无脓肿或其他异常。检查冠、肉垂和面部的颜色、厚度及有无痘疹等。压挤鼻孔和鼻窦，观察有无液体流出，口腔有无黏液。检查两眼虹膜的颜色。最后触摸腹部是否变软或有无积液。

2.内部检查

(1)体腔的剖开与检查 首先用消毒液将羽毛浸湿,防止羽毛飞扬。切开两侧大腿与腹侧连接的皮肤,用力掰开两腿,使髋关节脱位,将尸体仰卧平摊在搪瓷盘内。拔掉胸、腹部的羽毛,切开胸、腹部皮肤,并注意观察胸部肌肉的丰满程度、颜色,有无出血、坏死及其他病变,同时检查皮下有无充血、出血、水肿、坏死等病变。然后在后腹部将腹壁横行切开,顺切口的两侧分别向前剪断胸肋骨(注意不要伤及肝和肺)、乌喙骨及锁骨,最后把整个胸壁翻向头部,使整个胸腔和腹腔脏器暴露出来。体腔打开后注意观察各脏器的位置、颜色有无变化,体腔浆膜有无充血、出血、水肿及其他病变,体腔内有无积液,各脏器之间有无粘连等。如进行细菌分离,应采用无菌技术打开体腔,无菌采集病料。

(2)内脏器官的采取与检查 首先将心脏连同心包一起采出,再取出肝脏,随时检查其体积大小,有无充血、出血、坏死及炎性渗出物等。在打开体腔和内脏器官采取与检查过程中,随时注意检查气囊的厚薄,有无渗出物、霉斑等病变。

在食管末端切断食管,将腺胃向后牵拉,边牵拉边剪断胃肠与背部的联系,在泄殖腔前切断直肠(或连同泄殖腔一同取出),即可取出胃肠道。在分离肠系膜时,要注意肠系膜是否光滑,有无肿瘤及其他病变。剪开胃肠,检查胃肠内容物含量及性状,胃肠黏膜有充血、出血、坏死及炎性渗出物等。在采出直肠时,注意检查在泄殖腔背侧的腔上囊是否肿大及有无充血、出血、坏死及分泌物等。

禽类的肺脏和肾脏分别陷藏于肋间隙内和腰荐骨凹陷处,可用外科刀柄或手术剪剥离取出,并随时检查肺脏和肾脏的体积大小,有无充血、出血、坏死等病变。取出肾脏时,要注意输尿管的检查,重点观察有无尿酸盐蓄积。

睾丸、卵巢和输卵管可在原位检查,注意其大小、形状、颜色,卵黄发育状况及有无充血、出血、坏死等炎症病变。

(3)口腔、颈部器官检查 剪开口角,观察后鼻孔、腭裂及喉口有无分泌物堵塞,口腔黏膜有无假膜。再剪开喉头、气管、食道及嗉囊,观察管腔有无渗出物及其性状,以及管腔黏膜的颜色,有无出血、坏死和伪膜等病变。检查嗉囊是否充盈食物,内容物的数量及性状。在颈椎两侧寻找并观察胸腺的大小及颜色,有无小的出血点、坏死点。

(4)脑的采出与检查 可先用刀剥离头部皮肤,再剪除颅顶骨(大鸡用骨剪或普通剪,小鸡用手术剪),即可露出大脑和小脑。将头顶部朝下,剪断脑下部神经,将脑取出。注意检查脑膜及脑组织有无充血、出血、坏死性病变等。

(5)外周神经检查 在大腿内侧,剥离内收肌,暴露坐骨神经;在脊椎两侧,分离肾脏,露出腰荐神经丛。观察两侧神经的粗细、横纹、色彩、光滑度,以及有无肿大增粗和肿瘤病变等。

(六)兔的剖检

兔的剖检,一般可不剥皮。解剖时常取背卧位。一般用2%来苏儿或其他消毒药先把毛浸湿,固定四肢或切断肩胛骨内侧和髋关节周围的肌肉,使四肢摊开。然后沿腹正中线切开剑状软骨至肛门之间的腹壁,再沿左右最后肋骨纵切腹壁至脊柱部即可暴露腹腔脏器。

按其他动物的尸体剖检技术剖开胸腔,剪开心包膜视诊。摘出并检查舌、食管、喉、气管、肺和心等颈与胸部器官。然后摘出大网膜,胃和小肠一起取出,大肠单独取出。分离肝和其他组织的联系，将其取出。对内脏进行检查。在检查肠道时，应注意浆膜、黏膜、肠壁、蚓突、圆小囊和肠系膜淋巴结的各种变化。泌尿生殖器官的检查同其他动物。脑的开颅方法同其他动物，在实际工作中，常采取边解剖、边摘出、边检查、边取材的方法。

(七)毛皮动物(水貂、狐狸、貉等)的尸体剖检

毛皮动物的剖检方法在许多方面和其他动物相同。因毛皮动物等具有较高的经济价值，除少数病例外，都可进行剥皮，但凡是病死的毛皮动物，其毛皮等物质经规定的兽医卫生处理后方可利用。

剖检前，必须了解动物生前有关情况，特别是动物的饲养管理和来源。

剥皮应尽量仔细，既不能造成皮张损伤，又要注意皮下组织的病变。通常采取钝性或牵拉剥皮法。剥皮后按照猪的一般剖检法进行。

二、常规组织学检查

常规的组织学诊断，是指采取病变组织制成病理组织切片，或将脱落细胞制成涂片，经不同方法染色后，在光学显微镜下进行观察，分析归纳组织细胞形态结构变化，诊断疾病并判定其类型及阶段等。目前传统的组织学观察方法仍然是病理学研究和诊断最基本的方法。现主要介绍石蜡组织切片的制备。

(一)病理组织材料的采取

为保证病理材料的检验效果和达到预期的诊断目的，病理组织材料应按以下要求采取：

1. 采取具有典型症状的病理组织

采样要全面，而且具有代表性。应选取病变最典型最明显的部位，并应连同部分健康组织一并采取，同时要保持主要组织结构的完整性。例如，肾脏样本应含有皮质、髓质和肾盂，脾脏和淋巴结要有淋巴小结部分，管状器官应含管壁各层，心脏应有房室及瓣膜各部。大块病变组织可按不同部位采取多块，同一组织有不同的病变应各取一块。各种疾病病变部位不同，选取病理组织材料时也不完全一样，病因不明的病例，应多选取组织，以免遗漏病变。

2. 切勿挤压和损伤病理组织

在采取病理组织时，必须用锋利的刀，切忌用钝刀呈来回拉锯式切取，防止组织受到挤压而破坏其原有变化和固有结构。

3. 采取的病理组织必须新鲜

采取病理组织必须在动物死后尽早进行，因为停留时间过长会造成组织的腐败，使其病变发生死后变化，失去诊断意义。采取的病理组织必须及时投入固定液中进行固定，以保证病理组织的新鲜度。

4. 采取的病理组织大小适中

组织块通常长、宽各 1～1.5 cm，厚 0.4 cm 左右。为了迅速固定并且尽可能全面地观察病变，尸检采取标本时，可先取稍大的组织块，但厚度不应该超过 2～4 mm，其面积应不小于 1.5～3 cm^2，固定几小时后，切取镜检组织块时再切小切薄。

(二)病理组织材料的保存、包装与送检

病理组织材料可用 10%福尔马林溶液(一份市售 38%～40%甲醛溶液加 9 份生理盐水配

成)固定。固定液量为组织体积的10～20倍。容器底部应垫脱脂棉或纱布,以防组织粘贴瓶底影响固定效果,固定时间应在24 h以上。固定24 h后,可换新液保存。在对胃肠壁等膜状组织进行固定时,为防止组织扭转变形,可将组织块浆膜面向下平放在硬纸片上,两端结扎固定后放入固定容器中。肺组织块因比重轻常呈漂浮状态,可用脱脂棉或纱布包裹后再投入固定容器中。传染病病例的标本,一定要先固定杀菌,再放于金属容器中包装,一定不能麻痹大意,以免途中散布传染。

(三)石蜡切片的制备

1. 固定

为阻止组织细胞的死后变化,防止自溶与腐败,保持组织内细胞原有的组织结构,切取组织块后应立即放进固定液进行固定。常用的固定液有以下两类。

(1)单纯固定液

①10%甲醛固定液。

②95%酒精固定液。

(2)混合固定液

①酒精-甲醛固定液(95%酒精9份、40%的甲醛1份)。

②Zenken氏液(重铬酸钾2.5 g,升汞5.0 g,蒸馏水100 mL,冰醋酸5 mL)。

③Bouin氏液(苦味酸饱和水溶液25 mL,40%甲醛25 mL,冰醋酸5 mL)。

2. 冲洗

组织固定后,置于水龙头下以流水冲洗,这样可以使组织中的固定液随时溢出,洗得更干净彻底。小的组织块一般冲洗2～10 h,大的组织块冲洗24 h。

3. 脱水

标本经过固定和冲洗后,组织中含有较多的水分。因含水组织与石蜡不相容,必须将组织块内的水分置换出来,这一过程称为脱水。常用的脱水剂为一系列不同浓度的酒精。可用60%、70%、80%、90%、95%、100%的酒精各浸泡2 h。

4. 透明

酒精不溶于石蜡,需用能溶于石蜡的溶剂将其置换出来。经此过程处理后的组织可呈现透明状态,故称此过程为透明。常用的透明剂有二甲苯、三氯甲烷、水杨酸甲酯等。

5. 浸蜡

将已透明的组织移入熔化的石蜡中,使石蜡充分地浸入组织内使其变硬,有利于包埋和切片,此过程称为浸蜡。浸蜡时应注意以下几点。

(1)浸蜡熔点　石蜡分为软蜡(熔点为42～54 ℃)与硬蜡(熔点为56～62 ℃)两种。浸蜡时,应先经软蜡再经硬蜡(可采用熔点分别为52～54 ℃、54～56 ℃、56～58 ℃的石蜡进行三级浸蜡),使组织中含有的透明剂完全去除。

(2)浸蜡温度　浸蜡的温度以高于熔点的2～5 ℃为宜,温度过高可致组织过度收缩或变脆。如在温箱内浸蜡,可将温度控制在60～62 ℃。

(3)浸蜡的时间　可根据组织块的大小及其组织种类而定。一般厚度约0.2 cm的实质性器官(肝、肾、脾等)的浸蜡时间为2～3 h,组织块多时需延长浸蜡时间。

6. 包埋

将浸蜡后的组织置于熔化的石蜡中，石蜡凝固后，组织即被包在蜡块中，此过程称为包埋。包埋用的石蜡温度应与组织块本身的温度相等。如温度不一，可造成组织与周围石蜡脱裂的现象。包埋所用的石蜡要求无杂质，并有一定的黏韧性。石蜡的熔点与组织块相适应，过硬的组织(如骨组织、肌肉组织、皮肤等)可用硬度较高的石蜡包埋。包埋用的石蜡可以重复使用，必要时加以过滤，以免异物或残渣污染组织或损害切片刀。

7. 切片

(1)修整蜡块　可视其组织的大小，在组织边缘 0.1～0.2 cm 处，切去余蜡部分，否则易造成组织皱缩不平。

(2)安装蜡块　将修好的蜡块安装在金属或木制持蜡器上，持蜡器固定螺旋不能旋得过紧，否则易压裂蜡块。

(3)安装切片刀　将切片刀安装在切片机的刀台上，把刀台上的紧固螺丝旋紧，以免切片刀在切片时产生振动，并保持一定的切片厚度。

(4)控制切片刀与蜡块的角度　切片刀与蜡块应有一定的角度。将预定使用的刀口部位移至蜡块的下方，调节持蜡器的方向螺旋，使蜡块平切面与刀锋准确平行。刀的倾角一般以 4°～10°为宜，双平面刀侧角以 12°～15°为宜，如切较硬的组织倾角以 30°左右为宜。

(5)切片厚度　切片机的厚度调节器上刻有 0～50 μm 或 0～25 μm 的刻度，可从中选择切片厚度，石蜡切片的厚度一般在 4～6 μm。

(6)切片　用右手握住切片机旋转轮的手柄，左手握住微调推进器的手柄，调整组织块前后的位置，待组织块即将接触刀刃时，再用左手缓慢移动微调推进器的手柄，右手上下移动旋转轮的手柄进行“粗切”，待组织“切全”后，松开左手，以右手转动旋转轮，蜡块便被切成一条蜡带，这时左手持毛笔牵引着蜡带向前拉，到一定长度便可用毛笔轻巧取下。

(7)铺片　用眼科镊子镊起蜡带轻轻平铺在 40～45 ℃的水面上，借水的温度与张力，将略皱的蜡带自然展平。

8. 贴片、烘片

待切片在恒温水面上充分展平后，用镊子将蜡片一一分离。将洁净的载玻片垂直插入水中，轻轻地将其捞到载玻片的中段处并倾去载玻片上的余水。用蜡笔在载玻片的一侧写上标本的编号后放在烘片架上，置于 60～65 ℃恒温箱内或切片漂烘温控仪的烘箱内烘片 15～30 min，蒸发蜡片组织中的水分。

9. 注意事项

(1)固定组织所用的固定液要充足，至少相当于标本总体积的 5 倍以上；标本容器及其口径有适当大小，避免标本遭受挤压。

(2)组织透明不够可能与组织脱水不干，组织太厚，透明时间不够以及某些组织本身的性质有关，所以透明时，应尽可能使组织达到透明目的。

(3)组织脱水透明过度，会造成组织过硬、过脆，不利于切片。

(4)切片刀不锋利，切片时会自行卷起或皱起，不能顺利连成长蜡带；切片刀有缺口，易造成切片断裂、破碎、不完整及刀痕现象。

(5)陈旧、腐败或干枯的组织，均不容易制作成好切片。

(四)石蜡切片苏木素-伊红染色

石蜡切片的常用染色方法为苏木素-伊红(HE)染色。因染色剂多为水溶液,染色前必须先经二甲苯脱掉浸蜡过程中进入组织的蜡,然后,再用酒精由高浓度到低浓度脱苯,并复水(即重复脱水的逆过程),最后用流水洗去乙醇,即可染色。先用苏木素染细胞核,用自来水洗去切片上的染液,再用1%盐酸酒精分色,分色的目的是去除细胞核以外不应着色部分的颜色,使细胞核着色清晰适度,颜色分辨鲜明。分色时间凭经验控制。分色后用流水充分洗去余酸。最后用伊红液染细胞质。染色后的切片,因组织内含水而不透明,需再次用酒精脱水、二甲苯透明。为了达到长期保存的目的,在切片标本上滴加树胶,再加一盖玻片,此过程为封固。

1. HE染色程序

(1)脱蜡、脱苯至水

二甲苯Ⅰ	1 min
二甲苯Ⅱ	1 min
无水酒精Ⅰ	30 s
无水酒精Ⅱ	30 s
95%酒精Ⅰ	30 s
95%酒精Ⅱ	30 s
85%酒精	30 s
75%酒精	30 s
自来水洗	2～3次

(2)染色

苏木素染液染色	5～10 min
自来水洗	2～3次
1%盐酸酒精(80%酒精)分化	15～60 s
自来水洗	2～3次
伊红染液染色	5～10 min

(3)脱水、透明、封固

80%酒精	15～30 s
95%酒精Ⅰ	15～30 s
95%酒精Ⅱ	15～30 s
无水酒精Ⅰ	15～30 s
无水酒精Ⅱ	15～30 s
二甲苯Ⅰ	15～30 s
二甲苯Ⅱ	15～30 s

用中性树胶加盖片将切片标本封固,供长期保存使用。

2. 染色结果

苏木素是一种碱性染料,可使组织中的酸性物质(又称嗜碱性物质)染成蓝色,如细胞核中的染色质等;伊红是一种酸性染料,可使组织中的碱性物质(又称嗜酸性物质)染成红色,如多数细胞的胞质、核仁等。

3. 注意事项

(1)任何石蜡切片必须经过二甲苯脱蜡后才能染色。组织切片脱蜡的好坏，与二甲苯的温度及使用时间有关，二甲苯使用时间过长，应及时更换。

(2)伊红染色后，均经梯度酒精脱水，特别需要经过无水酒精，脱水一定要彻底，否则影响透明。

(3)封片时，中性树胶不能滴加太多或太少。封好的切片，应平放于瓷盘上，在恒温箱中40～50 ℃烘烤15 h左右，以利于切片的保存。

附：苏木素-伊红染色液配制方法

1. 苏木素染液的配制方法

以下介绍两种常用苏木素染液的配制方法。

(1)哈瑞(Harris)氏苏木素液

苏木素	1 g
纯酒精	10 mL
钾明矾(硫酸铝钾)	20 g
蒸馏水	200 mL
氧化汞	0.5 g

先将苏木素溶于纯酒精中，另将钾明矾加温溶于蒸馏水中。待钾明矾全部溶解，再将苏木素酒精溶液和钾明矾溶液混合放于烧杯中煮沸，避开火源缓缓加入氧化汞，用玻璃棒搅拌，此时液体变为深紫色，再煮沸并速将烧杯放于流动冷水之中，使液体立即冷却，隔日过滤。使用时再加冰醋酸4 mL，可增强其染色力。也可在染液使用一段时间后再加入冰醋酸，可延长苏木素染液的使用寿命。

(2)Gill氏苏木素液

蒸馏水	146.00 mL
乙二醇	50.00 mL
苏木素	0.40 g
碘酸钠	0.04 g
硫酸	3.52 g
冰醋酸	4.00 mL

混合后搅拌30 min，即可应用。此液配制方便，使用效果同哈瑞氏苏木素液。苏木素用量小，不需加温或煮沸，故称之为Gill氏苏木素液冷配法。

2. 伊红染液的配制方法

伊红	1 g
75%酒精	100 mL

先将伊红用蒸馏水2 mL调成糊状，再加入酒精，边加边搅拌，直到彻底溶解。此时试剂有些浑浊，将1滴冰醋酸加入试剂中，试剂逐渐转变为清亮，呈鲜红色，染出的切片效果很好。

任务十
微生物学检验

临床上大多数传染病是由细菌、病毒、真菌等微生物引起的，并且近年来动物疾病非典型性混合感染病例增多，给临床诊断增加了难度。通过微生物检验，可以最终确诊动物疾病病原，为动物疫病诊断提供科学的结果及依据。本任务主要介绍细菌病、病毒病以及真菌病常用的实验室诊断方法。

【任务解析】

完成本任务需要“动物微生物”中细菌、病毒、真菌及其他微生物相关理论知识及操作技能。

通过本任务的学习，掌握微生物学检验病料的采集、细菌培养基的制备、细菌的分离培养、细菌标本片的制备及染色、细菌的生化试验、细菌的药物敏感性试验、病毒的培养、真菌的培养等技术。

【任务实施】

【病例导入】

某养鸡场饲养肉鸡 3 000 羽，采用地面平养。13 日龄时个别鸡发病，经土霉素治疗无效，零星死亡。

临床症状：病鸡精神不振，羽毛蓬乱，不愿活动，闭眼呆立，眼睑肿胀，采食量下降，腹部增大，腹泻，排白色稀粪。病重鸡因不吃食，衰竭而死。

剖检：可见纤维素性心包炎，心包肥厚，附着绒毛状脓样渗出物。肝脏肿大，质地变脆，有白色坏死斑，肝脏表面有白色浑浊的纤维素样物质。气囊浑浊肥厚，有干酪样物质附着。肺炎性水肿，有出血点。胃黏膜脱落，胃壁有大小不一的黑褐色溃疡斑。结肠、盲肠的浆膜和黏膜充血或出血，肠内充满气体和胶冻样物质。

请根据发病情况给出检验项目。

实验室检验项目	检验理由
1. 2. 3. ⋮	

【实践操作】

1.细菌培养常用培养基的制备。

2.细菌的分离培养。

3.细菌标本片的制备与染色。

4.细菌的生化试验。

5.细菌的药物敏感性试验。

6.真菌的观察。

【分析讨论】

根据实践操作，记录检验项目、材料准备、仪器设备、操作步骤及检验结果，并对操作过程中的注意事项和检验结果进行分析讨论。

检验项目	
材料准备	
仪器设备	
操作步骤	1. 2. 3. ⋮ 检验员：
检验结果	
结果分析	
体会与小结	
教师评价	

【相关知识】

一、细菌性疾病的实验室诊断

(一)病料的采集、保存及运送

1.采集病料的原则

实验室检查时,正确地采取病料并及时送检是检查结果科学准确的前提条件,因此在病料的采集与送检过程中要做到以下几点。

(1)无菌采病料　病料的采集要求进行无菌操作,所用器械、容器及其他物品均需要先灭菌。同时在采集病料时也要防止病原污染环境及造成人的感染。因此在尸体剖检前,首先将尸体在适当消毒液中浸泡消毒,打开胸腹腔后,应先取病料以备细菌学检验,然后再进行病理学检查。最后将剖检的尸体焚烧,或浸入消毒液中过夜,次日取出做深埋处理。剖检场地应选择易于消毒的地面或台面,如水泥地面等,剖检后操作者、用具及场地都要进行消毒或灭菌处理。

(2)适时采病料　病料一般采集于濒死或刚刚死亡的动物。若是死亡的动物,则应在动物死亡后立即采集,夏天不宜迟于 6～8 h,冬天不宜迟于 24 h。采集的病料应立即送检。如不能立刻进行检验,病料应立即存放于冰箱冷藏室中。若需要采血清测抗体,最好采发病初期和恢复期两个时期的血清。

(3)采集典型病变材料　病料必须采自含病原最多的病变组织或脏器。

(4)采集适量病料　采集的病料不宜过少,以免在送检过程中细菌因干燥而死亡。病料的量至少是检测量的 4 倍。

2.采集病料的方法

(1)液体材料的采集　脓汁、胸腹水一般用灭菌的棉棒或吸管吸取放入无菌试管内,塞好胶塞送检。血液可无菌操作从静脉或心脏采取,然后加抗凝剂(每毫升血液加 3.8%枸橼酸钠 0.1 mL)。若需分离血清,则采血时一定不要加抗凝剂,采集的血液放在灭菌的试管中,摆成斜面,待血液凝固析出血清后,再将血清吸出,置于另一灭菌试管中送检。方便时可直接无菌操作取液体涂片或接种适宜的培养基。

(2)实质脏器的采集　应在解剖尸体后立即采集。若剖检过程中被检器官被污染或剖开胸腹后时间过久,应先用烧红的手术刀烧烙表面或将酒精棉球点燃后灭菌脏器表面,在烧烙处的深部取一块实质脏器,放在灭菌试管或平皿内。如剖检现场有细菌分离培养条件,直接以烧红的烙刀烧烙脏器表面,并在烙烫部位做一切口,然后用灭菌的接种环自切口插入组织中,缓缓转动接种环,取少量组织或液体接种于适宜的培养基。

(3)肠道及其内容物的采集　肠道只需采集病变最明显的部分,将其中内容物去掉,用灭菌水轻轻冲洗后放在平皿内。粪便应采取新鲜的带有脓、血、黏液的部分,液态粪应采集絮状物。有时可将胃肠两端扎好剪下,保存送检。

(4)皮肤及羽毛的采集　皮肤要取病变明显且带有一部分正常皮肤的部位。被毛或羽毛要取病变明显部位,并带毛根,放入平皿内。

(5)胎儿　可将流产胎儿及胎盘、羊水等送往实验室,也可用吸管或注射器吸取胎儿胃内容物放入试管送检。

(6)脑、脊髓的采集 可将脑、脊髓浸入50%甘油盐水中，或将整个头割下，包入浸过0.1%升汞溶液的纱布中，装入木箱送检。

3. 病料的保存与运送

供细菌学检验的病料，若能1～2 d内送到实验室，可放在有冰的保温瓶或4～10 ℃冰箱内，也可放入灭菌液体石蜡或30%甘油盐水缓冲保存液(甘油300 mL，氯化钠4.2 g，磷酸氢二钾3.1 g，磷酸二氢钾1.0 g，0.02%酚红1.5 mL，蒸馏水加至1 000 mL，pH 7.6)中。

供细菌学检验的病料，最好及时由专人送检，并带好说明，内容包括：送检单位、地址，动物品种、性别、年(日)龄、死亡日期，送检的病料种类和数量、保存方法，检验目的，送检日期，送检者姓名，并附临床病例摘要(发病时间、死亡情况、临床表现、免疫和用药情况等)。

(二)培养基的制备

把细菌生长繁殖所需要的各种营养物质合理地配合在一起制成的营养基质称为培养基。培养基的主要用途是促进细菌的生长繁殖，可用于细菌的分离、纯化、鉴定、保存及细菌制品的制造等。

二维码10-1 常用细菌培养基的制备(视频)

1. 制备培养基的基本要求

(1)选择所需的营养物质。制备的培养基应含有细菌生长繁殖所需要的各种营养物质。

(2)培养基的pH应在细菌生长繁殖所需的范围内。大多数细菌生长的最适pH为7.2～7.6。

(3)培养基应均质透明。均质透明的培养基便于观察细菌生长性状及生命活动所产生的变化。

(4)不含抑菌物质。制备培养基所用容器不应含有抑菌和杀菌物质，应洁净，无洗涤剂残留，最好不用铁制或铜制容器；所用的水应是蒸馏水或去离子水。

(5)灭菌处理。培养基及盛培养基的玻璃器皿必须彻底灭菌，避免杂菌污染，以获得纯的目标菌。

2. 制备培养基的一般程序

不同的培养基制备方法不同，一般程序如下。

(1)根据不同的菌类和用途选择适宜的培养基。

(2)称量培养基的各种成分。配制培养基所用试剂必须纯净，各种成分称量必须准确。

(3)将各种成分按规定加热溶解，调整pH到适宜的范围内，再加热煮沸10～15 min。

(4)过滤、分装、包装、灭菌，不同的培养基灭菌的温度和时间不同，通常是121.3 ℃ 20～30 min。

(5)培养基中的某种成分，如血浆、腹水、糖类、氨基酸、酶类，在高温下易变性，故应用过滤器过滤除菌，按规定的浓度和量加入培养基中。

(6)无菌检验。取做好的培养基，放于37 ℃温箱中24 h，无菌生长者即可使用。

3. 常用培养基的配制

(1)普通肉汤培养基

配方：	牛肉膏	5 g	蛋白胨	10 g
	氯化钠	5 g	磷酸氢二钾	1 g
	蒸馏水	1 000 mL		

配制方法：将准确称量的牛肉膏 5 g、蛋白胨 10 g、氯化钠 5 g、磷酸氢二钾 1 g 溶于 1 000 mL 的蒸馏水中，加热溶解。用 0.1 mol/L HCl 和 0.1 mol/L NaOH 溶液校正 pH，使培养基的 pH 为 7.2～7.6。灭菌，分装，备用。

用途：主要用于某些细菌的大量培养，也作为其他培养基的基础成分。

(2)普通营养琼脂培养基

配方：营养琼脂培养基粉	4.2 g
蒸馏水	100 mL

配制方法：称量营养琼脂培养基粉 4.2 g，置于锥形瓶中，加入 100 mL 蒸馏水。水浴加热煮沸，待完全溶解。121.3 ℃灭菌 20～30 min。冷却至 50～60 ℃，无菌操作倒板，冷却备用。

用途：用于培养大肠杆菌、沙门菌、葡萄球菌、铜绿假单胞菌等营养要求不高的细菌，可作为这些细菌分离培养、纯化以及保存的培养基。

(3)半固体琼脂培养基

配方：普通肉汤	1 000 mL
琼脂	10～15 g

配制方法：将称量好的琼脂粉 10～15 g 加入 1 000 mL 普通肉汤中，加热煮沸，待琼脂完全熔化后，校正 pH 为 7.2～7.6。灭菌，分装，备用。

用途：常用于观察细菌的运动、厌氧菌的分离和菌种鉴定等。

(4)鲜血琼脂培养基

配方：普通营养琼脂培养基	100 mL
无菌的脱纤绵羊血或家兔血	5 mL

配制方法：将灭菌的普通营养琼脂培养基加热熔化，待冷却至 50 ℃左右，加入无菌的脱纤绵羊血或家兔血 5%，混合，分装，备用。

无菌血液是通过无菌操作方法采自健康动物的血液，一般选择绵羊或家兔的血液。采血时可加入 3.8%灭菌枸橼酸钠或 1%灭菌肝素于动物血液中，或选用脱纤血来制备鲜血琼脂培养基。

用途：主要用于培养巴氏杆菌、丹毒杆菌和链球菌，以及观察细菌的溶血特点。

(5)巧克力琼脂培养基

配方：普通营养琼脂培养基	100 mL
绵羊或家兔全血	5 mL

配制方法：将灭菌的普通营养琼脂培养基加热熔化，待冷却至 75 ℃左右，加入绵羊或家兔全血 5%，混合后倒平板备用。

用途：主要用于培养鸡嗜血杆菌、鸭疫里默氏杆菌和副猪嗜血杆菌。

(6)麦康凯琼脂培养基

配方：蛋白胨	2 g	琼脂	2.5～3 g
氯化钠	0.5 g	乳糖	1 g
胆盐(3 号胆盐或牛胆酸钠)	0.5 g	1%中性红水溶液	0.5 mL
蒸馏水	1 000 mL		

配制方法：将蛋白胨、琼脂、氯化钠、乳糖、胆盐分别加入 1 000 mL 蒸馏水中，加热溶解，调整 pH 至 7.0～7.2，加入 1%中性红水溶液 0.5 mL，121.3 ℃灭菌 15 min，分装，备用。

另外，也可以直接购买麦康凯营养琼脂粉配制。配制方法为称量麦康凯营养琼脂粉

5.2 g，加入 100 mL 蒸馏水中，水浴加热煮沸，待完全溶解，121.3 ℃灭菌 20～30 min。冷却至 50～60 ℃，无菌操作倒板，冷却备用。

用途：主要用于分离肠杆菌科的细菌。

(7)SS 琼脂培养基

配方：	蛋白胨	5 g	牛肉膏	5 g
	乳糖	10 g	琼脂	25～30 g
	胆盐	10 g	枸橼酸钠	10～14 g
	硫代硫酸钠	8.5 g	枸橼酸铁	0.5 g
	蒸馏水	1 000 mL	0.5%中性红水溶液	4.5 mL
			0.1%亮绿溶液	0.33 mL

配制方法：将蛋白胨、牛肉膏、乳糖、琼脂、胆盐、枸橼酸钠、硫代硫酸钠、枸橼酸铁分别加入 1 000 mL 蒸馏水中，加热溶解，调整 pH 至 7.0～7.2，加入 0.5%中性红水溶液和 0.1%亮绿溶液，加热煮沸，冷却至 45 ℃时分装备用。该培养基不能高压灭菌。

用途：培养沙门菌。

(8)三糖铁琼脂培养基

配方：	牛肉浸膏	3 g	蛋白胨	20 g
	枸橼酸铁	0.3 g	乳糖	10 g
	蔗糖	10 g	酵母膏	3 g
	葡萄糖	1 g	氯化钠	1 g
	硫代硫酸钠	0.3 g	琼脂	12 g
	0.4%酚红水溶液	6.3 mL	蒸馏水	1 000 mL

配制方法：将以上所有成分混合，煮沸溶解，调整 pH 至 7.4～7.6，灭菌，分装，摆斜面，备用。

用途：用于肠杆菌科细菌的初步鉴定。

(三)细菌的分离培养

二维码 10-2 细菌的分离培养与纯化(视频)

1. 无菌采取病料

液体病料可用无菌棉拭子采集后用灭菌生理盐水洗涤，洗涤液可用于分离培养；粪便可无菌采取新鲜粪便的中心部分，用灭菌生理盐水稀释搅匀后澄清，其上清液可用于分离培养。如为病理组织，可用烧红的刀片在其表面烫一下，随即用此刀片在烫过的地方切开一小口，用灭菌接种环在切口内蘸一下即可用于分离培养。

2. 平板划线分离培养

目的是将病理材料中的细菌分散，以便使细菌单在，从而形成单个菌落，防止长成菌苔。

(1)直接划线分离培养　点燃酒精灯后，左手持皿，底朝下，盖在上，以无名指和小指托底，拇指、食指和中指将皿盖揭开使之与皿底呈 20°角，角度不宜过大，以防空气进入；右手持接种环，在火焰上烧灼后取少许病料涂在培养基边缘，然后在培养基表面进行“Z”字形划线(图 10-1A)。将接种环上多余的病料在火焰上烧掉，然后将平皿盖好，倒置于恒温培养箱中培养。

(2)分区划线分离培养　用玻璃铅笔在皿底外面划线，将培养基分成 3～6 个小区，持皿方法同直接划线，但每划完一个小区应将平皿旋转一定角度，以便于划线(图 10-1B)。

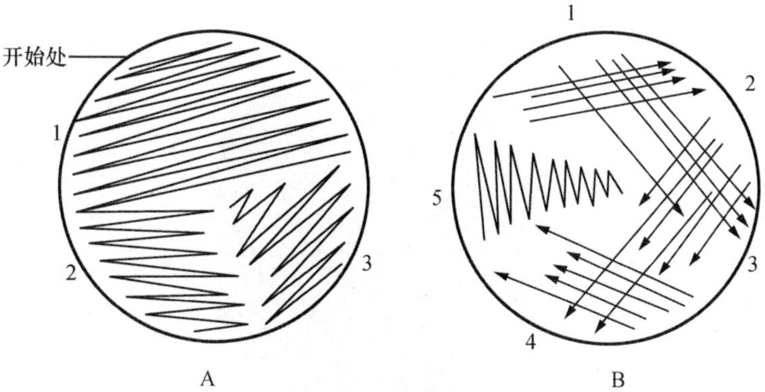

图 10-1　划线分离培养示意图

(3)斜面划线分离培养　左手持试管，手掌朝上，食指和拇指夹住试管；右手持接种环。先将试管的棉塞端在酒精灯火焰上方旋转两周，然后用右手小指和手掌边缘夹住棉塞并将其拔出。保持试管口在火焰上方进行操作，用接种环无菌钩取病料，在斜面上从试管底部向试管口作“Z”字形划线。接种完毕，将接种环上多余的材料在火焰上烧掉，试管口在酒精灯火焰附近塞上棉塞后，在火焰上方旋转两周。用铁丝篓或试管架直立放置于恒温培养箱中培养。

(4)增菌培养　当病料中的细菌很少时，直接进行分离培养往往不易成功，常先用液体培养基进行增菌培养。方法是取少许病料直接加入培养基中，置恒温培养箱中培养 24～48 h 后，取少量培养液做划线分离培养。

3. 细菌的纯化

平板培养操作方法基本同分离培养，但进行斜面纯化移植时左手应同时握住原培养管和待接种管，右手小指和手掌边缘夹住一个棉塞，无名指和中指夹住一个棉塞，必要时中指和食指还可夹住第三个棉塞。从原培养管无菌钩取细菌菌落，在待接种管培养基表面进行“Z”字形划线。将接种环上多余的材料在火焰上烧掉。平板培养基接种后平皿盖好，倒置于恒温培养箱中培养。斜面培养基盖好塞子后放在试管架或烧杯中，置于恒温培养箱中培养。液体培养基的纯化移植同增菌培养。

4. 细菌在培养基上的生长特性观察

(1)固体培养基　细菌在固体培养基上生长繁殖，可形成菌落。细菌在固体培养基上的生长特性主要观察细菌菌落的大小、形状、表面性状、湿润度、隆起度、边缘特征、色泽、质地、透明度及溶血特点等。

(2)液体培养基　主要观察培养基浑浊度、色泽、表面性状、底层情况及产生气体和气味等。

(3)半固体培养基　有运动性的细菌会沿穿刺线向周围扩散生长，形成倒松树状、试管刷状；无运动性的细菌则只沿穿刺线呈线状生长。

5. 注意事项

(1)细菌的分离培养必须严格无菌操作(图 10-2)。

(2)接种环或接种针烧灼灭菌后在挑取菌落之前应先在培养基上无菌落处冷却,否则会将所挑的菌落烫死而使培养失败。

A.普通营养琼脂培养基培养

B.鲜血琼脂培养基培养

C.麦康凯琼脂培养基培养

图 10-2 细菌的培养

(四)细菌的形态学鉴定

二维码 10-3 病料细菌标本片的制作(视频)

1. 细菌标本片的制备

(1)液体病料或液体培养物标本片的制备

载玻片的准备:所用的载玻片要洁净,无油脂或污物。

涂片:用接种环取一环液体病料或培养液于载玻片中央,用接种环把液体病料或培养液均匀地涂布成半径为 0.5 cm 的薄层圆形(涂片不能太厚,涂片太厚不易固定)。若是血液病料,可做成推片。方法是将一滴血滴于载玻片的一端,用另一张载玻片(与上一张载玻片呈 30°角)将血液从载玻片的一端推向另一端,即可制成血液推片。

干燥:涂片最好在室温下使其自然干燥。有时为了使之干得更快些,可将标本面向上,手持载玻片一端的两侧,小心地在酒精灯上高处微微加热,使水分蒸发,但切勿紧靠火焰或加热时间过长,以防标本烤焦而变形。

固定:分为火焰固定和化学固定两种。火焰固定时,将干燥好的玻片涂面向上,使其背面在酒精灯火焰上方约 30 cm 处来回晃动,载玻片的温度以不烫手背为宜;化学固定时,在干燥好的载玻片上滴加数滴甲醇，作用 2～3 min 后自然挥发干燥。

染色：不同的病料或培养物所采用的染色方法不同，常见的染色方法有亚甲蓝染色法、瑞氏染色法、吉姆萨染色法、革兰氏染色法。

（2）固体培养物标本片的制备　用接种环取一环生理盐水于载玻片的中央，用接种环挑取一个菌落于生理盐水中混合，均匀地涂布成半径为 0.5 cm 的薄层圆形，然后干燥、固定、染色。

（3）组织病理标本片的制备　在无菌环境下，用手术刀在固体病料上划一个新鲜切面，将切面在载玻片中央用力按一下，对形成的压痕进行干燥、固定、染色。

2. 标本片染液的配制及染色方法

微生物染色是借助物理因素和化学因素的作用而进行的。物理因素如细胞及细胞物质对染料的毛细现象、渗透、吸附作用等。化学因素是指细胞物质和染料发生的各种化学反应。酸性物质对于碱性染料较易吸附，且吸附作用稳固；碱性物质对酸性染料较易于吸附。如酸性物质（如细胞核）对于碱性染料有化学亲和力，易于吸附。要使酸性物质染上酸性材料，必须把它们的物理形式加以改变（如改变 pH），才利于吸附作用的发生。相反，碱性物质（如细胞质）通常仅能染上酸性染料，若把它们变为适宜的物理形式，也同样能与碱性染料发生吸附作用。

细菌的等电点较低，pH 为 2～5，故在中性、碱性或弱酸性溶液中，菌体蛋白质电离后带负电荷；而碱性染料电离时染料离子带正电荷。因此，带负电荷的细菌常和带正电荷的碱性染料进行结合。所以，在细菌学上常用碱性染料进行染色。

（1）亚甲蓝染色法

配方：甲液　亚甲蓝　0.30 g　95%乙醇　30.00 mL

　　　乙液　0.01%KOH 溶液　100.00 mL

配制方法：配制 0.01%的 KOH 溶液 100 mL。称取 0.3 g 亚甲蓝染料于研钵中，加 30 mL 95%的酒精溶液于研钵中并研磨到完全溶解。将 KOH 溶液和亚甲蓝染液混合后静置 24 h 过滤。

染色方法：在已固定好的涂片或触片上滴加适量的亚甲蓝染色液（添加量以完全覆盖涂片为宜），染色 1～2 min 后，水洗，干燥（吸水纸吸干或自然干燥），镜检。

（2）瑞氏染色法

配方：瑞氏染料　0.10 g　甘油　1.00 mL

　　　中性甲醇　60.00 mL

配制方法：取瑞氏染料 0.10 g 于干净的乳钵中，加入甘油后研磨，再加入甲醇使其溶解即可。将该染液静置后过滤，保存于中性的棕色瓶中备用。

染色方法：在已固定好的涂片或触片上滴加瑞氏染色液（添加量以完全覆盖涂片为宜），染色 3～5 min 后，水洗，干燥（吸水纸吸干或自然干燥），镜检。

（3）吉姆萨染色法

配方：吉姆萨染料　0.60 g　甘油　50.00 mL

　　　无水甲醇　50.00 mL

配制方法：将吉姆萨染料加入预热至 60 ℃的甘油中，在 55～60 ℃的温水中温浴，1.5～2.0 h 后，加入 60 ℃的无水甲醇中，静置，过滤后即成吉姆萨染色液原液。取吉姆萨染色液原液 1 mL，加入 19 mL 新煮过的中性蒸馏水中，混合均匀，即制成吉姆萨染色液。

染色方法：将足量的吉姆萨染色液滴加到固定好的涂片上染色 30 min，或将涂片浸入盛有吉姆萨染色液的染色缸中浸染数小时至 24 h 后取出，水洗，吸干水分后镜检。

(4)革兰氏染色法

①草酸铵结晶紫液

配方：A 液	结晶紫	2.00 g	95%乙醇	20.00 mL
B 液	草酸铵	0.80 g	蒸馏水	80.00 mL

配制方法：将结晶紫溶于 95%乙醇，配制结晶紫酒精溶液（A 液），再加入 1%草酸铵水溶液（B 液），混合，静置，过滤后保存备用。

②革兰氏碘液

配方：碘	1.00 g	碘化钾	2.00 g	蒸馏水	300.00 mL

配制方法：先将碘化钾置于干净的乳钵中，加入少量蒸馏水使其完全溶解，再加入碘片 1 g，研磨，加水至完全溶解后，将蒸馏水补齐至 300 mL，保存备用。

③石炭酸复红染色液

配方：碱性复红	0.30 g	95%乙醇	10.00 mL
5%石炭酸水溶液	90 mL		

配制方法：将碱性复红 0.3 g 溶于 10 mL 95%乙醇中，再加入 5%石炭酸水溶液 90 mL，混合过滤后保存备用。

染色方法：在已固定好的涂片上滴加适量的草酸铵结晶紫染色液，染色 1～2 min，水洗，再加革兰氏碘液，作用 1～2 min，水洗，加 95%酒精脱色 0.5～1 min，水洗，用蒸馏水 10 倍稀释的石炭酸复红（或沙黄、番红）染色液复染 0.5 min 后，水洗，干燥，镜检。

(5)抗酸染色法（沙黄-亚甲蓝染色法）

沙黄染色液配方：番红（沙黄） 3.41 g 95%乙醇 100.00 mL

配制方法：将番红（沙黄）溶于 95%乙醇溶液中，配成乙醇饱和溶液。应用时，将番红的乙醇饱和溶液用蒸馏水进行 10 倍稀释，配成工作液。

染色方法：在已干燥、固定好的涂片上滴加较多量的沙黄染色液，酒精灯火焰上方微微加热使冒蒸汽 3～5 次，维持 1～2 min，水洗；再用 3%盐酸酒精脱色至无染色液流出，充分水洗；然后用碱性亚甲蓝染液复染约 1 min，水洗，吸干，镜检。

3. 注意事项

(1)做细菌涂片时，培养物不可取得太多，涂片不宜涂得过厚，以免影响制片和观察效果（图 10-3）。

(2)在进行火焰固定时温度不宜过高，以免破坏菌体结构。

(3)每种染液染色的过程中应保持染色液不干，尤其加热染色的染液，在染色过程中应随时添加，以免蒸干，影响染色效果。

(4)水洗时不可用水直接冲洗涂片部位，要让水从载玻片一端自然流下进行冲洗，防止将固定好的培养物冲掉。

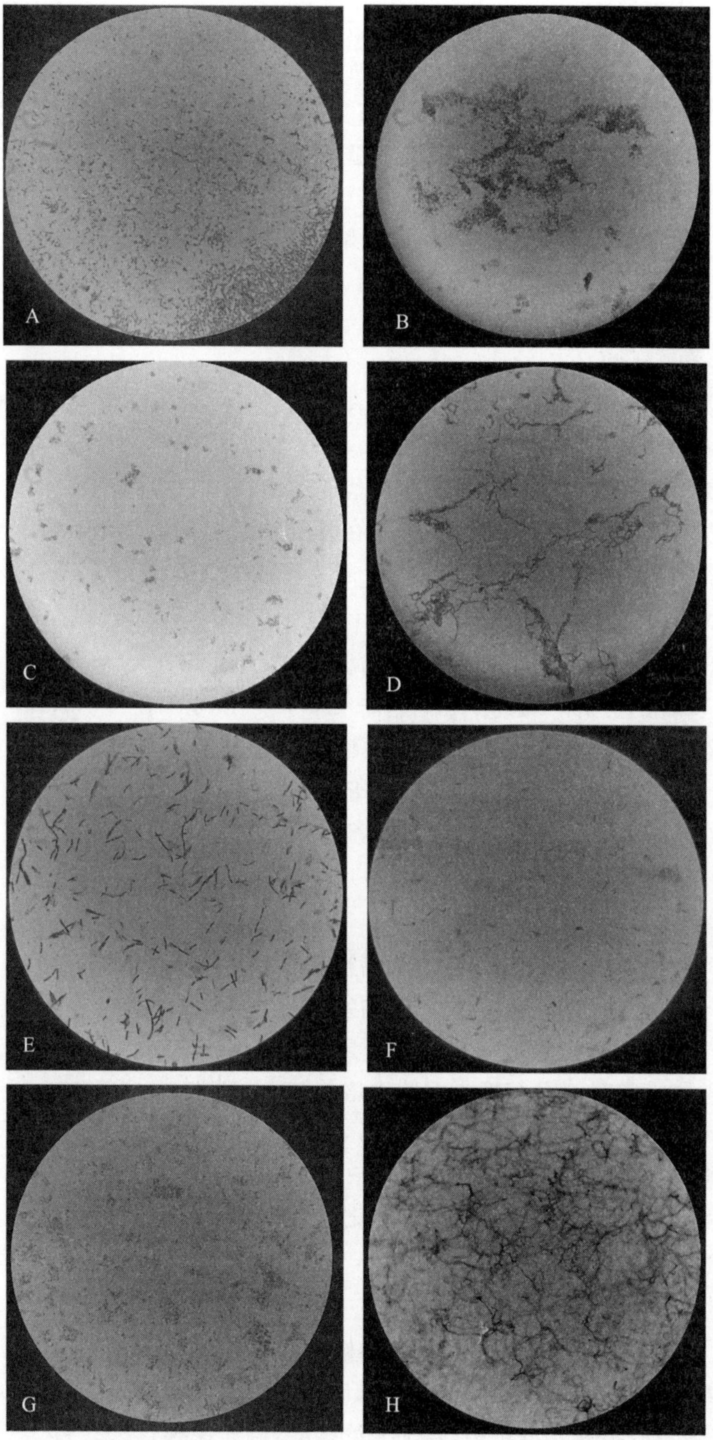

A. 大肠杆菌　B. 鸡沙门菌　C. 猪丹毒杆菌　D. 猪链球菌
E. 炭疽杆菌　F. 破伤风梭菌　G. 牛布鲁氏杆菌　H. 放线菌

图 10-3　部分细菌形态

(五)细菌的生化检验

二维码 10-4 细菌纯培养物标本片的制备(视频)

1. 糖发酵试验

购买的糖发酵管常标有不同的颜色,以区别各种糖类:红色葡萄糖、黄色乳糖、蓝色麦芽糖、黑色蔗糖、白色甘露醇。也可自制糖发酵管,但应贴上标签。

培养基配方:

蛋白胨	1 g	氯化钠	0.5 g
糖(常用葡萄糖、乳糖、麦芽糖、蔗糖和甘露醇各配制一份)	1 g		
蒸馏水	100 mL		

试剂:1.6%溴甲酚紫 0.1 mL。

操作:取培养 18~24 h 的被检细菌,接种于培养基中(如为厌氧菌应接种于培养基的深部),置 37 ℃培养数小时至 2 周后观察结果。

结果判定:细菌在发酵糖类时会产生酸性代谢产物,可使酸碱指示剂变色(常用溴甲酚紫,产酸时由蓝紫色变为黄色),如同时还产气,则在发酵管的上部有气泡存在。借此可判断细菌对糖类的发酵利用情况。产酸不产气者记为“+”,产酸产气者记为“⊕”,不发酵者记为“-”。

2. 甲基红(MR)试验

培养基配方:

蛋白胨	1 g	葡萄糖	1 g
磷酸氢二钾	1 g	蒸馏水	100 mL

试剂:甲基红 0.1 g,溶解于 300 mL 95%酒精中,加蒸馏水至 500 mL。

操作:将被检细菌接种于培养基内,37 ℃培养 2~7 d。

结果判定:在培养基中加入几滴甲基红试剂,观察结果。变为红色者为阳性,记为“+”;不变色者为阴性,记为“-”。

3. 维-培(V-P)试验

培养基配方:

蛋白胨	1 g	葡萄糖	1 g
磷酸氢二钾	1 g	蒸馏水	100 mL

试剂:6% α-萘酚酒精溶液(V-P 试剂甲)、40%氢氧化钾溶液(V-P 试剂乙)。

操作:将被检细菌接种于葡萄糖蛋白胨水培养基中,置 37 ℃培养 48 h。

结果判定:每毫升培养基加入 0.5 mL 6% α-萘酚酒精溶液,再加入 0.2 mL 40%氢氧化钾溶液,振摇混合均匀,静置 2~4 h。一般 10~20 min 出现反应,但也经常出现培养基立即变为红色者为阳性,记为“+”;不变色者为阴性,记为“-”。

4. 靛基质试验(吲哚试验)

培养基配方:1%蛋白胨水培养基。

蛋白胨	1 g	氯化钠	0.5 g	蒸馏水	100 mL

试剂:欧立希氏吲哚试剂(对二甲基氨基苯甲醛 1 g、无水酒精 95 mL、浓盐酸 50 mL),先将对二甲基氨基苯甲醛溶解于酒精中,再加入浓盐酸,避光保存。

操作:将待鉴定的细菌接种于 1%蛋白胨水培养基中,37 ℃培养 24~48 h(必要时可培养 4~5 d)。

结果判定:在培养基中加入戊醇或二甲苯 2~3 mL,摇匀后静置片刻,沿管壁加欧立希氏吲哚试剂 2 mL,观察结果。培养液变红色者为阳性,记为“+”;不变色者为阴性,记为“-”。

5. 硫化氢试验

培养基配方：高压灭菌的普通琼脂培养基 100 mL

高压灭菌的新配10%硫代硫酸钠溶液 2.5 mL

高压灭菌的10%醋酸铅溶液 3 mL

操作：在熔化的琼脂培养基中加入硫代硫酸钠溶液，自然冷却至60 ℃时再加入醋酸铅溶液，混合均匀，无菌分装，立即置冷水中冷却使培养基凝固。用接种针蘸取细菌的纯培养物，沿管壁穿刺接种，37 ℃培养1～2 d(必要时5～7 d)。

结果判定：培养基中的含硫氨基酸被细菌分解产生硫化氢，与培养基中的醋酸铅结合形成黑色硫化铅。观察时穿刺线周围变黑色者为阳性，记为"+"；不变色者为阴性，记为"−"。

6. 尿素酶试验(尿素发酵试验)

培养基配方：蛋白胨 1 g 氯化钠 0.5 g

磷酸二氢钾 0.2 g 琼脂粉 2.0 g

蒸馏水 100 mL

操作：培养基所需材料混合溶解后，121.3 ℃灭菌15～30 min，待冷却至50 ℃左右时加入20%尿素溶液10 mL，倒入试管中做成斜面培养基。用灭菌接种环钩取细菌进行划线接种，37 ℃培养24 h后观察结果。

结果判定：培养基由黄色变为红色者为阳性，记为"+"；不变色者为阴性，记为"−"。

(六)细菌的运动性观察

细菌是否具有鞭毛是细菌分类鉴定的重要特征之一。采用鞭毛染色法虽能观察到鞭毛的形态、着生位置和数目，但此法既费时又麻烦。如果仅需了解某菌是否有鞭毛，可采用悬滴法或水封片法(即压滴法)直接在光学显微镜下检查活细菌是否具有运动能力，以此来判断细菌是否有鞭毛。此法较快速、简便。

1. 制备菌液

在幼龄菌斜面上，滴加3～4 mL无菌水，制成轻度浑浊的菌悬液。

2. 涂凡士林

取洁净无油的盖玻片1块，在其四周涂少量凡士林。

3. 滴加菌液

加1滴菌液于盖玻片的中央，并用记号笔在菌液的边缘做一记号，以便在显微镜观察时，易于寻找菌液的位置。

4. 盖凹玻片

将凹玻片的凹槽对准盖玻片中央的菌液，并轻轻地盖在盖玻片上，使两者粘在一起，然后翻转凹玻片，使菌液正好悬在凹槽的中央，再用铅笔轻压盖玻片，使玻片四周边缘闭合，以防菌液干燥。

若制水封片，在载玻片上滴加1滴菌液，盖上盖玻片后即可置显微镜下观察。

5. 镜检

先用低倍镜找到标记，再稍微移动载物台找到凹玻片的边缘，然后将菌液移到视野中央换油镜观察。由于菌体是透明的，镜检时可适当调小光圈或降低聚光器以增加反差，便于观察。

二、细菌的药物敏感性试验

细菌的药物敏感性试验主要是通过比较来筛选某种细菌的敏感性药物，为细菌病的治疗提供依据。纸片扩散法药敏试验操作简单，临床应用广泛，下面介绍纸片扩散法药敏试验的操作方法和结果判定。

(一)药敏纸片的制备

临床应用的药敏纸片可购买直接使用，也可以自己制作。自制药敏纸片主要针对商品药。

1. 制作纸片

选用优质滤纸(新华 1 号定性滤纸)，用打孔器将滤纸打成直径为 6 mm 的圆纸片。取圆纸片 100 片放于清洁干燥的小青霉素空瓶中，瓶口以单层牛皮纸包扎，121.3 ℃高压蒸汽灭菌 15 min，60 ℃烘箱中烘干备用。

2. 抗菌药物的稀释

抗菌药物稀释最终浓度见表 10-1，磺胺类药物 10 mg/mL，中草药制剂 1 g/mL，中草药煎 2 次，药液混合后小火浓缩为 1 g/mL 药液。

表 10-1 细菌对不同药物敏感度判定标准

药物名称	浓度	每片含药量	抑菌圈直径/mm	敏感度
青霉素	200 U/mL	2 U	≤20 21～28 ≥29	不敏感 中度敏感 高度敏感
链霉素	2 mg/mL	20 μg	≤10 11～14 ≥15	不敏感 中度敏感 高度敏感
庆大霉素	1 mg/mL	10 μg	≤12 13～14 ≥15	不敏感 中度敏感 高度敏感
卡那霉素	200 U/mL	2 U	≤12 13～14 ≥15	不敏感 中度敏感 高度敏感
红霉素	1 mg/mL	10 μg	≤13 14～17 ≥18	不敏感 中度敏感 高度敏感
环丙沙星	0.5 mg/mL	5 μg	≤15 16～20 ≥21	不敏感 中度敏感 高度敏感
其他	2 mg/mL	20 μg	≤10 11～14 ≥15	不敏感 中度敏感 高度敏感

3. 浸药

每 100 片无菌烘干滤纸片加稀释好的药物 1 mL(每片含药量见表 10-1)浸泡 1～2 h，烘干(37 ℃，2 h)，保存备用。

(二)培养基的制备

药敏试验常用普通营养琼脂培养基或葡萄糖琼脂培养基。蛋白胨可以使磺胺类药物失效，所以做磺胺类药物的细菌药敏试验时用无胨培养基。

1. 普通营养琼脂培养基

营养琼脂 4.3 g，加蒸馏水 100 mL，水浴溶解后分装于输液瓶中，加盖直接高压蒸汽灭菌。灭菌后冷却至 50～60 ℃，倒入平皿中，冷却，备用。

2. 葡萄糖琼脂培养基

营养琼脂 4.3 g、葡萄糖 0.5 g，加蒸馏水 100 mL，调节 pH 为 7.2～7.6。pH 小于 7.2 用 1% NaOH 溶液调节，pH 大于 7.6 用 1% HCl 调节。加入 1.6%的溴甲酚紫 0.1 mL，水浴溶解后分装于输液瓶中，加盖直接高压蒸汽灭菌。灭菌后冷却至 50 ℃，加入 1 mL 菌液，注入平皿内，冷却，备用。

3. 无胨培养基

牛肉膏 0.5 g、氯化钠 0.5 g、琼脂粉 2.5 g，加蒸馏水 100 mL，水浴溶解后分装于输液瓶中，加盖直接高压蒸汽灭菌。灭菌后冷却至 50～60 ℃，倒入平皿中，冷却，备用。

(三)药物敏感性试验

分别取 6～8 h 的细菌肉汤培养物 1 mL，用无菌棉签蘸取后均匀涂在两个普通营养琼脂培养基平板表面。或者用接种环无菌钩取细菌菌落后均匀涂布在普通营养琼脂培养基平板表面。葡萄糖琼脂培养基直接加药敏片。

二维码 10-5　细菌对药物敏感性试验(视频)

在平皿底部背面用记号笔对需要贴的药敏片做好位置标记。

用灭菌镊子夹取浸有药物的干燥滤纸片，按标记位置，轻轻贴在已接种好细菌的普通营养琼脂培养基的表面，一次放好，不得移动。两个纸片之间的距离大于 24 mm，与平皿边缘距离大于 15 mm。

在 37 ℃温箱内培养 18～24 h 后取出，观察并记录结果。根据纸片周围有无抑菌圈及其直径大小(用卡尺或直尺测量)，按表 10-1 标准确定细菌对各种抗生素的敏感性。

(四)注意事项

(1)接种时均匀密集涂布。

(2)贴片时，用无菌镊子轻轻触压药敏纸片使之与培养基充分接触，贴片后不能再更改纸片位置。

(3)镊取药敏纸片时一旦掉到培养基表面，则继续保持其位置，切勿镊起重新放置，以防不同抗生素交叉影响。

(4)整个贴片过程应在 15 min 内完成。

三、病毒病的实验室诊断

动物病毒性传染病，除少数如绵羊痘等可根据临床症状、流行病学、病理变化做出诊断外，大多数病毒性疫病的确诊必须进行实验室诊断，以确诊病毒的存在或检出特异性抗体。一般诊断程序如下。

(一)病料的采集、保存与运送

病毒性传染病一般在发病初期和急性阶段比较容易分离出病毒，因此，可在这时及时采取病料。常用于病毒分离的标本有血液，粪便，渗出液，脑脊液，水疱液，活检或尸检的无菌脏器、组织等。可根据病毒的性质采取不同的标本。

当进行畜禽病毒性传染病的实验室诊断时，应注意以下几点。

1.采集适宜的病料

与病毒的分离成败关系很大。一般应采取病畜(禽)体内含病毒最多的器官或组织。例如，上呼吸道疾病应采取鼻分泌物，而脑炎则应采取脑组织。

2.注意采集病料的时间

以症状刚出现时最佳。检查抗体时，则应分别采取发病初期和恢复期的血清，以便了解抗体滴度的消长程度。

3.保存与运送

病毒对外界因素特别是热很敏感。因此，必须将病料放在灭菌的保存液中(一般常用50%甘油磷酸盐缓冲液)，但液体病料不适用此方法，再放入冰瓶内(内放冰块和食盐)，在此低温条件下保存和送检病料。

4.防止病料污染

采集病料时，必须无菌操作。为了防止液体病料(如血液、渗出液、水疱液等)污染，可在其中加入适量的青霉素和链霉素，若为了防止霉菌污染，还可加入制霉菌素等。供抗体检测的血清可加入防腐剂。

(二)包涵体的显微镜检查

某些病毒在细胞内增殖过程中，形成的在普通显微镜下可见的、与正常细胞结构和着色不同的圆形或卵圆形小体(或斑块)，称为包涵体(表10-2)。各种病毒的包涵体形态各异，或单或多，或大或小。多数位于胞浆内，如狂犬病病毒形成的包涵体[内基氏(Negri)小体]；少数位于核内，如腺病毒形成的包涵体；也有些位于胞浆和核内，如麻疹病毒形成的包涵体。其本质是：有些病毒的包涵体就是病毒颗粒的聚集体；有些是病毒增殖留下的痕迹；有些是病毒感染引起的细胞反应物。所以包涵体是病毒感染细胞的具有特征性的形态学变化，对检查某些病毒性传染病具有诊断意义。

表10-2 常见的能产生包涵体的动物病毒

病毒名称	感染范围	包涵体类型及部位
痘病毒类	人、马、牛、羊、猪、鸡等	嗜酸性，胞浆内，见于皮肤的棘层细胞
狂犬病病毒	犬、马、牛、羊、猪、人、猫、禽等	嗜酸性，胞浆内，见于神经元内及视网膜的神经棘层细胞

续表 10-2

病毒名称	感染范围	包涵体类型及部位
伪狂犬病病毒	犬、猫、猪、牛、羊等	嗜酸性，核内，见于脑、椎旁神经节的神经元
副流感病毒Ⅲ型	牛、马、人	嗜酸性，胞浆及胞核内均有，见于支气管、肺泡上皮细胞及肺泡隔细胞
马鼻肺炎病毒	马属动物	嗜酸性，核内，见于支气管及肺泡上皮细胞、肺泡隔细胞、肝细胞、淋巴结的网状细胞等
鸡新城疫病毒	鸡	嗜酸性，胞浆内，见于支气管上皮细胞
传染性喉气管炎病毒	鸡	嗜酸性，核内，见于上呼吸道的上皮细胞

将被检材料直接制成涂片、组织切片或冰冻切片，经特殊染色后，用普通光学显微镜检查。如狂犬病病毒，以病犬的小脑（或大脑的海马脚部位）做病理切片，用光学显微镜观察有无内基氏小体。但在包涵体检查时应注意，包涵体的形成有个过程，出现率也不是百分之百。

（三）病毒的分离培养与初步鉴定

病毒必须在敏感的活细胞内增殖，所以应使用易感的活细胞对病毒进行培养和鉴定。病毒的培养方法包括动物接种、鸡胚培养和细胞培养。

供接种或培养的标本应作除菌处理。除菌方法有：滤器除菌、高速离心除菌、抗生素处理三种。如用口蹄疫的水疱皮病料进行病毒的分离培养时，将送检的水疱皮置于平皿内，以灭菌的 pH 7.6 磷酸盐缓冲溶液冲洗数次，并用灭菌的滤纸吸干、称重，制成 1∶5 悬液，为防止细菌污染，每毫升加入青霉素 1 000 IU，链霉素 1 000 μg，置于 2～4 ℃冰箱 4～6 h，然后以 3 000 r/min 的速度离心沉淀 10～15 min，吸取上清液备用。

1. 动物接种

病毒病的诊断可以应用动物接种试验来进行。取病料或分离到的病毒处理后接种实验动物，通过观察记录动物发病时间、临床症状及病变甚至死亡的情况，借助一些实验室的方法来判断病毒的存在。

实验动物一定要选择对该病毒易感的健康动物，如发现有病或表现反常的动物，应从实验动物中剔除。

（1）设备材料　实验动物、注射器、酒精、碘酊、剪刀、手术刀、无菌采样袋、记号笔、消毒液等。

（2）实验动物接种

皮下接种：家兔及豚鼠的背侧或腹侧皮下结缔组织疏松部位剪毛消毒。接种者右手持注射器，以左手拇指、食指和中指捏起皮肤使成一个三角形皱褶，或用镊子夹起皮肤，于其底部进针，感到针头可以随意拨动表示插入皮下，即可推注药物。当推入注射物时应感到流畅。小鼠的皮下注射部位选在背部（背中线一侧），注射量一般为 0.2～0.5 mL。鸡可在颈部、背部皮下注射。

皮内接种：家兔和豚鼠皮内注射时，接种者以左手拇指及食指夹起皮肤，右手持注射器，将细针头插入拇指及食指之间的皮肤内，针头插入不宜过深，同时插入角度要小。注入时感到有阻力且注射完毕后皮肤上有硬的隆起即为注入皮内。

静脉注射：此法主要适用于家兔和豚鼠。将家兔放入保定器或由助手把握住其前后躯保定。选一侧耳缘静脉，先用75%酒精涂擦兔耳或以手指轻弹耳朵，使静脉怒张。注射时，用左手拇指和食指拉紧兔耳，右手持注射器，使针头与静脉平行，向心方向刺入静脉内。注射时应无阻力且有血向前流动表示刺入静脉，缓缓注入接种物。若注射正确，注射后耳部应无肿胀。

肌内注射：鸡的肌内注射由助手捉住或用小绳绑其两腿保定，小鸡也可由注射者左手提握保定，然后在其胸肌、腿肌或翅膀内侧肌内处注射 0.1 mL。小鼠的肌内注射由助手捉住或用特制的保定筒保定小鼠，注射者左手握住小鼠的一后肢，在后肢上部肌肉丰满处消毒，向肌肉内注射 0.1～0.5 mL。

腹腔接种：小鼠腹腔接种时，注射者用右手提起鼠尾，左手拇指和食指捏头背部，翻转鼠体使腹部向上，把鼠尾和后腿夹于左手掌心和小指之间，右手持注射器，将针头平行刺入腹部皮下，然后向下斜行，通过腹部肌肉进入腹腔，注射量为 0.5～1.0 mL。

(3)感染动物的观察　接种后主要观察动物有无发病症状，如皮毛粗糙、弓背、不安、抽搐等；注意动物的饮食、活动能力及粪便情况；测量动物的体重及体温。

2.鸡胚培养

(1)设备材料　注射器、接种环、滴管、酒精灯、鸡胚、照蛋器、恒温箱、吸管、平皿、碘酒、75%酒精、镊子、剪刀、封蜡等。

(2)胚的准备　孵育前的鸡胚先用清水以布洗净，再用干布擦干，放入孵化器内进行孵育(37 ℃，相对湿度 45%～60%)。孵育 3 d 后，鸡胚每日翻动 1～2 次。孵至第 4 天，用照蛋器观察鸡胚发育情况，未受精卵只见模糊的卵黄黑影，不见鸡胚的形迹，应淘汰。活胚可看到清晰的血管和鸡胚的暗影，比较大一些的可以看见胚动。随后每日观察一次，胚动呆滞或没有运动的、血管昏暗模糊者，可能是已死或将死的鸡胚，要随时淘汰。生长良好的鸡胚一直孵育到接种前，具体胚龄视拟培养的病毒种类和接种途径而定。

(3)接种

①绒毛尿囊膜接种

a.将孵育 10～12 d 的鸡胚放在照蛋器上照视，用铅笔勾出气室与胚胎略近气室端的绒毛尿囊膜发育得好的地方(图 10-4)。

b.用碘酊消毒气室顶端与绒毛尿囊膜记号处，并用磨壳器或齿钻在记号处的卵壳上磨开一三角形或正方形(每边 5～6 mm)的小窗，不可弄破下面的壳膜。在气室顶端钻一小孔。

c.用小镊子轻轻揭去所开小窗处的卵壳，露出壳下的壳膜，在壳膜上滴一滴生理盐水，用针尖小心地划破壳膜，注意切勿伤及紧贴在下面的绒毛尿囊膜，此时生理盐水自破口处流至绒毛尿囊膜，以利两膜分离。

d.用针尖刺破气室小孔处的壳膜，再用橡皮乳头吸出气室内的空气，使绒毛尿囊膜下陷而形成人工气室。

e.用注射器通过窗口的壳膜窗孔滴 0.05～0.1 mL 病毒液于绒毛尿囊膜上。

f.在卵壳的窗口周围涂上半凝固的石蜡使呈堤状，立即盖上消毒盖玻片。也可用揭下的卵壳封口，则将卵壳盖上，接缝处涂以石蜡，但石蜡不能过热，以免流入鸡胚内。将鸡胚始终保持人工气室在上方的位置，37 ℃培养 48～96 h 观察结果。

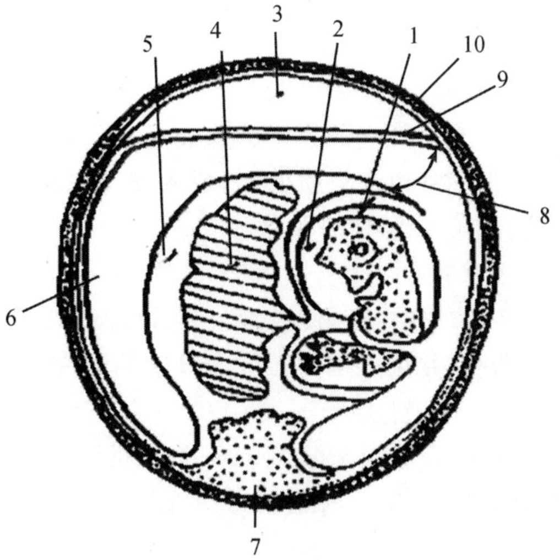

1. 羊膜　2. 羊膜腔　3. 气室　4. 卵黄囊　5. 胚外腔
6. 绒毛尿囊腔　7. 卵白　8. 绒毛尿囊膜　9. 壳膜　10. 卵壳

图 10-4　鸡胚结构模式图

②尿囊腔接种　用孵育 10～12 d 的鸡胚，因此时尿囊液积存得最多。

a. 将鸡胚在照蛋器上照视，用铅笔画出气室与胚胎位置，并在绒毛尿囊膜血管较少的地方做记号。

b. 将鸡胚竖放在蛋座木架上，钝端向上。用碘酊消毒气室蛋壳，并用钢针在记号处钻一小孔。

c. 用带 18 mm 长针头的 1 mL 注射器吸取病毒液，针头刺入孔内，经绒毛尿囊膜入尿囊腔，注入 0.1 mL 病毒液。

d. 用石蜡封孔后于 37 ℃孵化器孵育 72 h。

③羊膜腔接种

a. 将孵育 10～11 d 的鸡胚放在照蛋器上照视，画出气室范围，并在胚胎最靠近卵壳的一侧做记号。

b. 用碘酊消毒气室部位的蛋壳。用齿钻在气室顶端磨一三角形，每边约 1 cm 的裂痕。注意勿划破壳膜。

c. 用灭菌镊子揭去蛋壳和蛋壳壳膜，并加灭菌液体石蜡一滴于下层壳膜上，使其透明，以便观察。若将鸡胚放在照蛋器上，则看得更清楚。

d. 用灭菌尖头镊子两腿并拢，刺穿下层壳膜和绒毛尿囊膜没有血管的地方，并夹住羊膜从刚才穿孔处拉出来。

e. 左手用另一把无齿镊子夹住拉出的羊膜，右手持带有 26 号针头的注射器，刺入羊膜腔内，注入病毒液 0.1 mL。针头最好用无斜削尖端的钝头，以免刺伤胚胎。

f. 用绒毛尿囊膜接种法的封闭方法将卵壳的小窗封住，于 37 ℃孵化器内孵育 48～72 h，保持鸡胚的钝端朝上。

(4)病毒收获

①绒毛尿囊膜接种法　收获绒毛尿囊膜。

a.用碘酊消毒人工气室上的卵壳,去除窗孔上的盖子。

b.将灭菌剪子插入窗内,沿人工气室的界线剪去壳膜,露出绒毛尿囊膜,再用灭菌眼科镊子将膜正中夹起,用剪刀沿人工气室边缘将膜剪下,放入加有灭菌生理盐水的培养皿内,观察病灶形状。然后或用于传代,或用50%甘油保存。

②尿囊腔接种法　收获尿囊液。

a.将鸡胚放在冰箱内冷冻半日或一夜,使血管收缩,以便得到无胎血的纯尿囊液。

b.用碘酒消毒气室处的卵壳,并用灭菌剪刀除去气室的卵壳。切开壳膜及其下面的绒毛尿囊膜,翻开到卵壳边上。

c.将鸡胚倾向一侧,用灭菌吸管吸出尿囊液。一个鸡胚约可收获6 mL尿囊液。若操作时损伤了血管,则病毒会吸附在红细胞上,尿囊液成为无用。收获的尿囊液经无菌试验后可在4 ℃以下的温度中保存。

d.观察鸡胚,看有无典型的症状。

③羊膜腔接种法　收获羊水。

a.按收获尿囊液的方法消毒、去壳,翻开壳膜和尿囊膜。

b.先吸出尿囊液。再用镊子夹出羊膜,以尖头毛细吸管插入羊膜腔,吸出羊水,放入灭菌试管内。每个鸡胚可收获0.5～1.0 mL。经无菌试验后,保存于低温中。

c.观察鸡胚的症状。

3.细胞培养

细胞培养是将动物组织细胞消化成单个细胞的悬液,适当洗涤后加入营养液,使细胞生长成单层细胞,即模拟体内的生理环境条件,提供适宜的营养条件和温度,在无菌操作的基础上,使离体组织细胞生长增殖并进行传代。

(1)设备材料　二氧化碳培养箱、高压灭菌器、离心机、水浴箱、细胞培养瓶、无菌吸管、锥形瓶、烧杯、平皿、青霉素瓶、刀、剪、镊子等。

(2)常用溶液　PBS(磷酸盐缓冲液)、汉克氏(Hank's)液、胰蛋白酶溶液、细胞培养液、青链霉素液。

PBS:将药品(NaCl 8.0 g,KCl 0.2 g,$Na_2HPO_4 \cdot H_2O$ 1.56 g,KH_2PO_4 0.2 g)倒入盛有双蒸水的烧杯中,玻璃棒搅动,充分溶解,然后把溶液倒入容量瓶中准确定容至1 000 mL,摇匀即成新配制的PBS。用HCl或NaOH调pH到7.4。消毒后即可使用。

汉克氏液:称取KH_2PO_4 0.06 g,NaCl 8.0 g,$NaHCO_3$ 0.35 g,KCl 0.4 g,葡萄糖1.0 g,$Na_2HPO_4 \cdot H_2O$ 0.06 g,加H_2O至1 000 mL。

胰蛋白酶溶液:按胰蛋白酶液浓度为0.25%,用电子天平准确称取粉剂溶入小烧杯中的双蒸水(若用双蒸水需要调pH到7.2左右)或PBS(或D-Hank's液)中。搅拌混匀,4 ℃过夜。

DMEM细胞培养液:DMEM粉末用双蒸水溶解,磁力搅拌器搅拌30 min以上。加入0.4 g $NaHCO_3$,定容至1 000 mL,搅拌30 min。在超净台内用大滤器过滤、分装,写好种类、名字。使用时加入胎牛血清和青链霉素液。

青链霉素液:青霉素是80万U/瓶,用注射器加4 mL灭菌双蒸水。链霉素是100万U/瓶,加 5 mL 灭菌双蒸水，即每毫升各为 20 万 U。分装，于－20 ℃保存。使用时溶入培养液中，使青链霉素的最终浓度为 100 U/mL。

(3)操作方法　以鸡胚成纤维细胞为例。

鸡胚的选择与处理：取 9～11 日龄鸡胚 2 个，以无菌操作取出胚体放入平皿中，去头、腿、翅膀和内脏，用汉克氏液冲洗 2 次，每次约 10 mL。将鸡胚移至加盖的烧杯中，用剪刀将胚胎剪成长、高、宽均为 1～2 mm 的碎块，用汉克氏液冲洗，并静置 2 min，让组织块下沉，弃去上清液，再用汉克氏液冲洗 2 次。

组织块消化：组织块放入锥形瓶中，加入 0.25%的胰蛋白酶溶液 6 mL，置于 37 ℃水浴箱中作用 30 min，每 10 min 摇动 1 次，于 20 min 时用力摇动 1 次，此时大量细胞游出，液体浑浊。用滴管反复吹打数次，使消化后的细胞游离分散，静置。分层后吸出上层被消化分离的细胞悬液，置于另一锥形瓶中。余下的沉淀块中再加入消化液用同样的方法进行消化。最后将细胞悬液混合，用四层纱布过滤。滤液以 750 r/min 离心 5 min，弃去上清液，用汉克氏液洗涤 1～2 次，每次 500 r/min 离心 5 min。最后一次弃去上清液后，于沉淀物中加入 10～20 mL 营养液，反复吹打得细胞悬液。

细胞计数：取 0.1 mL 细胞悬液加 0.1%结晶紫溶液 0.2 mL，室温下静置 5 min。取少量至血细胞计数板中，计数四角内大方格(边长 1 mm，高 0.1 mm)(详见图 2-3)的细胞总数，计算出细胞浓度。

$$\text{细胞浓度(个/mL)}=\frac{\text{四个大方格内细胞总数}}{4}\times 3\times 10\ 000$$

式中：3 为细胞的稀释倍数；10 000 为 0.1 mm^3 转化成 1 mL 所乘的系数。

稀释和分装培养：用培养液把细胞悬液稀释至 50 万～80 万个/mL，并按一定的量分装在细胞培养瓶内。分装完毕，培养瓶放于有槽木架上，37 ℃恒温孵育，48 h 后检查。如培养基有细菌或霉菌便弃去。如没有则置于显微镜下观察，发现成纤维细胞贴壁后将瓶中液体弃去，用汉克氏液清洗 1～2 次(2 mL/次)，加入培养液后接种病毒液 0.1 mL，放于 37 ℃恒温培养并观察细胞病变的形态和特征。

病毒在细胞内增殖的指征：病毒感染细胞后，大多数能引起细胞病变(CPE)，称为病毒的致细胞病变作用，表现为细胞变性，胞浆内出现颗粒，核浓缩、核裂解等，不需染色即可在普通显微镜下观察到。还有的细胞不发生病变，仅出现红细胞吸附及血凝现象。有时还可用免疫荧光技术检查细胞中的病毒。

(四)病毒的血清学试验

病毒的血清学试验可以用已知的标准抗原检测动物机体内的抗体水平，也可以用已知标准血清进行病毒的鉴定和分型。常用的血清学试验有血凝试验、血凝抑制试验、中和试验、沉淀试验、补体结合试验、荧光抗体技术、酶联免疫吸附试验等，具体操作见任务十一免疫学检验。

四、真菌性疾病的实验室诊断

真菌在自然界分布广泛，存在于土壤、水、大气以及生物体等。引起动物疾病的真菌中，有些为感染性真菌，比如皮肤丝状菌；有些为中毒性菌，如黄曲霉；有些这两种致病作用兼而有之，如烟曲霉等。对于真菌性疾病来说，形态结构特性是进行鉴定的主要依据，有些还可以通过免疫学进行诊断。

犬皮肤真菌病是犬多发的一种皮肤病，其发生与危害的程度，取决于个体的素质，幼犬和体质较差的犬症状明显且较严重。主要症状为从面部、耳、四肢、趾爪等部位开始发病，并逐渐向身体的其他部位扩散。典型的皮肤病变表现为脱毛，脱毛区迅速向四周扩散，呈现圆形、椭圆形或弥散型。严重时表现为大面积皮肤损伤，全身被毛脱净，呈现数个小结节，皮肤表面有渗出且极度瘙痒。有的表面伴有鳞屑或痂皮，痂皮下感染化脓，有的在皮肤上形成小脓疱并产生分泌物。轻症病例，症状不明显，需采取皮屑，做显微镜检查才能确诊。

（一）真菌形态检查

［检验样本］

毛发、皮肤刮取物、脓汁、体液、组织器官、胎儿胃内容物以及分泌物、排泄物等。

［设备材料］

显微镜，载玻片，盖玻片，10%～20%氢氧化钾溶液，乳酸石炭酸棉蓝染色液（结晶石炭酸20 g、乳酸 20 mL、甘油 40 mL、棉蓝 0.05 g、蒸馏水 20 mL。将棉蓝溶于蒸馏水中，再加入结晶石炭酸、乳酸、甘油，混合，备用）。

［检验方法］

1. 水滴片

将被检样品放于载玻片上，滴加普通水，盖上盖玻片，做压片检查（此法较少使用）。

2. 氢氧化钾片

用于脓汁、痰液、毛发、皮肤等需要处理以使之透明清晰的被检样品。将被检样品放于载玻片上，滴加 10%～20%氢氧化钾溶液，加盖玻片，酒精灯上稍微加热处理后检查。

3. 乳酸石炭酸棉蓝染色液压片

乳酸石炭酸棉蓝染色液压片是实验室检查真菌最常用的方法之一，具有着染、杀菌及防腐的作用。将被检样品放于载玻片上，滴加染液，或将培养物置于染色液滴中，必要时应用细针梳理，再加盖玻片检查。

（二）真菌的分离培养

真菌培养的目的是进行致病性真菌的菌种鉴定，帮助诊断。常用的方法有平板培养法、斜面培养法、玻片培养法。

［检验样本］

毛发、皮肤刮取物、脓汁、体液、组织器官、胎儿胃内容物等。

［设备材料］

恒温培养箱、接种针、沙氏琼脂斜面培养基、75%酒精等。

［检验方法］

1. 平板培养法

平板培养法一般采用点植法。左手拿平皿底，使培养基朝下，右手持接种针，蘸取少量孢子点种在培养基中心点或呈三角形的三分点，然后盖上平皿盖。始终保持平皿底朝上，放于恒温箱 22 ℃培养。这种方法可避免霉菌孢子散落在培养基上，使菌落成长成一个或三个扇形的典型菌落，便于观察。

2. 斜面培养法（又称大培养）

待检标本用75%酒精浸泡数分钟，以杀死表面细菌，然后用灭菌生理盐水充分洗涤。无菌操作，用接种针将标本接种在含青霉素、链霉素的沙氏琼脂斜面培养基上。

试管口用棉塞塞好后，用硫酸纸包好扎紧棉塞口，放于恒温箱22 ℃培养。1周观察2次，第2周隔日观察1次，3周内不长菌落，再重复做1次，若仍无菌落生长，表明结果阴性。

3. 玻片培养法（又称小培养）

无菌操作，用无菌接种针或接种环将制好的待用琼脂平板切成面积大约1 cm^2 的方块，将其放置于灭菌的载玻片上。将标本或待检菌种接种于琼脂块四周边缘靠上方部位，然后用无菌镊子取一无菌的盖玻片盖在琼脂上。在无菌平皿内放入少量无菌水和一个无菌U形玻璃棒。将载玻片置于玻璃棒上，盖上平皿盖放于恒温箱22 ℃培养。每日用肉眼和显微镜观察。

［结果观察］

观察菌落时，要注意菌落的形态、颜色，有无气生菌丝和营养菌丝，挑取菌丝置于载玻片上镜检。

(三)真菌的免疫学检查

真菌可以通过荧光抗体法、变态反应等免疫学检查方法进行诊断。荧光抗体法在真菌病的诊断中应用较少，但动物的癣病可用此法做出迅速可靠的诊断，具体方法见任务十一免疫学检验。有些真菌性疾病如马流行性淋巴管炎，可用变态反应进行诊断。

任务十一

免疫学检验

病原微生物进入动物机体后会引起免疫应答，包括体液免疫和细胞免疫。这是免疫学检验的基础。用于动物免疫诊断和免疫检测的手段，包括以抗原抗体特异性结合为基础的血清学试验、对细胞免疫的检测和在动物进行的变态反应。免疫学检验已经广泛应用于生物科学的各个领域，尤其是血清学试验已经是研究和分析各种动物疾病不可缺少的工具。

【任务解析】

完成本任务需要“动物微生物”中特异性免疫、变态反应、血清学反应等相关理论知识及操作技能。

通过本任务的学习，会用凝集试验、沉淀试验、中和试验、补体结合试验、免疫荧光抗体技术、酶联免疫吸附试验、聚合酶链式反应等技术检测动物疾病或监测动物抗体，掌握主要的动物疫病（新城疫、高致病性禽流感、非洲猪瘟、猪瘟、口蹄疫、布鲁氏菌病）实验室诊断技术。

【任务实施】

【病例导入】

病例 1：某羊场原有 80 只山羊，4 月初从内蒙古赤峰引进成年母山羊 20 只，引进羊群须进行布鲁氏菌病检测。

病例 2：某蛋鸡养殖场对鸡场的 1 万只约 11 日龄雏鸡用滴鼻点眼法进行了新城疫疫苗免疫接种，现想了解经免疫接种鸡的新城疫抗体水平。

根据病例给出检验项目。

实验室检验项目	检验理由
1. 2. 3. ⋮	

【实践操作】

1. 布鲁氏菌试管凝集试验。

2. 布鲁氏菌玻片凝集试验。

3. 新城疫抗体水平检测。

【分析讨论】

根据实践操作，记录检验项目、材料准备、仪器设备、操作步骤及检验结果，并对操作过程中的注意事项和检验结果进行分析讨论。

检验项目	
材料准备	
仪器设备	
操作步骤	1. 2. 3. ⋮ 检验员：
检验结果	
结果分析	
体会与小结	
教师评价	

【相关知识】

一、常规血清学检验

抗原和抗体的体外反应，称为血清学反应，为疾病的诊断、抗原和抗体的鉴定及定量提供了良好的方法。

(一)凝集试验

1. 试管凝集试验(以布鲁氏菌病的诊断为例)

(1)设备材料　布鲁氏菌阳性血清、布鲁氏菌阴性血清、被检血清、布鲁氏菌抗原、0.5%石炭酸生理盐水、试管、试管架、刻度吸管。

(2)操作方法　见表 11-1。

①取小试管 7 支依次编号，加入 0.5%石炭酸生理盐水。第 1 管 2.3 mL，第 2～4 管各

0.5 mL。

②吸取被检血清 0.2 mL 于第 1 管，连续吹吸 3 次，充分混匀后，吸出 1.5 mL 弃去，再吸出 0.5 mL 加入第 2 管，同法混匀后吸取 0.5 mL 于第 3 管，依此类推连续稀释到第 4 管，混匀后弃去 0.5 mL。第 5 管不加血清，第 6 管中加 1∶25 稀释的阳性血清 0.5 mL，第 7 管加入 1∶25 稀释的阴性血清 0.5 mL。

③吸取 1∶20 稀释的布鲁氏菌抗原于各管内 0.5 mL，分别摇匀后置 37 ℃ 24 h，观察结果。

表 11-1　布鲁氏菌病试管凝集操作术式　　mL

试剂	1 号管	2 号管	3 号管	4 号管	5 号管	6 号管	7 号管
					对照		
	1∶25	1∶50	1∶100	1∶200	抗原	阳性血清 1∶25	阴性血清 1∶25
0.5%石炭酸生理盐水	2.3	0.5	0.5	0.5	0.5	—	—
被检血清	0.2	0.5	0.5	0.5	—	0.5	0.5
	弃 1.5			弃 0.5			
抗原(1∶20)	0.5	0.5	0.5	0.5	0.5	0.5	0.5

(3)结果判定　判定结果时以“＋”表示反应的强度，以产生明显凝集(＋＋)的血清最高稀释度为凝集效价。

＋＋＋＋　　大凝集块，液体透明，为 100%凝集。

＋＋＋　　凝集片明显；液体较透明，为 75%凝集。

＋＋　　凝集片可见，液体不太透明，为 50%凝集。

＋　　液体浑浊，少量细菌凝集，为 25%凝集。

—　　液体均匀浑浊，无凝集。

大家畜如牛、马和骆驼的血清的凝集价为 1∶100 以上时判为阳性，1∶50 时判为可疑；中小家畜如猪、羊和犬的血清凝集价为 1∶50 时判为阳性，1∶25 时判为可疑。可疑反应的家畜，经 3～4 周后再采血重新检查，牛和羊仍为可疑判为阳性，猪和马仍为可疑，而畜群中又没有病例和大批阳性病畜，则判为阴性。

2. 玻片凝集试验(以沙门菌病的诊断为例)

(1)设备材料　沙门菌诊断血清，鸭沙门菌及疑似沙门菌 24 h 培养物，毛细吸管，接种环，玻片。

(2)操作方法　将玻片分成 3 格。在第 3 格内加 1 滴生理盐水，第 1、2 格内各加 1 滴沙门菌诊断血清。用接种环自斜面上挑取鸭沙门菌置于第 3 格内混匀，随即再取 1 环置于第 1 格内混匀。接种环灭菌后取疑似沙门菌混匀于第 2 格。静置 2～3 min 后观察结果。

(3)结果判定　第 1 格内形成白色块状凝集物，第 3 格无白色凝集物；第 2 格内有白色凝集物为沙门菌阳性，无白色凝集物为阴性。

3. 病毒的微量血凝试验(以鸡新城疫病毒测定为例)

(1)设备材料　96 孔 V 型微量血凝板、微量移液器、微量振荡器、注射器、离心管、离心机、灭菌生理盐水、1%鸡红细胞悬液、鸡新城疫抗原。

(2)操作方法　见表 11-2。

①用微量移液器向每个孔加入灭菌生理盐水 25 μL。

②用微量移液器取新城疫(ND)抗原液 25 μL 加入第 1 孔内,吸头浸于液体中缓慢吸吹几次使抗原与稀释液混合均匀,再吸取 25 μL 液体小心地移至第 2 孔。如此连续稀释至第 11 孔,第 11 孔吸取 25 μL 液体弃去。第 1～11 孔病毒稀释倍数依次为(1∶2)～(1∶2 048),第 12 孔为红细胞对照。

③用微量移液器每孔加生理盐水 25 μL。

④用微量移液器每孔加 1.0%鸡红细胞悬液 25 μL。

⑤在微量振荡器上振荡混匀 15～30 s,静置 30～40 min 后观察结果。

表 11-2　鸡新城疫血凝试验流程

顺序	试剂	孔号											
		1	2	3	4	5	6	7	8	9	10	11	12
1	生理盐水	25 μL	25 μL	25 μL	25 μL	25 μL	25 μL	25 μL	25 μL	25 μL	25 μL	25 μL	25 μL
2	ND 抗原	25 μL	倍比稀释至第 11 孔,第 11 孔混匀后弃去 25 μL										红细胞对照
3	生理盐水	25 μL	25 μL	25 μL	25 μL	25 μL	25 μL	25 μL	25 μL	25 μL	25 μL	25 μL	25 μL
4	1%红细胞	25 μL	25 μL	25 μL	25 μL	25 μL	25 μL	25 μL	25 μL	25 μL	25 μL	25 μL	25 μL
振荡 15～30 s 后静置 30～40 min													
结果示例		#	#	#	#	#	#	#	++	—	—	—	—

注:# 表示 100%凝集,++表示 50%凝集,—表示不凝集。

(3)结果判定　将反应板倾斜呈 45°角,沉于孔底的红细胞沿着倾斜面向下呈线状流动者为沉淀,表明红细胞未被或不完全被病毒凝集;如果红细胞铺平孔底,凝成均匀薄层,倾斜后红细胞不流动,说明红细胞被病毒所凝集。

能使 100%红细胞凝集的抗原的最高稀释倍数,称为该抗原的血凝(HA)效价。如表 11-2 中抗原的 HA 效价为 1∶128。血凝抑制(HI)试验时,病毒抗原液 25 μL 内须含 4 个凝集单位,则应将原病毒液进行 128/4=32 倍稀释。

4. 病毒的微量血凝抑制试验

(1)设备材料　96 孔 V 形微量血凝板、微量移液器、微量振荡器、注射器、离心管、离心机、灭菌生理盐水、1%鸡红细胞悬液、四单位抗原、被检血清等。

(2)操作方法　见表 11-3。

①第 1～12 孔每孔用微量移液器各加入生理盐水 25 μL。

②第 1 孔内加入被检血清 25 μL,吸头浸于液体中缓慢吸吹几次使被检血清与生理盐水混合均匀,再吸取 25 μL 液体小心地移至第 2 孔。如此连续稀释至第 11 孔,第 11 孔吸取 25 μL 液体弃去。第 1～11 孔被检血清稀释倍数依次为(1∶2)～(1∶2 048),第 12 孔为红细胞对照。

③每孔加入四单位抗原 25 μL。

④振荡器上振荡 15～30 s,静置 30～40 min。

⑤每孔加入 1.0%鸡红细胞悬液 25 μL，振荡器上振荡 15～30 s，静置 30～40 min 后观察结果。

表 11-3　鸡新城疫血凝抑制试验流程

顺序	试剂	孔号											
		1	2	3	4	5	6	7	8	9	10	11	12
1	生理盐水	25 μL	25 μL	25 μL	25 μL	25 μL	25 μL	25 μL	25 μL	25 μL	25 μL	25 μL	25 μL
2	被检血清	25 μL	倍比稀释至第 11 孔，第 11 孔混匀后弃去 25 μL										红细胞对照
3	四单位抗原	25 μL	25 μL	25 μL	25 μL	25 μL	25 μL	25 μL	25 μL	25 μL	25 μL	25 μL	25 μL
振荡 15～30 s 后静置 30～40 min													
4	1%红细胞	25 μL	25 μL	25 μL	25 μL	25 μL	25 μL	25 μL	25 μL	25 μL	25 μL	25 μL	25 μL
振荡 15～30 s 后静置 30～40 min													
结果示例		—	—	—	—	—	—	—	++	#	#	#	#

注：# 表示 100%凝集，++表示 50%凝集，—表示不凝集。

(3)结果判定　将反应板倾斜呈 45°角，沉于孔底的红细胞沿着倾斜面向下呈线状流动者为沉淀，表明红细胞未被或不完全被病毒凝集；如果红细胞铺平孔底，凝成均匀薄层，倾斜后红细胞不流动，说明红细胞被病毒所凝集。

能将四单位病毒凝集红细胞的作用完全抑制的血清最高稀释倍数，称为该血清的血凝抑制(HI)效价，用被检血清的稀释倍数或以 2 为底的对数($\log_2$)表示。如表 11-3 中血清的血凝抑制效价为 1∶128 或 HI 效价为 7 $\log_2$。

(4)结果分析　一般认为鸡新城疫的免疫临界水平(HI 抗体效价)为 1∶8(成年鸡)或 1∶16(雏鸡)，随地区不同而稍有差异。

鸡群的 HI 抗体效价高于 1∶16 时可适当推迟新城疫免疫的时间，HI 抗体效价在 1∶16 以下，须进行新城疫疫苗接种。在新城疫流行的地区或鸡场，鸡的免疫临界水平应稍提高。

鸡群的 HI 抗体水平是以抽检样品的 HI 抗体效价的平均值表示的。

如果某鸡群的 10 份样品中，HI 抗体效价为 8 $\log_2$ 的有 3 份样品，为 7 $\log_2$ 的有 5 份样品，为 6 $\log_2$ 的有 2 份样品，则它们的平均值为

$$\frac{3\times 8\ \log_2+5\times 7\ \log_2+2\times 6\ \log_2}{3+5+2}=7.1\ \log_2$$

平均水平在 4 $\log_2$ 以上，说明该鸡群为免疫鸡群。若在检样中 HI 抗体效价的最高值与最低值相差太大，则不能用上法计算平均水平，应根据临界水平以下的样品数在全部样品中所占的百分比决定免疫与否。

大型养鸡场抽样率一般不低于 0.1%～0.5%，小型鸡群抽样率应有所增加，一般认为理想的抽样率为 2.0%。

鸡群接种新城疫疫苗后，经 2～3 周测血清的 HI 抗体效价，若提高 2 个滴度以上，表示鸡的免疫应答良好，疫苗接种成功；若 HI 抗体效价无明显提高，表示免疫失败。

(二)沉淀试验

可溶性抗原与相应的抗体混合，在电解质存在的条件下，若两者比例适合，即可有沉淀物

出现,称为沉淀反应。沉淀反应的种类有环状沉淀、絮状沉淀、琼脂扩散及免疫电泳等,下面主要介绍环状沉淀试验和琼脂扩散试验的做法。

1. 环状沉淀试验(以炭疽环状沉淀试验为例)

(1)设备材料　被检抗原、炭疽沉淀素血清、炭疽标准抗原、小试管、毛细吸管。

被检抗原的制备有热浸出法和冷浸出法。

热浸出法:取疑似病料(各种实质脏器)1～2 g,在乳钵内剪碎、研磨,然后加入 5～10 mL 生理盐水,混合后移至大试管中,煮沸 30 min,冷却后用滤纸过滤,透明的滤液即为被检抗原。

冷浸出法:待检皮张置 37 ℃温箱烘干,高压蒸汽灭菌,剪成小块称重,然后加入 5～10 倍的 0.5%石炭酸生理盐水,在室温或 4 ℃冰箱中浸泡 18～24 h,滤纸过滤 2～3 次,使之成为透明液体即为被检抗原。

(2)操作方法　取沉淀试验用小试管 3 支,用毛细吸管吸取炭疽沉淀素血清,分别加入小试管中,每管约至试管 1/3 处。另取一支毛细吸管吸取被检抗原,沿管壁轻轻加入,重叠于其中一管的沉淀素血清上面,静置。其余两支试管分别加入炭疽标准抗原和生理盐水作为对照。

(3)结果判定　抗原加入后,5～10 min 内判定结果。如在小试管重叠的两液界面出现白色沉淀环,为阳性反应。加炭疽标准抗原管应出现白色沉淀环,为阳性对照;而加生理盐水管应无沉淀环出现,为阴性对照。

此法可用于诊断牛、羊、马的炭疽病,但不能用于诊断猪炭疽病,因猪患炭疽时,用此法诊断常为阴性。

2. 琼脂扩散试验(以鸡传染性法氏囊病琼脂扩散试验为例)

(1)设备材料　普通琼脂平板、打孔器、针头、加样器、吸头、鸡传染性法氏囊病阳性血清、鸡传染性法氏囊病标准抗原、待检血清。

(2)操作方法

①琼脂平板的制备:称取琼脂糖 1.0 g,加到 100 mL pH 7.2 0.01 mol/L PBS 中,在水浴中煮沸或用电炉煮沸充分熔化,加入 8 g 氯化钠,充分溶解后加 1%硫柳汞溶液 1 mL。冷至 45～55 ℃时,将洁净、干热灭菌、直径 90 mm 的平皿置于平台上,每个平皿加入 18～20 mL,加盖。待凝固后,把平皿倒置以防水分蒸发,放普通冰箱(4 ℃)中保存备用。

②打孔:在制好的琼脂平板上按 7 孔一组的梅花形打孔,孔径 5 mm,孔距 2～5 mm。将孔内的琼脂用注射针头斜面向上从右侧边缘插入,轻轻向左侧方向将琼脂挑出,勿伤边缘或使琼脂层脱离皿底。

③封底:用酒精灯轻烤平皿底部至琼脂平板底部刚刚要熔化(手背感觉微烫手)为止,封闭孔底部,以防侧漏。

④加样:用微量移液器或带有 7 号针头的 0.25 mL 注射器,吸取标准抗原悬液滴入中间孔,标准阳性血清分别滴入外周的 1 孔和 4 孔,被检血清按编号顺序分别加入外周的另外 4 个孔(图 11-1)。每孔均以加满不溢出为度,每加一个样品应换一个吸头。

⑤反应(扩散):加样完毕,静置 5～10 min,然后将平皿轻轻放入湿盒内,37 ℃温箱中作用,分别在 24 h、48 h、72 h 观察并记录结果。

(3)结果判定　将琼脂平板置日光灯或侧强光下观察,若标准阳性血清与标准抗原孔之间出现一条清晰的白色沉淀线,则试验成立。

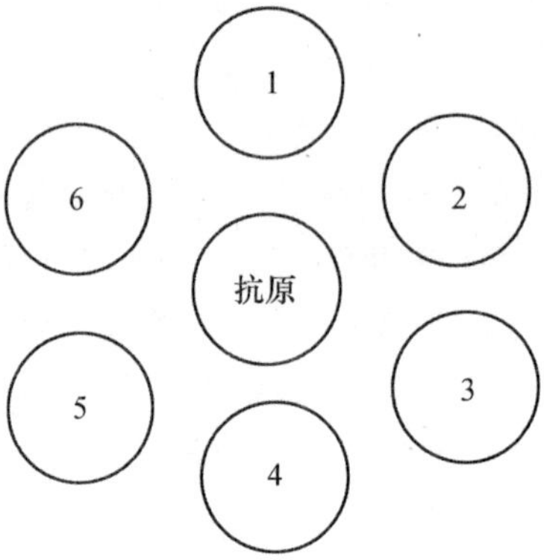

图 11-1 琼脂扩散试验加样示意图

若被检血清孔与中心标准抗原孔之间出现清晰致密的沉淀线，且该线与标准抗原和标准阳性血清之间沉淀线的末端相吻合，则被检血清判为阳性；被检血清孔与中心标准抗原孔之间出现沉淀线或虽不出现沉淀线，但标准阳性血清的沉淀线一端向被检血清孔内侧弯曲，则此孔的被检样品判为弱阳性(凡弱阳性者应重复试验，仍为弱阳性者，判为阳性)；若被检血清孔与中心标准抗原孔之间不出现沉淀线，且标准血清沉淀线直向被检血清孔，则被检血清判为阴性；被检血清孔与中心标准抗原孔之间沉淀线粗而浑浊或与标准阳性血清和标准抗原孔之间的沉淀线交叉并直伸，被检血清孔为非特异反应，应重做，若仍出现非特异反应则判为阴性。

(三)中和试验

病毒或毒素与相应抗体结合后，丧失了对易感动物、鸡胚和易感细胞的致病力，这种试验称为中和试验。

本试验具有高度的特异性和敏感性，既能定性又能定量，主要用于病毒感染的血清学诊断、病毒分离株的鉴定、病毒抗原性的分析、疫苗免疫原性的评价、血清抗体效价的检测等。中和试验既可在易感的实验动物体内进行，也可在细胞培养上或鸡胚上进行。

1. 简单定性中和试验

本法主要用于鉴定病料中的病毒及病毒的类型，也可用于毒素(如肉毒毒素)的鉴定和分型。

先根据病毒易感性选定实验动物(鸡胚或细胞)及接种途径。将动物分为对照组和实验组。试验组：将待检病料研磨，加生理盐水稀释，加双抗，在冰箱中作用 1 h 或经过滤器过滤，与已知的抗血清等量混合，置于 37 ℃中作用 1 h 后接种动物。对照组则用正常血清加入稀释病料，作用后，接种另一组动物。分别隔离饲喂，观察发病和死亡情况。

结果判定：对照组动物发病死亡，而试验组动物不死，即证实该病料中含有与已知抗血清相应的病毒。

2. 终点法中和试验

终点法中和试验用于滴定使病毒感染力降低至 50%时，血清的中和效价或中和指数。病毒毒价(毒力)的单位过去多用最小致死量(MLD)，但由于剂量的递增与死亡率递增的关系不是一条直线，而是呈 S 形曲线，在越接近 100%死亡时，对剂量的递增越不敏感。而死亡率越接近 50%时，剂量与死亡率之间的关系越接近直线，所以现在基本上采用半数致死量（LD_{50}）作为毒价单位，而且 LD_{50} 的计算应用了统计学方法，减少了个体差异的影响，因此比较准确。以感染发病作为指标的，可用半数感染量（ID_{50}）。用鸡胚测定时，毒价单位为鸡胚半数致死量（ELD_{50}）或鸡胚半数感染量（EID_{50}）；用细胞培养测定时，可用组织细胞半数感染量（$TCID_{50}$）。在测定疫苗的免疫性能时，则用半数免疫量（IMD_{50}）或半数保护量（PD_{50}）。

（1）固定病毒稀释血清法（以病毒的细胞培养为例）　取新鲜病毒悬液，以 10 倍递次稀释成 10^{-4}～10^{-7}，每个稀释度分别接种经汉克氏液洗 3 次的细胞培养管，每管细胞接种 0.1 mL，每个稀释度接种 6 支细胞管，放置于 37 ℃吸附 1 h，加入维持液，置 37 ℃培养，逐日观察并记录出现细胞病变（CPE）管数（表 11-4），按 Reed-Muench 法计算 $TCID_{50}$。

表 11-4　病毒毒价滴定（接种剂量 0.1 mL）

病毒稀释度	CPE		
	阳性数/管	阴性数/管	比例/%
10^{-4}	6	0	100
10^{-5}	5	1	83
10^{-6}	2	4	33
10^{-7}	0	6	0

$$距离比例=\frac{高于 50\%出现 CPE 的百分数-50\%}{高于 50\%出现 CPE 的百分数-低于 50\%出现 CPE 的百分数}$$

$\lg TCID_{50}$＝高于 50%出现 CPE 的病毒稀释度的对数＋距离比例×稀释系数的对数

由表 11-4 得

$$距离比例=\frac{83\%-50\%}{83\%-33\%}=0.66$$

$$\lg TCID_{50}=-5+0.66\times(-1)=-5.66$$

$$TCID_{50}=\frac{10^{-5.66}}{0.1\ mL}$$

表示该病毒稀释至 $10^{-5.66}$（$1:10^{5.66}$）时，每管细胞接种 0.1 mL，可使 50%的细胞培养管出现 CPE。而病毒的毒价通常以 $TCID_{50}$/mL 或 $TCID_{50}$/mg 表示，则上述病毒的毒价为 $10^{-6.66}$ $TCID_{50}$/mL。

试验时将其稀释成 200 $TCID_{50}$/mL。由表 11-4 计算得 200 $TCID_{50}$ 的稀释倍数为

$$200\times10^{-6.66}=2\times10^{2}\times10^{-6.66}=2\times10^{-4.66}$$

用于试验的所有血清在用前须作 58～59 ℃ 30 min 加温灭活。将待检血清倍比稀释。在 8 个 EP 管中分别加 500 μL D-Hank's 液。第 1 管中再加 500 μL 待检血清，混匀后取 500 μL 至第 2 管，第 2 管混匀取 500 μL 至第 3 管，如此倍比稀释至第 8 管，第 8 管弃去 500 μL。

每管加 200 $TCID_{50}$/mL 的病毒液 500 μL。

取 8 个 EP 管，按照待检血清的稀释方法，倍比稀释阳性血清，再加入 200 $TCID_{50}$/mL 的病毒液 500 μL。

将待检血清病毒混合液和阳性血清病毒混合液放入 37 ℃ 5% CO_2 培养箱中作用 45～60 min。

感作完成后，待检血清每个稀释度分别加入 96 孔细胞培养板中，每个稀释度加入 8 孔，每孔 100 μL。阳性血清每个稀释度加入 1 孔，每孔 100 μL。

待检血清毒性对照孔分别加入 8 个倍比稀释度血清 50 μL 和 D-Hank's 液 50 μL。病毒对照孔分别加入 4 个倍比稀释度（200 $TCID_{50}$、20 $TCID_{50}$、2 $TCID_{50}$、0.2 $TCID_{50}$）病毒 50 μL 和 D-Hank's 液 50 μL。正常细胞对照孔每孔加入 D-Hank's 液 100 μL。

放入 37 ℃ 5% CO_2 培养箱中作用 1.5 h，D-Hank's 液洗 1 遍，换维持液，放 37 ℃ 5% CO_2 培养箱培养，逐日观察结果，记录出现 CPE 孔数（表 11-5）。按 Reed-Muench 法计算 $TCID_{50}$。

表 11-5 待检血清保护率

待检血清稀释度	CPE		保护率/%
	阳性数/孔	阴性数/孔	
1∶2($10^{-0.3}$)	0	8	100(8/8)
1∶4($10^{-0.6}$)	0	8	100(8/8)
1∶8($10^{-0.9}$)	2	6	75(6/8)
1∶16($10^{-1.2}$)	2	6	75(6/8)
1∶32($10^{-1.5}$)	6	2	25(2/8)
1∶64($10^{-1.8}$)	8	0	0(0/8)
1∶128($10^{-2.1}$)	8	0	0(0/8)
1∶256($10^{-2.4}$)	8	0	0(0/8)

$$\text{距离比例}=\frac{\text{高于 50\% 不出现 CPE 的百分数}-50\%}{\text{高于 50\% 不出现 CPE 的百分数}-\text{低于 50\% 不出现 CPE 的百分数}}=\frac{75\%-50\%}{75\%-25\%}=0.5$$

$$\lg TCID_{50}=\text{高于 50\% 不出现 CPE 的血清稀释度的对数}+\text{距离比例}\times\text{稀释系数的对数}$$
$$=-1.2+0.5\times(-0.3)=-1.35$$

$$TCID_{50}=10^{-1.35}=\frac{1}{22}$$

结果判定：WOAH/FAO 世界口蹄疫参考实验室提供的标准为，在 50%终点，血清与病毒混合液中血清的总稀释度为 1∶45 或 1∶45 以上为阳性；1∶16 至 1∶32 为可疑，应重新采血检测。重新采血检测时，50%终点血清与病毒混合液中血清的总稀释度大于或等于 1∶16 为阳性；1∶8 或 1∶8 以下为阴性。（备注：由于实验室之间对终点的判定会有不同或不同操作人员对病毒定量和血清稀释以及使用的试剂不同，会造成实验结果的差异，所以实验室可参考 WOAH/FAO 世界口蹄疫参考实验室提供的标准，建立自己的标准。）本例 $TCID_{50}$=1∶22 表明，当稀释度是 1∶22 时，待检血清可保护 50%的细胞免于出现 CPE。该待检血清为可疑，应采血重新测定。

(2)固定血清稀释病毒法（以病毒的细胞培养为例） 按照固定病毒稀释血清法测定病毒毒价 $TCID_{50}$。病毒稀释度范围要根据毒价测定的结果而定，如病毒的毒价为 10^{-6}，则试验组选用 10^{-8}～10^{-2}，对照组选用 10^{-8}～10^{-4}。其原则是：最高稀释度无细胞病变（或动物全存活），最低稀释度均出现细胞病变（或动物全死亡）。

血清在用前须 58～59 ℃ 30 min 加温灭活。

按选定的病毒稀释度范围，将病毒液作 10 倍递次稀释。取 12 支 EP 管分成两排，第一排 7 支作为试验组，第二排 5 支作为对照组，将不同稀释度病毒分别加入两排无菌试管内，每个稀释度加入一管，每管 500 μL。然后第一排每管加入与病毒等量的待检血清 500 μL 作为试验组，第二排每管加入与病毒等量的阴性血清 500 μL 作为对照组，充分摇匀后置 37 ℃水浴箱中感作 1 h。

感作完成后，将试验组和对照组分别移入细胞培养管中，每个稀释度 4 管，每管 100 μL。放入 37 ℃ 5% CO_2 培养箱中作用 1.5 h，D-Hank's 液洗一遍，换维持液，放 37 ℃ 5% CO_2 培养箱培养，逐日观察结果，记录出现 CPE 孔数(表 11-6)。按 Reed-Muench 法分别计算试验组和对照组的 $TCID_{50}$。

表 11-6　固定血清稀释病毒法中和试验结果数据

病毒稀释度	试验组			对照组		
	有 CPE	无 CPE	比例/%	有 CPE	无 CPE	比例/%
10^{-2}	4	0	100			
10^{-3}	2	2	50			
10^{-4}	1	3	25	4	0	100
10^{-5}	0	4	0	3	1	75
10^{-6}	0	4	0	1	3	25
10^{-7}	0	4	0	0	4	0
10^{-8}	0	4	0	0	4	0

$$试验组距离比例=\frac{50\%-50\%}{50\%-25\%}=0$$

$$试验组\ TCID_{50}\ 的对数=高于\ 50\%病毒稀释度的对数+距离比例\times稀释系数的对数$$
$$=-3+0\times(-1)=-3$$

$$试验组\ TCID_{50}=10^{-3}$$

$$对照组距离比例=\frac{75\%-50\%}{75\%-25\%}=0.5$$

$$对照组\ TCID_{50}\ 的对数=高于\ 50\%病毒稀释度的对数+距离比例\times稀释系数的对数$$
$$=-5+0.5\times(-1)=-5.5$$

$$对照组\ TCID_{50}=10^{-5.5}$$

$$中和指数=\frac{试验组\ TCID_{50}}{对照组\ TCID_{50}}$$
$$=10^{-3}/10^{-5.5}=10^{2.5}=316$$

结果判定：固定血清稀释病毒法进行中和试验，当中和指数大于 50，表示待检血清中有中和抗体；中和指数在 10～50 为可疑；中和指数小于 10，表示无中和抗体存在。

(四)补体结合试验

补体结合试验是以已知抗原(或抗体)和待检抗体(或抗原)作为待检系统，以绵羊红细胞与相应抗体(溶血素)组成指示系统。在试验过程中,补体先与待检系统反应,如果待检系统中抗原与抗体相对应,则结合形成免疫复合物,可优先结合补体,这样补体就不再与指示系统中的致敏红细胞反应,所以不发生溶血;反之,若待检系统中抗原与抗体不相对应,则发生溶血现象。因此,可以根据溶血的出现与否,定性或定量检测抗体或抗原。临床中常用于检测结核、副结核、乙脑、马传贫、牛肺疫、钩体病、口蹄疫和病毒定型。

以布鲁氏菌病的补体结合试验为例进行介绍。

[检验材料]

待检血清、布鲁氏菌病补体反应抗原、阳性血清、阴性血清、补体、溶血素、2.5%绵羊红细胞(洗净并离心沉淀的红细胞按 1∶40 加入生理盐水稀释)、巴比妥缓冲液(VBS)。

[检验方法]

1. 溶血素效价测定

将溶血素稀释成 1∶100 的基础稀释液,即 0.1 mL 溶血素加 9.9 mL VBS。然后按表 11-7 将其进一步稀释。

表 11-7 溶血素稀释法 mL

成分	管号及溶血素稀释倍数								
	1	2	3	4	5	6	7	8	9
	500	1 000	1 500	2 000	2 500	3 000	3 500	4 000	5 000
100×溶血素	0.2	0.1	0.1	0.1	0.1	0.1	0.1	0.1	0.1
VBS	0.8	0.9	1.4	1.9	2.4	2.9	3.4	3.9	4.9

按表 11-8 加样,振荡混合,置 37～38 ℃水浴箱中感作 15 min 后,取出判定结果。

表 11-8 溶血素效价测定 mL

成分	管号及溶血素稀释倍数											
	1	2	3	4	5	6	7	8	9	10	11	12
	500	1 000	1 500	2 000	2 500	3 000	3 500	4 000	5 000	溶血素对照	补体对照	红细胞对照
溶血素	0.5	0.5	0.5	0.5	0.5	0.5	0.5	0.5	0.5	0.5	—	—
1∶20 补体	0.5	0.5	0.5	0.5	0.5	0.5	0.5	0.5	0.5	—	0.5	—
2.5%绵羊红细胞	0.5	0.5	0.5	0.5	0.5	0.5	0.5	0.5	0.5	0.5	0.5	0.5
VBS	1.0	1.0	1.0	1.0	1.0	1.0	1.0	1.0	1.0	1.5	1.5	2.0
37～38 ℃水浴箱中感作 15 min												
结果举例	—	—	—	—	—	++	++	++++	++++	++++	++++	++++

经 37～38 ℃水浴箱中感作 15 min,在 1∶20 补体 0.5 mL 参与反应时,能使 2.5%红细胞 0.5 mL 发生完全溶血的溶血素最小稀释度称为溶血素效价(1 单位)。当补体滴定和正式试验时,应用 2 单位溶血素,即减少一半稀释。如表 11-8 所示,第 5 管为溶血素效价,故 1 单位

溶血素为 2 500×溶血素，而 2 单位溶血素为 1 250×溶血素。

2. 补体效价测定

补体采用豚鼠新鲜血清，以生理盐水做 20 倍稀释(1 mL 豚鼠血清加 19 mL 生理盐水)，然后按表 11-9 加入 1∶20 补体、VBS、2 单位溶血素、2.5%绵羊红细胞。

经 37～38 ℃水浴箱中感作 15 min，0.5 mL 2 单位溶血素参与反应时，能使 2.5%绵羊红细胞 0.5 mL 发生完全溶血的补体的最小量为补体效价。如表 11-10 所示，第 7 管 1∶20 稀释的补体 0.28 mL 为补体效价。

本试验要求各成分用量均为 0.5 mL，因此要把 1∶20 补体 0.28 mL 换算成补体 0.5 mL，使其中所含补体实量不变，换算方法如下：

$$20:\text{补体效价}=X:0.5 \qquad X=20\times0.5\div0.28=35.7$$

正式试验补体做 35.7 倍稀释为一个单位补体，正式试验时多用 2 单位补体，即稀释倍数为 17.9。

表 11-9　补体效价测定　　mL

成分	管号												
	1	2	3	4	5	6	7	8	9	10	11	12	对照
1∶20 补体	0.10	0.13	0.16	0.19	0.22	0.25	0.28	0.31	0.34	0.37	0.40	0.43	—
VBS	0.40	0.37	0.34	0.31	0.28	0.25	0.22	0.19	0.16	0.13	0.10	0.07	0.5
2 单位溶血素	0.5	0.5	0.5	0.5	0.5	0.5	0.5	0.5	0.5	0.5	0.5	0.5	0.5
2.5%绵羊红细胞	0.5	0.5	0.5	0.5	0.5	0.5	0.5	0.5	0.5	0.5	0.5	0.5	0.5
VBS	1.0	1.0	1.0	1.0	1.0	1.0	1.0	1.0	1.0	1.0	1.0	1.0	1.0
37～38 ℃水浴箱中感作 15 min													
结果举例	—	—	—	—	—	—	—	++	++	++++	++++	++++	++++

3. 抗原效价测定

(1)取 8 支试管，第 1 管将抗原做 5 倍稀释，1 mL 抗原加生理盐水 4 mL，然后取 2 mL 至第 2 管，第 2 管再加等量生理盐水做 2 倍稀释，如此倍比稀释至第 8 管。8 支管中抗原的稀释倍数分别是 5、10、20、40、80、160、320、640。

(2)按表 11-10 加入各稀释度抗原、1∶10 阳性血清、工作量补体、VBS 并设血清对照管和补体对照管。

(3)37～38 ℃水浴箱中感作 20 min。

(4)各管分别加入 2.5%绵羊红细胞和 2 单位溶血素 0.5 mL。

(5)37～38 ℃水浴箱中感作 15 min，观察结果。

经 37～38 ℃水浴箱中感作 15 min，0.5 mL 2 单位溶血素参与反应时，能与 1∶10 阳性血清发生反应后使 2.5%绵羊红细胞 0.5 mL 发生完全溶血的抗原的最小稀释倍数为抗原的效价(1 单位抗原)。如表 11-10 所示，1 单位抗原稀释倍数为 80，正式试验时用 2 单位抗原，则 2 单位稀释倍数为 40 倍。

4.补体结合试验正式试验

(1)按表 11-11 排列试管并做好标记，设置阴性血清、阳性血清、工作量抗原、2 单位溶血素对照，加入 VBS 和 1∶10 稀释待检血清。其中待检血清、阴性血清对照和阳性血清对照分别做加抗原和不加抗原 2 支试管，不加抗原管作为对照。

(2)58～59 ℃水浴 30 min，使待检血清灭能。

(3)加入布鲁氏菌工作量抗原 0.5 mL，加入工作量补体 0.5 mL。

(4)置 37～38 ℃水浴箱中感作 20 min。

(5)向各试管中加入 2.5%绵羊红细胞 0.5 mL 及 2 单位溶血素 0.5 mL。

(6)置 37～38 ℃水浴箱中感作 20 min。

表 11-10 抗原效价测定 mL

成分	管号及抗原稀释倍数									
	1	2	3	4	5	6	7	8	9	10
	5	10	20	40	80	160	320	640	血清对照	补体对照
抗原	0.5	0.5	0.5	0.5	0.5	0.5	0.5	0.5	—	—
1∶10 阳性血清	0.5	0.5	0.5	0.5	0.5	0.5	0.5	0.5	0.5	—
2 单位补体	0.5	0.5	0.5	0.5	0.5	0.5	0.5	0.5	0.5	0.5
VBS									0.5	1.0
37～38 ℃水浴箱中感作 20 min										
2.5%绵羊红细胞	0.5	0.5	0.5	0.5	0.5	0.5	0.5	0.5	0.5	0.5
2 单位溶血素	0.5	0.5	0.5	0.5	0.5	0.5	0.5	0.5	0.5	0.5
37～38 ℃水浴箱中感作 15 min										
结果举例	++++	++++	++++	++++	++++	++	—	—	—	—

表 11-11 补体结合试验正式试验 mL

成分	正式试验		阴性血清对照		阳性血清对照		抗原对照	溶血素对照
	加抗原	不加抗原	加抗原	不加抗原	加抗原	不加抗原		
VBS	0.45	0.9	0.45	0.9	0.45	0.9	—	1.0
待检血清	0.05	0.1	0.05	0.1	0.05	0.1	—	—
58～59 ℃水浴 30 min								
2 单位抗原	0.5	—	0.5	—	0.5	—	1.0	—
2 单位补体	0.5	0.5	0.5	0.5	0.5	0.5	0.5	0.5
37～38 ℃水浴箱中感作 20 min								
2.5%绵羊红细胞	0.5	0.5	0.5	0.5	0.5	0.5	0.5	0.5
2 单位溶血素	0.5	0.5	0.5	0.5	0.5	0.5	0.5	0.5
37～38 ℃水浴箱中感作 20 min								
结果举例	—	—	—	—	++++	—	—	—

［结果判定］

应该先观察对照管，除阳性血清对照完全不溶血以外，其他对照管应完全溶血，方可证明试验结果可靠，若有不溶血现象说明试剂或操作有误。在对照管结果与预期相符合的情况下，待检管呈现溶血现象时为阴性反应，不出现溶血现象时为阳性反应，如表 11-11 所示试验结果为阴性。

溶血程度判断标准为：

＋＋＋＋　　100％不溶血（不溶）。

＋＋＋　　75％不溶血（微溶）。

＋＋　　50％不溶血（中度溶血）。

＋　　25％不溶血（大部分溶血）。

－　　完全溶血。

［注意事项］

（1）实验器材应清洁，残留的某些脂类、变性的球蛋白和酸碱等化学物质均可非特异性结合补体或破坏补体活性。

（2）绵羊红细胞、诊断抗原和抗体等试剂均不能被细菌污染。待检血清也要新鲜无污染，或在其中加入 0.5％石炭酸做防腐剂。

（3）时间、温度、电解质、酸碱度以及各种成分的剂量等因素均可影响实验结果，所以需对试验的条件和各个环节加以严格控制。

二、免疫荧光抗体检测

免疫荧光抗体技术就是将不影响抗体活性的荧光素标记在抗体或抗原上，当标记物与相应抗原或抗体结合后，就会形成带有荧光素的复合物，在荧光显微镜下，由于受高压汞灯光源照射，荧光素发出明亮的荧光，从而对相应的抗原或抗体分析示踪。下面以检测猪瘟病毒及抗体为例进行介绍。

［设备材料］

0.01 mol/L pH 7.4 的 PBS，猪瘟病毒高免血清（经 56 ℃水浴 30 min 灭活），异硫氰酸荧光素（FITC）标记的猪瘟病毒抗体，异硫氰酸荧光素（FITC）标记的兔抗猪抗体结合物，待检病料，丙酮或 95％乙醇，甲醇，血清，阴性血清，阳性血清，甘油缓冲液，荧光显微镜（图 11-2），载玻片，吸管，玻片染色缸，带盖方盘，滤纸，电热恒温培养箱等。

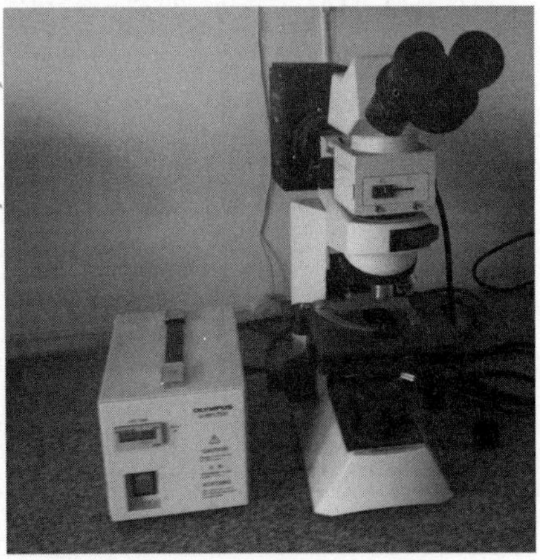

图 11-2　荧光显微镜

［检验方法］

1. 制片

选无自发性荧光的石英载玻片或普通优质载玻片，洗净后浸泡于无水乙醇和乙醚等量混合液中，用时取出用绸布擦净。将待检病料制成涂片、印片、切片（冰冻切片或石蜡切片）。

2. 固定

将制作的涂片、印片、组织切片，用冷丙酮或95%乙醇室温固定10 min。

3. 水洗

固定后的标本片以冷PBS浸泡冲洗，最后以蒸馏水冲洗，防止自发性荧光。

4. 染色

分直接染色法与间接染色法。

(1)直接染色法

①滴加PBS于待检标本片上，10 min后倾去，使标本保持一定湿度。

②将标本片置于湿盘中，滴加经稀释至染色效价的FITC标记的猪瘟病毒抗体，以覆盖为度，37 ℃温箱孵育30 min。

③取出标本片，倾去存留的荧光抗体，先用PBS漂洗后，再按顺序过PBS 3缸浸泡，每缸3 min，其间不时振荡。

④用蒸馏水洗1 min，除去盐结晶。

⑤取出标本片，用滤纸条吸干标本四周残余的液体，但不可使标本干燥。

⑥滴加甘油缓冲液1滴，以盖玻片封片。

⑦立即用荧光显微镜观察标本的特异性荧光。有黄绿色荧光为阳性，一般可用"+"表示。

⑧对照染色。

标本自发荧光对照：标本加1或2滴PBS。

特异性对照(抑制试验)：荧光抗体染色时，标本加未标记的猪瘟病毒高免血清之后，再加FITC标记的猪瘟病毒抗体染色。

阳性对照：已知的阳性标本加FITC标记的猪瘟病毒抗体。

(2)间接染色法——检查抗原

①滴加PBS于待检标本片上，10 min后倾去，使标本保持一定湿度。

②将标本片置于湿盘中，滴加猪瘟病毒高免血清，37 ℃温箱孵育30 min。

③倾去存留的血清，将标本片浸入装有PBS的玻片染色缸内，并依次在2个玻片染色缸内分别浸洗3 min，其间不时振荡。

④用蒸馏水洗1 min，除去盐结晶。

⑤取出标本片，用滤纸条吸干标本四周残余的液体。

⑥滴加FITC标记的兔抗猪抗体结合物，37 ℃温箱孵育30 min。

⑦同上述③、④将标本片充分浸洗。

⑧取出标本片，用滤纸条吸干标本四周残余的液体。

⑨滴加甘油缓冲液1滴，封片，置荧光显微镜下观察。

⑩对照染色。

标本自发荧光对照：标本加1或2滴PBS。

荧光抗体对照：标本只加FITC标记的兔抗猪抗体结合物染色。

特异性对照(抑制试验)：荧光抗体染色时，标本加未标记的兔抗猪抗体结合物之后，再加FITC标记的兔抗猪抗体结合物。

阳性对照：已知的阳性标本加猪瘟病毒高免血清与FITC标记的兔抗猪抗体结合物。

(3)间接染色法——检查抗体

①用已知的猪瘟病毒阳性组织涂片或印片，自然干燥，甲醇固定。

②将固定好的标本片置于湿盘中，滴加经适当稀释的待检血清，37 ℃温箱孵育 30 min。

③同(2)中③、④将标本片充分浸洗，并吸干标本四周残余的液体。

④滴加 FITC 标记的兔抗猪抗体结合物，37 ℃温箱孵育 30 min。

⑤同(2)中③、④将标本片充分浸洗，并吸干标本四周残余的液体。

⑥滴加甘油缓冲液 1 滴，封片，置荧光显微镜下观察。

⑦对照染色。

[结果判定]

荧光显微镜观察时，主要以两个指标判断结果：一个是形态学特征，另一个是荧光的亮度。在结果的判定中，必须将二者结合起来，综合判定。荧光强度的表示方法如下。

＋＋＋至＋＋＋＋	荧光闪亮，呈明显的亮绿色。
＋＋	荧光明亮，呈黄绿色。
＋	荧光较弱，但清晰可见。
±	极弱的可疑荧光。
－	无荧光。

在各种对照显示为“±”或“－”时，待检标本特异性荧光染色强度达“＋＋”以上，即可判定为阳性。

[注意事项]

(1)制作标本片时应尽量保持抗原的完整性，减少形态变化，力求抗原位置保持不变。同时还必须使抗原-标记抗体复合物易于接收激发光，以便观察和记录。这就要求标本相当薄，并采用适宜的固定处理方法。

(2)细菌培养物，感染动物的组织或血液、脓汁、粪便、尿沉渣等，可制成涂片或压印片。组织标本主要采用冰冻切片或低温石蜡切片。

(3)为了保证荧光染色的正确性，避免出现假阳性，进行免疫荧光抗体试验时必须设置标本自发荧光对照、特异性对照(抑制试验)与阳性对照。只有在标本自发荧光对照和特异性对照无荧光或呈弱荧光，阳性对照和待检标本呈强荧光时，才可判断待检标本为特异性阳性染色。

(4)对荧光素标记的抗体的稀释，要保证抗体有一定的浓度，一般稀释度不应超过 1∶20。抗体浓度过低会导致产生的荧光过弱，影响结果的观察。

(5)染色的温度和时间需要根据各种不同的标本及抗原而变化。染色时间可以从 10 min 到数小时，一般 30 min 已足够。染色温度多采用室温，高于 37 ℃可加强染色效果，但对不耐热的抗原可采用 0～2 ℃的低温，延长染色时间。低温染色过夜较 37 ℃ 30 min 效果好得多。

(6)由于荧光素和抗体分子的稳定性都是相对的，因此随着保存时间的延长，在各种条件影响下，荧光素标记的抗体可能变性解离，失去其应有的亮度和特异性。另外，一般标本在高压汞灯下照射超过 3 min，就有荧光减弱现象。因此，经荧光染色的标本最好在当天观察，随着时间的延长，荧光强度会逐渐下降。

(7)荧光显微镜不同于光学显微镜之处，在于它的光源是高压汞灯或溴钨灯，并有一套位于集光器与光源之间的激发滤光片，只有一定波长的紫外光及少量可见光(蓝紫光)可通过。

目镜内有屏障滤光片，只有被激发的荧光可通过，而紫外光不能通过，以保护眼睛并能增加反差。

三、酶联免疫吸附试验

酶联免疫吸附试验(ELISA)是将抗原和抗体的特异性结合反应与酶和底物的显色反应相结合的一种免疫学试验。其原理是将抗原或抗体吸附在固相载体表面，待检标本与固相载体表面吸附的抗原或抗体反应形成抗原抗体复合物，再加入酶标记的抗体或抗原(酶分子与抗体或抗抗体分子形成一种共价结合，该结合不会改变抗体的免疫学特性，也不影响酶的生物学活性)，酶标记的抗体或抗原可与吸附在固相载体上的抗原或抗体发生特异性结合。滴加底物溶液后，底物可在酶作用下使其所含的供氢体由无色的还原型变成有色的氧化型，出现颜色反应。因此，可通过底物的颜色反应来判定有无相应的免疫反应，颜色反应的深浅与标本中相应抗体或抗原的量成正比。此种显色反应可通过 ELISA 检测仪进行定量测定，这样就将酶化学反应的敏感性和抗原抗体反应的特异性结合起来，使 ELISA 方法成为一种既特异又敏感的检测方法。

ELISA 目前广泛应用于病原体及其抗体的检测及传染病的监测、动物产品中抗生素及激素等有害残留物的检测等领域。在实际应用中，ELISA 有间接 ELISA、双抗体夹心 ELISA、双夹心 ELISA、竞争 ELISA 和阻断 ELISA 等多种操作形式。

［设备材料］

灭活猪瘟病毒抗原、辣根过氧化物酶标记的抗猪 IgG 抗体、猪瘟阳性血清、猪瘟阴性血清、待检血清、包被缓冲液、稀释液、洗涤缓冲液(PBS)、TMB(四甲基联苯胺)溶液、终止液、酶标仪(图 11-3)、ELISA 检测仪、96 孔酶标反应板、微量移液器、冰箱、恒温培养箱等。

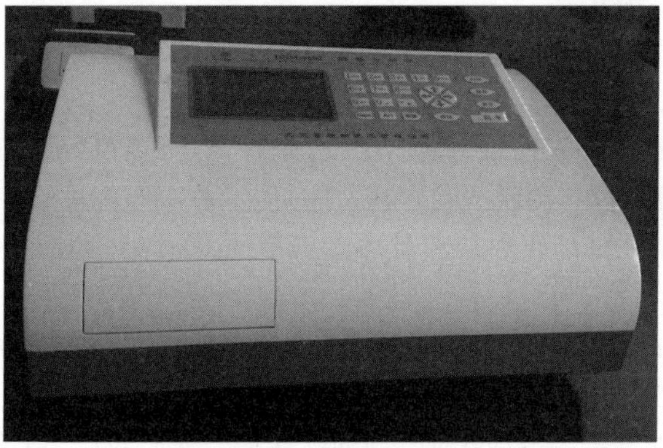

图 11-3 酶标仪

［操作方法］

1. 包被

用包被缓冲液将灭活猪瘟病毒抗原稀释至 1～10 μg/mL，在 96 孔酶标反应板中每孔加 100 μL，置 37 ℃包被 2 h 后再移至 4 ℃过夜。

2. 洗涤

甩去酶标反应板内的包被缓冲液，将 PBS 加满各孔，室温静置 3 min，倾去 PBS，反复洗涤

3 次，拍干。

3. 封闭

每孔加入 300 μL 稀释液，置 37 ℃温箱孵育 2 h。

4. 洗涤

洗涤方法同 2。

5. 加样

将待检血清样品编号后分别用稀释液进行 1∶40 倍稀释，加入酶标反应板中，每孔 100 μL。同时设立阳性血清和阴性血清对照。置 37 ℃温箱孵育 1 h。

6. 洗涤

洗涤方法同 2。

7. 加酶标二抗

加辣根过氧化物酶标记的抗猪 IgG 抗体，每孔 100 μL，置 37 ℃温箱孵育 1 h。

8. 洗涤

洗涤方法同 2。

9. 显色

加新配制的底物溶液（TMB 溶液），每孔 100 μL，在室温下避光反应 15 min。

10. 终止反应

每孔加终止液 50 μL。

11. 测定各孔的光密度（OD）值

在波长 450 nm 处检测各孔 OD 值并打印结果。

[结果判定]

ELISA 试验结果可用肉眼观察，也可用 ELISA 测定仪测定样本的 OD 值。每次试验都需设阳性和阴性对照，肉眼观察时，如样本颜色反应超过阴性对照，即判为阳性。用 ELISA 测定仪来测定 OD 值，所用波长随底物供氢体不同而异，如以邻苯二胺（OPD）为供氢体，测定波长为 492 nm，TMB 为 450 nm（硫酸终止）。结果可按下列方法表示。

1. 用阳性“＋”与阴性“－”表示

若样本的 OD 值超过规定吸收值（规定吸收值＝一组阴性样本吸收值的均值＋2 或 3 倍 SD，SD 为标准差）判为阳性，否则为阴性。

2. 以 P/N 表示

样本的 OD 值与一组阴性样本 OD 值均值之比即为 P/N，若样本的 P/N 大于 1.5、2 或 3 倍，即判为阳性。

3. 以终点滴度（即 ELISA 效价，简称 ET）表示

将样本倍比稀释，测定各稀释度的 OD 值，高于规定 OD 值（或 P/N 大于 1.5、2 或 3 倍）的最大稀释度即仍出现阳性反应的最大稀释度，即为样本的 ELISA 效价。可以做出 OD 值与阳性血清效价之间的标准曲线，样本只需做一个稀释度即可推算出其效价。目前，国外一些公司的 ELISA 试剂盒都配有相应的程序，使测定抗体效价更为简便。

4. 定量测定

对于抗原的定量测定(如酶标抗体竞争法),需事先用标准抗原制备 OD 值与浓度的标准曲线。测出样本的 OD 值,即可查出其抗原浓度。

[注意事项]

(1)ELISA 检测多以血清为样本,采集时应无菌操作,避免溶血,避免细菌污染。

(2)用于包被的抗原或抗体需纯化,纯化抗原和抗体是提高 ELISA 敏感性与特异性的关键。抗体最好用亲和层析和 DEAE 纤维素(二乙氨乙基纤维素)离子交换层析方法提纯。有些抗原含有多种杂蛋白,须用密度梯度离心等方法除去,否则易出现非特异性反应。

(3)操作过程中加样(如加待检血清、酶结合物、底物等),应将所加物加在各孔的底部,避免加在孔壁上部,并注意不可溅出,不可产生气泡。每次加样应更换吸嘴,以免发生交叉污染。

(4)用温箱孵育时,酶标板应放在湿盒内,但不要叠放,以保证各板的温度都能迅速平衡。湿盒应预温至规定的温度。

(5)在 ELISA 的整个过程中,需进行多次洗涤,目的是防止重叠反应,避免引起非特异吸附现象,因此洗涤必须充分。通常采用含助溶剂吐温-20(最终浓度为 0.05%)的 PBS 作为洗涤液。洗涤时,先将前次加入的溶液倒空,吸干,然后加入洗涤液 3 次,每次 3 min 且保证洗涤液注满各孔。手工洗涤时要避免孔与孔之间交叉污染,洗涤后最好在干净吸水纸上轻轻拍干。

(6)显色剂要现配现用,避免配制后放置时间过长或使用过期显色剂。在定量测定中,显色温度和时间应按规定力求准确。

四、聚合酶链式反应

聚合酶链式反应(PCR)是模拟体内 DNA 复制过程,在体外特异性扩增 DNA 片段的一种技术。应用这一技术,可以将微量的 DNA 片段在体外扩增上百万倍甚至千万倍,从而获得大量特异性核酸。PCR 技术广泛应用于病原微生物的微量检测、突变基因筛选等。过去常规检测技术几天甚至几周才能完成的试验,用 PCR 技术几小时便可完成,并且该技术不需要活的病毒,不会造成病原对环境的污染。

(一)聚合酶链式反应的基本过程

PCR 以欲扩增的 DNA 分子为模板,以人工合成的 2 条寡核苷酸片段为引物,以 4 种脱氧单核苷酸(dNTP)作为原料,在耐高温的 DNA 聚合酶作用下,按照半保留复制和碱基配对的原理,将 4 种脱氧单核苷酸沿模板链逐个加入延伸直到合成新的 DNA。新合成的 DNA 又成为下一个循环的模板 DNA,如此重复,即可使目的 DNA 片段得到扩增。

在微量离心管中,加入与待扩增的 DNA 片段两端已知序列分别互补的两个引物,适量的缓冲液,微量的 DNA 模板,dNTP 溶液,耐热 *Taq* DNA 聚合酶,Mg^{2+} 等。反应时先将上述溶液加热,使模板 DNA 在高温下变性,双链解开为单链状态;然后降低溶液温度,使合成引物在低温下与其靶序列配对,形成部分双链,称为退火;再将温度升至合适温度,在 *Taq* DNA 聚合酶的催化下,以 dNTP 为原料,引物沿 5′→3′方向延伸,形成新的 DNA 片段,该片段又可作为下一轮反应的模板,如此重复改变温度,由高温变性、低温复性和适温延伸组成一个周期,反复循环,使目的基因得以迅速扩增(图 11-4)。

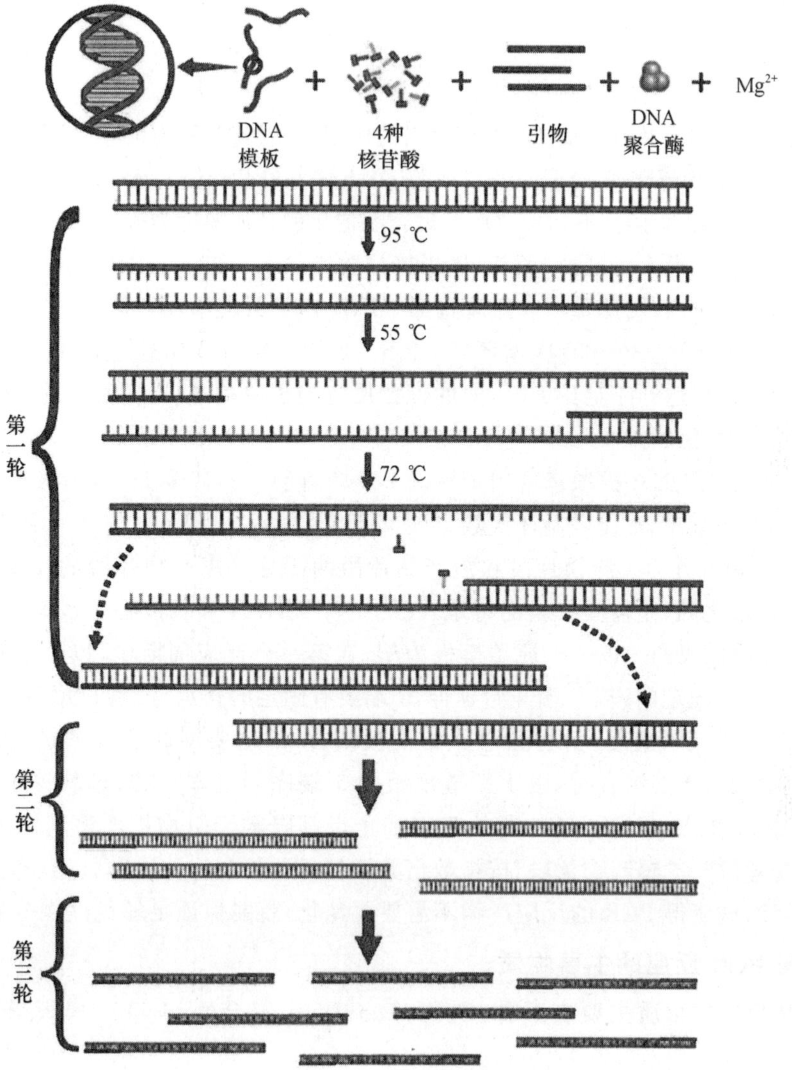

图 11-4　PCR 的反应历程

1. 模板 DNA 的变性

模板 DNA 加热到 90～95 ℃时，双螺旋结构的氢键断裂，双链解开成为单链，称为 DNA 的变性。变性温度与 DNA 中 G+C 含量有关。G 与 C 间由三个氢键连接，而 A 与 T 间只有两个氢键相连，所以 G+C 含量较高的模板，其解链温度相对高些。对于高 G+C 含量的模板 DNA，在实验中需添加一定量二甲基亚砜(DMSO)，并且在 PCR 循环中起始阶段热变性温度可以采用 94 ℃，时间适当延长，即所谓的热启动。

2. 模板 DNA 与引物的退火

将反应混合物温度降低至 55 ℃时，寡核苷酸引物与单链模板杂交，形成 DNA 模板-引物复合物。退火所需的温度和时间取决于引物与靶序列的同源性程度及寡核苷酸的碱基组成。一般引物的浓度大大高于模板 DNA 的浓度，引物的长度显著短于模板的长度，因此在退火时，引物与模板中的互补序列的配对速度比模板之间重新配对成双链的速度要快得多，退火时间一般为 1～2 min。

3. 引物的延伸

DNA 模板-引物复合物在 *Taq* DNA 聚合酶的作用下，以 dNTP 为反应原料，靶序列为模板，按碱基配对与半保留复制原理，合成一条与模板 DNA 链互补的新链。延伸所需的时间取决于模板 DNA 的长度。在 72 ℃条件下，*Taq* DNA 聚合酶催化的合成速度为 40～60 bp/s。

经过一轮"变性—退火—延伸"循环，模板拷贝数增加了一倍。在以后的循环中，新合成的 DNA 都可以起模板作用，因此每一轮循环以后，DNA 拷贝数就增加一倍。每完成一个循环需 2～4 min，一次 PCR 经过 30～40 次循环，2～3 h。扩增初期，扩增的量呈直线上升，但是当引物、模板、DNA 聚合酶达到一定比值时，酶的催化反应趋于饱和，便出现所谓的"平台效应"，即靶 DNA 产物的浓度不再增加。

PCR 反应最终的 DNA 扩增量可用 $Y=(1+X)^n$ 计算。Y 代表 DNA 片段扩增后的拷贝数，X 表示平均扩增效率，n 代表循环次数。

PCR 扩增产物可分为长产物片段和短产物片段两部分。短产物片段的长度严格地限定在两个引物链 5′端之间，是需要扩增的特定片段。短产物片段和长产物片段是由于引物所结合的模板不一样而形成的。以一个原始模板为例，在第一个反应周期中，以两条互补的 DNA 为模板，引物 5′端是固定的，从 3′端开始延伸，3′端没有固定的止点，产物长短不一，这就是"长产物片段"。进入第二周期后，引物除与原始模板结合外，还要同新合成的链(即"长产物片段")结合。引物在与新链结合时，由于新链模板的 5′端序列是固定的，这就等于这次延伸的片段 3′端被固定了止点，保证了新片段的起点和止点都限定于引物扩增序列以内，形成长短一致的"短产物片段"。"短产物片段"按指数倍数增加，而"长产物片段"则以算术倍数增加，几乎可以忽略不计，这使得 PCR 的反应产物不需要再纯化，就能保证足够纯度供分析与检测用。

(二)参与 PCR 反应的主要物质

参与 PCR 反应的物质主要有五种：引物、*Taq* DNA 聚合酶、dNTP、模板(靶基因)核酸和 Mg^{2+}。

1. 引物

引物是决定 PCR 反应特异性的关键，PCR 产物的特异性取决于引物与模板 DNA 互补的程度。理论上，只要知道任何一段模板 DNA 序列，就能按其设计互补的寡核苷酸链作为引物，利用 PCR 就可将模板 DNA 在体外大量扩增。引物设计有 3 条基本原则：首先，引物与模板的序列要紧密互补；其次，引物与引物之间避免形成稳定的二聚体或发夹结构；再次，引物不能在模板的非目的位点引发 DNA 聚合反应(即错配)。

引物的选择将决定 PCR 产物的大小、位置以及扩增区域的解链温度(T_m)这个和扩增物产量有关的重要物理参数。好的引物设计可以避免背景和非特异产物的产生，甚至在 RNA-PCR 中也能识别 cDNA 或基因组模板。引物设计也极大地影响扩增产量：若使用设计粗糙的引物，产物将很少甚至没有；而使用正确设计的引物得到的产物量可接近于反应指数期的产量理论值。当然，即使有了好的引物，依然需要进行反应条件的优化，比如调整 Mg^{2+} 浓度，使用特殊的共溶剂如二甲基亚砜、甲酰胺和甘油。

2. *Taq* DNA 聚合酶

Taq DNA 聚合酶是耐热 DNA 聚合酶，是从水生栖热菌（*Thermus aquaticus*）中分离的。*Taq* DNA 聚合酶是一个单亚基，分子量为 94 000 Da。具有 5′→3′的聚合酶活力，5′→3′的外切核酸酶活力，无 3′→5′的外切核酸酶活力，可在 3′末端不依赖模板加入 1 个脱氧核苷酸（通常为 A，故 PCR 产物克隆中有与之匹配的 T 载体）。在体外实验中，*Taq* DNA 聚合酶的出错率为 10^{-5}～10^{-4}。此酶的发现使 PCR 广泛被应用。

3. dNTP

dNTP 的质量与浓度和 PCR 扩增效率有密切关系。dNTP 粉呈颗粒状，如保存不当易变性失去生物学活性。dNTP 溶液呈酸性，使用时应配成高浓度后，以 1 mol/L NaOH 或 1 mol/L Tris・HCl 缓冲液将其 pH 调节到 7.0～7.5，小量分装，－20 ℃冰冻保存。多次冻融会使 dNTP 降解。在 PCR 反应中，dNTP 浓度应为 50～200 μmol/L，尤其是注意 4 种 dNTP 的浓度要相等（等摩尔配制），如其中任何一种浓度不同于其他几种时（偏高或偏低），就会引起错配。浓度过低可降低 PCR 产物的产量。dNTP 能与 Mg^{2+} 结合，使游离的 Mg^{2+} 浓度降低。

4. 模板（靶基因）核酸

模板核酸的量与纯化程度，是决定 PCR 成败的关键因素之一。传统的 DNA 纯化方法通常采用十二烷基硫酸钠（SDS）和蛋白酶 K 来消化处理标本。SDS 的主要功能是：溶解细胞膜上的脂类与蛋白质，因而溶解膜蛋白而破坏细胞膜，并解离细胞中的核蛋白，SDS 还能与解离的核蛋白结合而沉淀。蛋白酶 K 能水解消化蛋白质，特别是与 DNA 结合的组蛋白。再用有机溶剂（酚与氯仿）抽提除去蛋白质和其他细胞组分，用乙醇或异丙醇沉淀核酸，该核酸即可作为模板用于 PCR 反应。一般临床检测标本，可采用快速简便的方法溶解细胞，裂解病原体，消化除去染色体的蛋白质使靶基因游离，直接用于 PCR 扩增。

5. Mg^{2+}

Mg^{2+} 对 PCR 扩增的特异性和产量有显著的影响。在一般的 PCR 反应中，各种 dNTP 浓度为 200 μmol/L 时，Mg^{2+} 浓度以 1.5～2.0 mmol/L 为宜。Mg^{2+} 浓度过高，反应特异性降低，出现非特异扩增；浓度过低，会降低 *Taq* DNA 聚合酶的活性，使反应产物减少。一般厂商提供的 *Taq* DNA 聚合酶均有相应的缓冲液，而 Mg^{2+} 也已添加。

（三）PCR 反应实施过程（以口蹄疫监测为例）

[设备材料]

1. 仪器设备

分析天平、离心机、PCR 扩增仪、电泳仪、电泳槽、紫外凝胶成像仪（或紫外分析仪）、微波炉、组织研磨器、－20 ℃冰箱、可调移液器（2 μL、20 μL、200 μL、1 000 μL）。

2. 耗材

眼科剪、眼科镊、称量纸、20 mL 一次性注射器、生理盐水、琼脂糖、500 mL 量筒、500 mL 锥形瓶、经焦碳酸二乙酯（DEPC）水处理的灭菌 1.5 mL 离心管和吸头（10 μL、200 μL、1 000 μL）、灭菌双蒸水、口蹄疫病毒 RT-PCR 检测试剂盒。

[检验方法]

1. 样品采集

病死或扑杀的偶蹄动物取溃烂或溃疡的表皮组织等，待检的活动物取水疱皮（置于 50%

甘油生理盐水中)或水疱液。2～8 ℃保存，送实验室检测(要求送检病料新鲜，严禁反复冻融)。

2. 样品处理

每份样品分别处理。

(1)组织样品处理　每份组织分别从三个不同的位置称取样品约 1 g，用手术剪剪碎混匀后取 0.05 g 于研磨器中研磨，加入 1.5 mL 生理盐水继续研磨，待匀浆后转至 1.5 mL 灭菌离心管中，8 000 r/min 离心 2 min，取上清液 100 μL 于 1.5 mL 灭菌离心管中。

(2)水疱液处理　取 100 μL，置 1.5 mL 灭菌离心管中。

(3)阳性对照处理　取阳性对照 100 μL，置 1.5 mL 灭菌离心管中。

(4)阴性对照处理　取阴性对照 100 μL，置 1.5 mL 灭菌离心管中。

3. 病毒 RNA 的提取(硅胶膜吸附柱法)

(1)取已处理的样品、阴性对照和阳性对照，分别加入裂解液 600 μL，充分颠倒混匀，室温静置 3～5 min。

(2)将液体吸入吸附柱中(吸附柱要套上收集管，吸取液体时尽量不要吸到悬浮杂质，以免离心时堵塞吸附柱)，13 000 r/min 离心 30 s，弃去收集管中液体，套上收集管。

(3)向吸附柱中加入 600 μL 洗液，13 000 r/min 离心 30 s，弃去收集管中液体，套上收集管。

(4)重复步骤(3)，再空柱 13 000 r/min 离心 2 min。

(5)将吸附柱移入新的 1.5 mL 离心管中，在硅胶膜中央加入洗脱液 25 μL，室温静置 1 min，13 000 r/min 离心 30 s，获得总 RNA。(图 11-5)

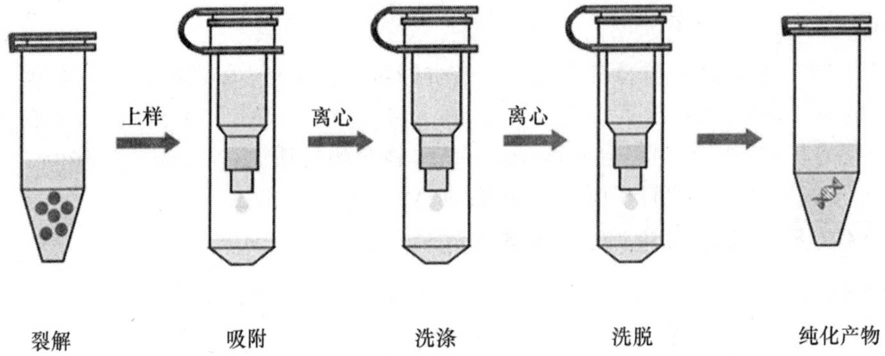

图 11-5　病毒 RNA 的提取(硅胶膜吸附柱法)过程示意图

4. RT-PCR 操作

每份总体积 20 μL，含 16.8 μL RT-PCR 反应液(用前混匀)，1.2 μL 酶混合液，2 μL 模板 RNA。

例如：n 份样品($n<10$)，配制 $n+1$ 份，16.8×($n+1$)μL RT-PCR 反应液，再加入 1.2×($n+1$)μL 酶混合液混匀，分装成 n 份，每份 18 μL，分别加入 2 μL 模板 RNA(阳性对照管加入 1 μL 阳性对照 RNA 和 1 μL 阳性模板添加液)，加入矿物油 20 μL 覆盖(有热盖的 PCR 扩增仪不用加矿物油)，做好标记。在 PCR 扩增仪上进行以下程序：42 ℃ 45 min，95 ℃　3 min；

扩增条件为 95 ℃ 15 s，60 ℃ 30 s，35 个循环；60 ℃延伸 3 min。

5. 电泳

称 4 g 琼脂糖放于 500 mL 锥形瓶中，加入 50 倍稀释的 TAE 电泳缓冲液 200 mL（取 4 mL TAE 电泳缓冲液，用双蒸水稀释至 200 mL），于微波炉中熔解，再加入 10 μL 染色液混匀。在电泳槽内放好梳子，倒入琼脂糖凝胶，待凝固后将 PCR 扩增产物 10 μL 混合 2 μL 上样缓冲液，点样于琼脂糖凝胶孔中，以 110～120 V 电压于 50 倍稀释的 TAE 电泳缓冲液中电泳，紫外灯下观察结果。

[结果判定]

阳性对照出现 131 bp 扩增带、阴性对照无带出现（引物带除外）时，实验结果成立。被检样品出现 131 bp 扩增带为口蹄疫病毒阳性，否则为阴性。

[注意事项]

(1)所有接触病料的物品均应合理处理，以免污染实验室。

(2)PCR 整个试验分配液区、模板提取区、扩增区、电泳区。流程顺序为配液区、模板提取区、扩增区、电泳区。严禁器材和试剂倒流。

(3)所有试剂应在规定的温度贮藏，－20 ℃保存的各试剂使用前应放于室温完全融化，使用后立即放回－20 ℃。

(4)染色液低毒，应于室温条件避光保存，操作时应戴上手套。

(5)RNA 提取过程中，避免 RNA 酶污染，尽量缩短操作时间。

(6)反复冻融试剂将降低检测灵敏度，建议在 3 次内用完。

五、主要的动物疫病实验室诊断

（一）新城疫实验室诊断（参考 GB/T 16550—2020）

新城疫（ND）是由新城疫病毒强毒株感染禽类引起的一种急性、烈性传染病，给世界养禽业造成巨大的经济损失。世界动物卫生组织（WOAH）将新城疫列为法定报告的动物疫病，我国将新城疫列为二类动物疫病。

新城疫实验室检测方法有血凝和血凝抑制试验、实时荧光 RT-PCR（Real-time RT-PCR）、反转录聚合酶链式反应（RT-PCR）等。这里主要介绍血凝和血凝抑制试验、实时荧光 RT-PCR。

1. 血凝和血凝抑制试验

(1)血凝试验。某些病毒或病毒的血凝素能选择性地使某种动物的红细胞发生凝集，这种凝集红细胞的现象称为血凝（HA）。如新城疫病毒、高致病性禽流感病毒表面含有血凝素，能特异凝集红细胞。

[设备材料]

鸡新城疫抗原（或病毒悬液）、1%鸡红细胞悬液（RBC）、0.01 mol/L pH 7.2 PBS（或生理盐水）、微量振荡器、微量移液器、吸头、96 孔 V 形血凝板。

1%鸡红细胞悬液（RBC）制备：用 Alserve 液（葡萄糖 2.05 g，柠檬酸钠 0.8 g，柠檬酸 0.055 g，NaCl 0.42 g，加蒸馏水至 100 mL，混匀，pH 调至 6.1，在 121 ℃、15 min 高压灭菌，置 4 ℃备用。）作为抗凝剂，采集至少 3 只 SPF 公鸡或无新城疫抗体的非免疫鸡的抗凝血液，放入离心管中，加入 3～4 倍体积的 PBS 混匀，以 2 000 r/min 离心 5～10 min，去掉血浆和白细胞层，重复以上过程，反复洗涤 3～4 次，至洗净血浆和白细胞 2 000 r/min 离心 10 min，最后吸取压积红细胞用 PBS 配成体积分数为 1%的悬液，于 4 ℃保存备用。

［操作方法］

①在 96 孔 V 形微量血凝板的第 1～12 孔均加入 25 μL PBS(表 11-12)。

②在第 1 孔中加入 25 μL 抗原，吹打 3～5 次，充分混匀。

③将抗原在反应板上进行系列倍比稀释，即从第 1 孔中吸取 25 μL 悬液至第 2 孔，混匀后再吸取 25 μL 悬液至第 3 孔，依次进行倍比稀释到第 11 孔，最后从第 11 孔吸取 25 μL 弃去，第 12 孔不加抗原，作为 PBS 对照。

④每孔加入 25 μL PBS。

⑤每孔加入 25 μL 体积分数为 1%的鸡红细胞悬液(将鸡红细胞悬液充分摇匀后加入)。将微量反应板在微量振荡器上混匀或轻扣反应板混匀反应物。室温静置 20～30 min 或 2～8 ℃静置 60 min，当对照孔(第 12 孔)红细胞呈显著纽扣状时判定结果。

表 11-12　鸡新城疫血凝试验流程　　μL

顺序	试剂	孔号											
		1	2	3	4	5	6	7	8	9	10	11	12
		1:2	1:4	1:8	1:16	1:32	1:64	1:128	1:256	1:512	1:1 024	1:2 048	
1	PBS	25	25	25	25	25	25	25	25	25	25	25	25
2	ND 抗原	25	倍比稀释至第 11 孔，第 11 孔混匀后弃去 25										红细胞对照
3	PBS	25	25	25	25	25	25	25	25	25	25	25	25
4	1%红细胞	25	25	25	25	25	25	25	25	25	25	25	25
振荡混匀后室温静置 20～30 min 或 2～8 ℃静置 60 min													
结果示例		++++	++++	++++	++++	++++	++++	++++	++++	++++	+++	++	−

注：++++表示 100%凝集，+++表示 75%凝集，++表示 50%凝集，+表示 25%凝集，−表示为不凝集。

［结果判定］

将反应板倾斜，观察红细胞有无泪珠状流淌。以完全凝集(不流淌)的最高稀释倍数为抗原或病毒悬液的血凝效价。完全凝集的病毒的最高稀释倍数为 1 个血凝单位(HAU)。

(2)血凝抑制试验。当病毒的悬液中加入特异性抗体，且这种抗体的量足以抑制病毒颗粒或其血凝素时，则红细胞表面的受体就不能与病毒颗粒或血凝素直接接触。这时红细胞的凝集现象就被抑制，称为血凝抑制反应(HI)。

［设备材料］

鸡新城疫抗原、鸡新城疫病毒标准阳性血清、鸡新城疫病毒标准阴性血清、待检血清、1%鸡红细胞悬液(RBC)、PBS(或生理盐水)、微量振荡器、微量移液器、吸头、96 孔 V 形血凝板。

待检血清：无菌采集禽类的血液，每只 2.0 mL，用于新城疫抗体检测。无菌分离血清，装入 2.0 mL 离心管中，加盖密封后冷藏或冷冻保存。

［操作方法］

①配制 4 单位抗原。根据测得抗原或病毒悬液血凝效价配制 4 单位抗原(4 HAU)。

4 HAU 的配制方法如下：假设抗原的血凝效价为 8 $\log_2$(1∶256)，则 4 HAU 抗原稀释倍数应是 1∶64(256 除以 4)，稀释时，将 1 mL 抗原加入 63 mL PBS 中即为 4 HAU 抗原(表 11-13)。

②4 单位抗原的标定。4 单位抗原应现用现配，在使用前进行标定。将配制的 4 HAU 进行系列稀释，最终稀释度分别为 1∶2、1∶3、1∶4、1∶5、1∶6、1∶7，然后按照前面的血凝试验进行试验(即从每一稀释度中取 25 μL，加入 PBS 25 μL，再加入 1%鸡红细胞悬液 25 μL，振荡混匀后室温静置 20～30 min 或 2～8 ℃静置 60 min)。如果配制的抗原液为 4 HAU，则 1∶4 为稀释度将给出凝集终点；如果 4 HAU 高于 4 个单位，可能 1∶5 或 1∶6 为终点；如果较低，可能 1∶2 或 1∶3 为终点。应根据试验结果将抗原稀释度做适当调整，使工作液确为 4 HAU。

③取 96 孔 V 形微量血凝板，用移液器在第 1～11 孔各加入 25 μL PBS，第 12 孔中加入 50 μL PBS。

④在第 1 孔中加入 25 μL 待检血清，充分混匀后移出 25 μL 至第 2 孔，依次类推，倍比稀释至第 10 孔，并从第 10 孔弃除 25 μL。

⑤在第 1～11 孔各加入 25 μL 4 HAU 抗原，振荡 15 s，使液体混合均匀，室温静置至少 20 min 或 2～8 ℃静置至少 60 min。

⑥在第 1～12 孔每孔加入 25 μL 1%的鸡红细胞悬液(将鸡红细胞悬液充摇匀后加入)，振荡混匀，室温静置 20～40 min 或 2～8 ℃静置 40～60 min，对照孔红细胞呈显著纽扣状时判定结果。

⑦第 11 孔为抗原对照，第 12 孔为 PBS 对照，每次测定还应设已知效价的标准阳性血清和阴性血清作为对照。

表 11-13　鸡新城疫血凝抑制试验流程　　μL

顺序	试剂	孔号											
		1	2	3	4	5	6	7	8	9	10	11	12
1	PBS	25	25	25	25	25	25	25	25	25	25	25	50
2	被检血清	25	倍比稀释至第 10 孔，第 10 孔混匀后弃去 25									抗原对照	PBS 对照
3	四单位抗原	25	25	25	25	25	25	25	25	25	25	25	
振荡混匀后室温静置至少 20 min 或 2～8 ℃静置至少 60 min													
4	1%红细胞	25	25	25	25	25	25	25	25	25	25	25	25
振荡混匀后室温静置 20～40 min 或 2～8 ℃静置 40～60 min													
结果示例		－	－	－	－	－	－	++	++++	++++	++++	++++	－

注：++++表示 100%凝集，+++表示 75%凝集，++表示 50%凝集，+表示 25%凝集，－表示为不凝集。

[结果判定]

将反应板倾斜，从背侧观察加样孔底部的红细胞是否呈泪痕状流淌。以完全抑制 4 HAU 抗原的最高血清稀释倍数为该血清的 HI 抗体效价。只有当阴性血清对照孔血清效价 ≤2 $\log_2$，阳性血清对照孔血清效价与标定效价相差≤1 个滴度，红细胞对照无自凝现象时，试验结果有效。HI 效价≤3 $\log_2$，判为 HI 试验阴性；HI 效价≥4 $\log_2$ 判为 HI 试验阳性。

[结果分析]

一般认为鸡新城疫的个体免疫合格的判定标准是免疫抗体效价≥5 $\log_2$，群体免疫合格率≥70％。

鸡群的 HI 抗体效价≥5 $\log_2$ 时可适当推迟新城疫免疫的时间，HI 抗体效价＜5 $\log_2$，须进行新城疫疫苗接种。在新城疫流行的地区或鸡场，鸡的免疫临界水平应稍提高。鸡群的 HI 抗体水平是以抽检样品的 HI 抗体效价的平均值表示的。

如果某鸡群的 10 份样品中，HI 抗体效价为 8 $\log_2$ 的有 3 份样品，为 7 $\log_2$ 的有 5 份样品，为 6 $\log_2$ 的有 2 份样品，则它们的平均值为：

$$\frac{3\times 8\ \log_2+5\times 7\ \log_2+2\times 6\ \log_2}{3+5+2}=7.1\ \log_2$$

平均水平在 5 $\log_2$ 以上，说明该鸡群为免疫鸡群。若在检样中 HI 抗体效价的最高值与最低值相差太大，则不能用上法计算平均水平，应根据临界水平以下的样品数在全部样品中所占的百分比决定免疫与否。

大型养鸡场抽样率一般不低于 0.1％～0.5％，小型鸡群抽样率应有所增加，一般认为理想的抽样率为 2.0％。

鸡群接种新城疫疫苗后，经 2～3 周测血清的 HI 抗体效价，若提高 2 个滴度以上，表示鸡的免疫应答良好，疫苗接种成功；若 HI 抗体效价无明显提高，表示免疫失败。

2. 实时荧光 RT-PCR

RT-PCR 扩增时在加入一对引物的同时加入一个特异性的荧光探针，每扩增一条核酸链，就有一个荧光分子形成，通过对扩增反应中每一个循环产物荧光信号的实时累积，最后对未知模板进行定量或定性分析的方法。

[设备材料]

样品、荧光定量 PCR 仪及配套反应管、台式高速冷冻离心机、Ⅱ级生物安全柜、微量移液器、无核酸酶离心管和吸头、Trizol 法提取核酸相关试剂（Trizol、三氯甲烷、异丙醇、75％乙醇）或商品化 RNA 提取试剂盒、实时荧光 RT-PCR 相关试剂（可选择商品化试剂盒）。

拭子样品采集：活禽样品时可采集口咽和泄殖腔拭子。取口咽拭子时应将拭子深入喉头及上腭裂来回旋转 2～3 次，要求可见明显黏液。采集泄殖腔拭子时应将拭子深入泄殖腔旋转一圈并蘸取少量粪便。对于鸽、珍禽等体型较小的禽鸟，采样时需用适合的拭子，避免因拭子取样给禽类造成损伤。将采集后的拭子放入盛有 2.0 mL 的 PBS（0.01 mol/L，pH 7.0～7.4，含青霉素 2 000 U/mL，链霉素 2 mg/mL，10％甘油）的采样管中，编号。用于病毒分离的拭子样品于－20 ℃冷冻保存，尽量避免反复冻融。

拭子样品的处理：将采集的拭子样品在振荡器上充分混合后，将拭子中的液体充分挤压后弃去拭子，室温静置作用 30 min，3 000 r/min 离心 5 min，取上清液转入无菌的 1.5 mL 离心管中，编号备用。

[操作方法]

（1）样品准备　取处理后的拭子样品 3 000 r/min 离心 5 min，取 200 μL 离心后的上清提取 RNA。

（2）病毒 RNA 的提取　RNA 提取应保证无细菌及核酸污染，实验材料和容器应经过消毒处理并一次性使用。提取 RNA 时应避免 RNA 酶污染。用 Trizol 提取核酸 RNA 的操作步骤如下：

在无 RNA 酶的 1.5 mL 离心管中加入 200 μL 检测样品，然后加入 1 mL Trizol，振荡 20 s，室温静置 10 min。

加入 200 μL 三氯甲烷（氯仿），颠倒混匀，室温静置 10 min，12 000 r/min 离心 15 min。

管内液体分为 3 层，取 500 μL 上清液于离心管中，加入 500 μL 预冷（−20 ℃）的异丙醇，颠倒混匀，静置 10 min。12 000 r/min 离心 15 min 沉淀 RNA，弃去所有液体（离心管在吸水纸上控干）。

加入 700 μL 预冷（−20 ℃）的 75% 乙醇洗涤，颠倒混匀 2～3 次。12 000 r/min 离心 10 min。

调水浴至 60 ℃。离心管在室温下干燥至没有水滴。加入 40 μL DEPC 处理水，60 ℃水浴中作用 10 min，充分溶解 RNA，−70 ℃保存或立即使用。

（3）实时荧光 RT-PCR 反应　根据我国流行的所有基因型新城疫强毒 *F* 基因序列设计引物、探针。正向引物 NDV-Ⅱa 序列为 5′-CTCAGACAGGGTCAATCATAGT-3′；反向引物 NDV-Ⅱb 序列为 5′-GCAACCCCAAGAGCTACA-3′；探针 NDV-Ⅱp 序列为 5′-ATRAAGCGTTTYTGYCTCCTTCCTCC-3′。探针 5′端连接 FAM 荧光基团，3′端连接 BHQ-1 淬灭基团，R、Y 为简并碱基（R：A/G；Y：C/T）。

按照表 11-14 配置实时荧光 RT-PCR 反应体系，盖紧盖子并做好标记。

表 11-14　实时荧光 RT-PCR 反应体系配置表

组分	体积/μL
DEPC 处理水	6
2×反应混合液	10
正向引物 NDV-Ⅱa(20 μmol/L)	0.5
反向引物 NDV-Ⅱb(20 μmol/L)	0.5
探针 NDV-Ⅱp(10 μmol/L)	0.5
RT/*Taq* Mix	0.5
模板 RNA	2
合计	20

按表 11-14 的加样顺序全部加完后，充分混匀，瞬时离心，使液体都沉降到 PCR 管底。同时设立阳性对照和阴性对照。将 PCR 管放在荧光定量 PCR 仪器上进行荧光 RT-PCR 扩增，反应条件为：50 ℃反转录 30 min；95 ℃预变性 3 min；然后 94 ℃变性 15 s，59 ℃退火 1 min，共进行 45 次循环。每次循环在 59 ℃ 1 min 时搜集信号。

因各组分加样体积小，为减少误差和便于操作，如需检测 n 份样品（含对照），建议按照 $n+1$ 个反应分别计算好各组分体积量，按表 11-14 的加样顺序加入无菌的 1.5 mL 离心管中，充分混匀，瞬时离心，然后按照每个 PCR 管 18 μL 进行分装，每管加 2 μL 模板 RNA，再进行后续荧光 RT-PCR 扩增。

质控标准：阳性对照扩增曲线呈标准的 S 形曲线，且 Ct 值≤30；阴性对照无 Ct 值，且无扩增曲线。

［结果判定］

样品无 Ct 值或 Ct 值>38，且无标准扩增曲线，判为阴性。

样品 Ct 值≤35，且出现标准的 S 形扩增曲线，判为阳性。

样品 35<Ct 值≤38，且扩增曲线均呈标准的 S 形曲线，判为可疑，需重新检测。如重复后仍然为上述结果，判为阳性，否则判为阴性。

（二）高致病性禽流感实验室诊断（参考 GB/T 18936—2020）

高致病性禽流感（HPAI）是由正黏病毒科流感病毒属 A 型流感病毒引起的以禽类为主的急性传染病。世界动物卫生组织（WOAH）将高致病性禽流感列为法定报告的动物疫病，我国将高致病性禽流感列为一类动物疫病。

高致病性禽流感实验室检测方法有血凝和血凝抑制试验、反转录聚合酶链式反应（RT-PCR）、实时荧光 RT-PCR（Real-time RT-PCR）等。这里主要介绍血凝和血凝抑制试验、反转录聚合酶链式反应（RT-PCR）。

1. 血凝和血凝抑制试验

操作方法同新城疫实验室诊断的血凝和血凝抑制试验。

结果判定：用于检测抗体，检测鸡血清时，HI 抗体效价不高于 1∶8（2^3 或 3 $\log_2$）判为阴性，不低于 1∶16（2^4 或 4 $\log_2$）判为阳性。用于检测抗原，能够被某亚型禽流感标准血清抗体抑制，HI 效价不低于 1∶16（2^4 或 4 $\log_2$）时判定为该亚型阳性；HI 抗体效价不高于 1∶8（2^3 或 3 $\log_2$）判为阴性。对于疑似 H5 亚型等抗原性可能存在较大差别的病毒，应结合其他病毒检测方法进行鉴定。

2. RT-PCR 试验

RT-PCR 试验原理：以提取的 RNA 作为模板，采用特异引物利用逆转录酶反转录成 cDNA。再以 cDNA 为模板进行 PCR 扩增，而获得目的基因或检测基因表达。

［设备材料］

PCR 扩增仪及配套反应管、高速台式冷冻离心机、Ⅱ级生物安全柜、微量移液器、电泳仪、电泳槽、紫外凝胶成像仪、无核酸酶离心管和吸头、商品化 RNA 提取试剂盒、RT-PCR 相关试剂（可选择商品化试剂盒）。

样品采集和处理同新城疫实验室诊断的实时荧光 RT-PCR。

［操作方法］

（1）RNA 提取　可选市售商品化 RNA 提取试剂盒，按说明书进行。

（2）RT-PCR 操作　取 2.5 μL（约 250 ng）提取的 RNA 加入按照表 11-15 配置好的 RT-PCR 反应液中，充分混匀，瞬时离心，使液体都沉降到 PCR 管底。同时设立阳性对照和阴性对照。置于 PCR 仪中，循环参数为：45 ℃逆转录 45 min；94 ℃预变性 2 min；94 ℃ 30 s，52 ℃ 45 s，68 ℃ 45 s，35 个循环；最后 68 ℃延伸 8 min。也可反应液统一配制，然后进行分装，方法同新城疫实验室诊断的实时荧光 RT-PCR。

（3）电泳　PCR 产物用 1.5%的琼脂糖凝胶电泳进行分析。

［结果判定］

在阳性对照出现相应扩增带、阴性对照无此扩增带时判定结果。出现预期大小的扩增片段时，判定为核酸检测阳性，否则判定为阴性。

表 11-15　RT-PCR 反应液配方

组分	1 个检测体系的加入量/μL	组分	1 个检测体系的加入量/μL
5×反应缓冲液	5.0	20 pmol 下游引物	0.5
10 mmol/L dNTP	0.5	AMV 反转录酶(200 U/mL)	0.5
15 mmol/L 氯化镁	1.0	*Taq* DNA 聚合酶(5 U/mL)	0.5
20 pmol 上游引物	0.5	无核酸灭菌水	14.0

(三)非洲猪瘟实验室诊断(参考 GB/T 18648—2020)

非洲猪瘟(ASF)是由非洲猪瘟病毒感染家猪和各种野猪而引起的一种急性、出血性、烈性传染病。世界动物卫生组织(WOAH)将其列为法定报告动物疫病,我国将非洲猪瘟列为一类动物疫病。

非洲猪瘟实验室检测方法有普通 PCR 方法、荧光 PCR 方法、间接 ELISA 抗体检测方法、阻断 ELISA 抗体检测方法、夹心 ELISA 抗体检测方法等。这里主要介绍荧光 PCR 方法和间接 ELISA 抗体检测方法。

1. 荧光 PCR 方法

[设备材料]

样品、荧光定量 PCR 仪及配套反应管、台式高速冷冻离心机、Ⅱ级生物安全柜、微量移液器、无核酸酶离心管和吸头、DNA 提取试剂盒、实时荧光 PCR 相关试剂(可选择商品化试剂盒)。

[样品采集]

口鼻拭子采集:采集病死猪或发病猪、同群猪的口鼻拭子样品。用医用棉签在口腔或鼻腔转动至少 3 圈,采集口腔、鼻腔的分泌物;蘸取分泌物后,立即将拭子浸入 1 mL 50%甘油-PBS 保存液中,剪去露出部分,盖紧离心管盖,密封后冷藏或冷冻保存。

全血样品采集:在发病猪群中,使用真空采血管(含 EDTA 抗凝剂)采集一定数量发病猪、同群猪全血各 5 mL,密封后冷藏或冷冻保存。

血清样品采集:在每一发病猪群中,采集发病猪、同群猪全血各 5 mL,室温放置 12~24 h,分离血清,装入离心管中,密封后冷藏或冷冻保存。

组织样品采集:采集病死猪或扑杀发病猪的组织样品。首选脾脏,其次为扁桃体、淋巴结、肾脏、骨髓等、脾脏、肾脏采集约 3 cm×3 cm 大小,扁桃体整体采集,淋巴结选取出血严重的整体采集,骨髓采集长度约 3 cm。将所采集样品放入 50%甘油-PBS 保存液中。

[样品处理]

口、鼻拭子,全血样品,血清样品标记样品编号,立即进行非洲猪瘟病原检测或冷冻储存备用。

组织样品处理:取适量采集的组织样品置于组织匀浆器中充分研磨,加入终浓度为 1 000 IU/mL 的青霉素、1 000 μg/mL 的链霉素,灭菌的 0.1 mol/L PBS(pH 7.4)制备 10%组织匀浆液。2 000 r/min 离心处理 10 min。取上清液,标记编号,立即进行非洲猪瘟病原检测或冷冻储存备用。

[操作方法]

(1)核酸提取　按试剂盒说明书进行。

(2)核酸扩增　引物和探针针对 ASFV B646L 基因的保守序列设计。上游引物 VP72-F1：5′-GCTTTCAGGATAGAGATACAGCTCT-3′；下游引物 VP72-R1：5′-CCGTAGTGGAAGGGTATGTAAGAG-3′；TaqMan 探针 VP72-T1：FAM-CCGTAACTGCTCATGGTATCAATCTTATCG-BHQ1。

每个样品配制 18 μL 荧光 PCR 反应混合液，组成如表 11-16 所示。

表 11-16　实时荧光 PCR 反应体系配置表

μL

组分	体积	组分	体积
无核酸酶水	5.9	VP72-T1 (10 μmol/L)	0.5
荧光 RCR 预混液(2×)	10	DNA 模板	2
VP72-F1 (10 μmol/L)	0.8		
VP72-R1 (10 μmol/L)	0.8	合计	20

将 18 μL 荧光 PCR 反应混合液加入 PCR 扩增管；将 2 μL DNA 模板加入每个 PCR 扩增管中。每次进行荧光 PCR 扩增时均应设阳性、阴性及空白对照。阳性对照应用阳性对照样品所提取核酸作为模板，阴性对照应用阴性对照样品所提取核酸作为模板，空白对照应用无核酸酶水作为模板。加入模板后，密封 PCR 扩增管，瞬时离心。将所有 PCR 扩增管放入荧光 PCR 仪中，按以下程度运行扩增。

扩增条件：50 ℃孵育 2 min；95 ℃预变性 5 min；95 ℃变性 15 s，58 ℃退火延伸 1 min，45 个循环，在每一循环的 58 ℃时收集 FAM 荧光信号。

[结果判定]

试验成立条件：阳性对照的 Ct 值＜30 且出现特异性扩增曲线，阴性对照无 Ct 值或阴性对照 Ct 值≥40 且无特异性扩增曲线，试验结果有效；否则应重新进行试验。

符合试验成立条件，被检样品 Ct 值≤38 且出现特异性扩增曲线，则判为非洲猪瘟病毒核酸阳性；当无 Ct 值或 Ct 值≥40，则判为非洲猪瘟病毒核酸阴性；当 38＜Ct 值＜40 且出现特异性扩增曲线，则判为疑似。对疑似样品，模板量加倍(4 μL DNA 模板)进行 1 次复检，做 3 个重复；有 2 个重复 Ct 值＜40 且出现特异性扩增曲线即判为非洲猪瘟病毒核酸阳性，否则判为非洲猪瘟病毒核酸阴性。

2. 间接 ELISA 抗体检测方法

间接 ELISA 原理：用已知的抗原吸附在固相载体表面，加入含有被测抗体之样品，再加入酶标记抗体，使酶标记的抗原抗体反应在固相表面进行，加入底物进行显色后，其结果可用酶标仪测定。待测样品中抗体含量越高、颜色越深、OD 值越大。

[设备材料]

酶标仪、恒温孵育箱、96 孔“U”形稀释板、微量移液器、贮液槽、包被抗原、酶标抗体、对照(ASFV 阳性对照血清、ASFV 阴性对照血清)、包被缓冲液、封闭缓冲液、稀释缓冲液、洗涤缓冲液、TMD 底物溶液、终止液(配制方法见 GB/T 18648—2020)。也可选用商品化的试剂盒。

［操作方法］

(1)包被酶标板。用包被缓冲液将 ASFV P30 重组蛋白稀释至终浓度 0.3 μg/mL,每孔 100 μL 包被 96 孔酶标板奇数条作为检测孔,使用抗原稀释液包被 96 孔酶标板偶数条作为对照孔,37 ℃饱和湿度下吸附 2 h,用洗涤缓冲液洗板 4 次后拍干,300 μg/孔加入封闭缓冲液,37 ℃饱和湿度下吸附 2 h,用洗涤缓冲液洗板 4 次后拍干。

(2)待检血清与阴性、阳性对照血清使用样品稀释液做 40 倍稀释。

(3)酶标板上对照和待检样品的分布,见表 11-17。50 μL/孔,在 A1、A2 和 B1、B2 孔中加入稀释后的阳性对照血清,在 C1、C2 和 D1、D2 孔中加入稀释后的阴性对照血清,在 E1、E2 等其余孔加入稀释后的待检血清,37 ℃孵育 60 min。

(4)弃去反应孔中的液体,每孔用洗涤缓冲液清洗 4 次,洗涤缓冲液 300 μL/孔。

(5)每孔加入酶标抗体(1×),50 μL/孔,37 ℃孵育 30 min。

(6)弃去反应孔中的液体,每孔用洗涤缓冲液清洗 4 次,洗涤缓冲液 300 μL/孔。

(7)每孔加入底物溶液,50 μL/孔,室温避光作用 10 min。

(8)每孔中加入 50 μL 终止液,终止反应。

(9)用酶标仪在 450 nm 波长下测定各孔 OD 值,按下式计算 OD_{450} 差值。

$$OD_{450-C}=OD_{450-J}-OD_{450-O}$$

式中:OD_{450-C} 为 OD_{450} 差值,OD_{450-J} 为 OD_{450} 奇数孔值;OD_{450-O} 为偶数孔值。

表 11-17 样品加样记录表(推荐模式)

	1	2	3	4	5	6	7	8	9	10	11	12
A	P	P	S5	S5								
B	P	P	S6	S6								
C	N	N	S7	S7								
D	N	N	S8	S8								
E	S1	S1	S9	S9								
F	S2	S2	S10	S10								
G	S3	S3	S11	S11								
H	S4	S4	S12	S12								

说明:P 为阳性血清对照孔,N 为阴性血清对照孔,S1、S2、S3、S4 等为待检血清孔,其余类推。

［结果判定］

试验成立条件:阳性对照 OD_{450} 差>0.5,且阴性对照 OD_{450} 差<0.2,试验结果有效;否则,应重新进行试验。

结果判定:在试验成立的前提下,待检样品 OD_{450} 差>0.2,则判定该待检样品为非洲猪瘟病毒抗体阳性;待检样品 OD_{450} 差≤0.2,则判定该待检样品为非洲猪瘟病毒抗体阴性。

(四)猪瘟实验室诊断(参考 GB/T 16551—2020)

猪瘟(CSF)是由猪瘟病毒感染猪引起的一种高度接触性致死性传染性疾病,可造成巨大的经济损失和社会影响。世界动物卫生组织(WOAH)将其列为法定报告动物疫病,我国将猪瘟列为二类动物疫病。

猪瘟实验室检测方法有免疫荧光抗体试验（FAT）、免疫过氧化物酶试验（IPT）、实时荧光RT-PCR方法、猪瘟病毒阻断酶联免疫吸附试验、猪瘟抗体间接酶联免疫吸附试验等。这里主要介绍实时荧光RT-PCR试验和猪瘟病毒阻断酶联免疫吸附试验。

1. 实时荧光RT-PCR试验（参考GB/T 27540—2011）

［设备材料］

样品、荧光定量PCR仪及配套反应管、台式高速冷冻离心机、Ⅱ级生物安全柜、微量移液器，无核酸酶离心管和吸头、核酸提取相关试剂（可选择商品化试剂盒）、实时荧光RT-PCR相关试剂（可选择商品化试剂盒）。

［样品采集］

活体样品：用鼻捻子固定活猪的上唇，用开口器打开口腔，用采样器采取扁桃体样品，用灭菌牙签挑至0.5 mL或1.5 mL离心管并做标记，编号，送实验室。取待检样品，按1∶5倍体积加入DEPC水，于研钵或组织匀浆器中充分研磨，3 000*g*离心15 min，取上清液转入离心管中编号备用。

内脏样品：采取病死猪各种脏器（如淋巴结、胰脏、脾脏、回肠、肝脏和肾脏）装入一次性塑料袋或其他灭菌容器，编号，送实验室。取50～100 mg待检样品，按1∶5倍体积加入DEPC水，于研钵或组织匀浆器中充分研磨，3 000*g*离心15 min，取上清液转入离心管中编号备用。

4% EDTA抗凝血：用无菌注射器直接全血，注入含1/10 4% EDTA溶液的无菌容器中，充分混匀后编号备用。

排泄物：挑取少许粪便样本于离心管中，加入适量生理盐水，振荡混匀，室温3 000*g*离心15 min，取上清液转入离心管中编号备用。其余液体排泄物直接转入离心管编号备用。

细胞培养物：细胞培养物冻融3次，转入离心管中编号备用。

［操作方法］

（1）核酸提取　在样本制备区进行。

①取*n*个灭菌的1.5 mL离心管，其中*n*为待检样品数×重复数3＋阳性管数＋弱阳性管数＋阴性管数，对每个离心管进行编号。

②每管加入500 μL Trizol，分别加入被检样品、阳性对照、弱阳性对照和阴性对照各200 μL（由于阳性和弱阳性样品中模板浓度相对较高，检测过程中不得交叉污染），颠倒10次混匀，静置5 min；再加入200 μL氯仿，混匀器上振荡混匀5 s（也可以用手反复颠倒混匀）。于4 ℃、12 000*g*离心15 min。

③取与①相同数量灭菌的1.5 mL离心管，加入500 μL异丙醇（4 ℃预冷），对每个管进行编号。取②中离心后的上清液约500 μL（注意不要吸出中间层）转移至相应的管中，颠倒混匀，－20 ℃静置30 min。

④于4 ℃、12 000*g*离心15 min（离心管开口保持朝离心机转轴方向放置），弃上清，倒置于吸水纸上，沾干液体，加入600 μL 75%乙醇，颠倒洗涤。

⑤于4 ℃、12 000*g*离心10 min（离心管开口保持朝离心机转轴方向放置），弃上清，倒置于吸水纸上，沾干液体（不同样品应在吸水纸不同地方沾干）。

⑥4 000*g*离心10 s（离心管开口保持朝离心机转轴方向放置），用微量加样器小心将残余液体吸干，室温干燥3～10 min。

⑦加入 38 μL 经 DEPC 处理的水和 2 μL RNA 酶抑制剂，轻柔混匀，溶解管壁上的 RNA，冰上保存备用。提取的 RNA 应在 2 h 内进行荧光 RT-PCR 扩增，若需长期保存应放置 −70 ℃冰箱。

(2)荧光 RT-PCR 扩增体系的配制　在反应混合物配制区进行。设 PCR 反应数为 n，其中 n 为待检样品数×重复数 3＋阳性管数＋弱阳性管数＋阴性管数，每个样本测试反应体系配制见表 11-18，因分装时存在误差、损耗，建议配制 $n+1$ 管。配制完毕的反应液分装时应尽量避免产生气泡，上机前注意检查各反应管是否盖紧，以免荧光物质泄露污染仪器。

表 11-18　每个样品反应体系配制表用量

体系分组		用量/μL	终浓度
猪瘟病毒 RT-PCR 反应液	10×PCR 缓冲液 Buffer	5.0	1×
	dNTPs	1.5	0.075 μmol/L
	上游引物 F	3.0	0.6 μmol/L
	下游引物 R	3.0	0.6 μmol/L
探针溶液	探针 P	1.5	0.15 μmol/L
反应酶	SuperScrip Ⅲ反转录酶	0.3	2 U/μL
	HS *Taq* DNA 聚合酶	0.5	0.05 U/μL
总量		14.8	

(3)加样　在样本处理区进行。在各设定的荧光 RT-PCR 管中分别加入核酸提取⑦中制备的 35.2 μL RNA 溶液，盖紧管盖后，500 r/min 离心 30 s。放入荧光 PCR 检测仪内。

(4)荧光 RT-PCR 扩增　在检测区进行。将(3)中离心后的 PCR 管放入荧光 RT-PCR 检测仪内，记录样品摆放顺序。循环条件设置：50 ℃反转录 20 min；94 ℃预变性 4 min；88 ℃ 8 s，60 ℃ 35 s，40 个循环。荧光收集设置在此阶段每次循环的退火延伸时进行。

[结果判定]

(1)阈值设定　试验检测结束后，根据收集的荧光曲线和 Ct 值直接读取检测结果，Ct 值为每个反应管内的荧光信号达到设定的阈值时所经历的循环数。阈值设定原则根据仪器噪声情况进行调整，以阈值线刚好超过正常阴性样品扩增曲线的最高点为准。

(2)质控标准　阴性对照无 Ct 值，且无典型扩增曲线。强阳性对照的 Ct 值应＜27.0 并出现典型的扩增曲线；弱阳性对照的 Ct 值应在 34.0 左右并出现典型的扩增曲线。否则，此次试验视为无效。

(3)结果描述及判定　阴性：无 Ct 值，且无典型的扩增曲线，表示样品中无猪瘟病毒核酸。阳性：Ct 值≤34.0，且出现典型的扩增曲线，表示样品中存在猪瘟病毒核酸。可疑：Ct 值＞34.0，且出现典型扩增曲线的样本建议重复试验，重复试验结果出现 Ct 值≤34.0 和典型扩增曲线者为阳性，否则为阴性。

2. 猪瘟病毒阻断酶联免疫吸附试验(参考 GB/T 34729—2017)

[样品采集与处理]

采集静脉血时，每头猪使用一个注射器，不同猪的注射器不能混用。进行前腔静脉或耳静脉无菌采血，不少于 2 mL。室温静置于斜面 2 h，待自然凝固后，置于 2～8 ℃冰箱中放置不少于 2 h,4 000 r/min 离心 10 min。用移液器小心吸出上层血清。

[血清样品的存放与运送]

血清样品在 1 周内检测,可置 2~8 ℃条件下保存,超过 1 周,应置−20 ℃以下冷冻保存。运输时注意冷藏,确保样品有效,采集的血清样品可用冰袋或保温桶加冰密封等方式运输,运输时间应尽量缩短。按照《兽医实验室生物安全技术管理规范》进行样品的生物安全标识。

[操作方法]

(1)抗原包被:用包被液将亲和层析纯化的 E2 蛋白稀释至 0.2 μg/ mL,包被酶联反应板,100 μg/孔,2~8 ℃包被 16 h,即为抗原包被板。

(2)抗原包被板的封闭:包被结束后,弃去孔中液体,每孔加入 1×洗液 300 μL,漂洗 1 次。每孔加入新鲜配制的封闭液 300 μL,2~8 ℃封闭 24 h。封闭结束后,弃去孔中液体,每孔加入 1 倍洗液 300 μL,漂洗 1 次,于吸水滤纸上拍干。

(3)在抗原包被板中加入稀释液,50 μL/孔,将待检血清按顺序加入抗原包被板中,50 μL/孔。同时加入阳性对及阴性对照血清各 2 孔,50 μL/孔。37 ℃温箱中反应 1 h。

(4)弃去反应液,每孔加入 1×洗液 300 μL,漂洗 3 次。

(5)用稀释液将酶结合物稀释 100 倍,每孔加入 100 μL。37 ℃温箱中反应 1 h。

(6)重复(4)步骤。

(7)将底物液 A 和底物液 B 按等体积进行混合,混合后立即加入抗原包被板中,每孔 100 μL,避光显色 10 min。

(8)每孔加入 100 μL 终止液。

(9)酶标仪上读取 450 nm 吸光值。

(10)结果计算。

$$\overline{N}=\frac{N_1+N_2}{2}$$

式中:$\overline{N}$ 为阴性对照孔平均值,N_1 为阴性对照孔 1 的 OD 值,N_2 为阴性对照孔 2 的 OD 值。

$$\overline{P}=\frac{P_1+P_2}{2}$$

式中:$\overline{P}$ 为阳性对照孔平均值,P_1 为阳性对照孔 1 的 OD 值,P_2 为阳性对照孔 2 的 OD 值。

$$B=\frac{\overline{N}-S}{\overline{N}}\times 100\%$$

式中:B 为阻断率,$\overline{N}$ 为阴性对照孔平均值,S 为样本 OD 值。

试验成立条件:标准阴性对照血清 $OD_{450\ nm}\geqslant 0.5$,标准阳性对照的阻断率大于 50%,该检验结果成立。若试验不成立,应进行重复检测。

[结果判定]

如果被检样品的阻断率≥40%,则该样品可以判为阳性,即有猪瘟抗体存在;如果被检样品的阻断率≤32%,则该样品可以判为阴性,即无猪瘟抗体存在;如果该样品的阻断率在 32%~40%,则应在 14 d 后对动物进行重新检测。

若采用商品化试剂盒,可根据说明书进行操作及结果判定。

(五)口蹄疫实验室诊断(参考 GB/T 18935—2018)

口蹄疫(FMD)是由口蹄疫病毒感染引起偶蹄动物的一种急性、烈性、接触性传染病。口蹄疫可造成巨大经济损失和社会影响,世界动物卫生组织(WOAH)将口蹄疫列为必须报告的动物传染病,我国将口蹄疫列为一类动物疫病。

口蹄疫实验室检测方法有定型酶联免疫吸附试验、多重反转录-聚合酶链式反应、荧光定量 RT-PCR 试验、液相阻断酶联免疫吸附试验等。这里主要介绍荧光定量 RT-PCR 试验和液相阻断酶联免疫吸附试验。

1. 荧光定量 RT-PCR 试验

[设备材料]

样品、荧光定量 PCR 仪、台式高速冷冻离心机、Ⅱ级生物安全柜、微量移液器,吸头、实时荧光 RT-PCR 相关试剂(可选择商品化试剂盒)。

[样品采集]

水疱液采集:典型临床发病动物水疱液用灭菌注射器吸出后装入样品保存管,加青霉素 1 000 IU/mL、链霉素 500 IU/mL,加盖封口,冷冻保存。

水疱皮采集:用 0.04 mol/L PBS(pH 7.4)清洗水疱表面,然后用灭菌手术剪刀剪取水疱皮,2～5 g 为宜。采集到的水疱皮,装入样品保存管,加 50%甘油-PBS 保存液,使保存液液面没过样品,加盖封口,冷冻保存。

组织样品采集:若采集不到典型的水疱皮,则采集病灶周围破溃组织 2～5 g,装入样品保存管,加 50%甘油-PBS 保存液,使保存液液面没过样品,加盖封口,冷冻保存。临床表现健康,但需做口蹄疫病原学检测的动物,可在屠宰时采集淋巴结、脊髓、扁桃体、心脏肌肉。对肉品进行口蹄疫病原学检测时,可采集骨骼肌。组织样品应不少于 2 g,装入样品保存管中,密封、冷冻保存。

反刍动物 O-P 液样品采集:被检动物在采样前禁食(可饮水)12 h。食道探杯在使用前经 0.2%柠檬酸或 2%氢氧化钠浸泡 5 min 消毒,再用洁净水充分冲洗。每采完 1 头(只)动物,探杯都要进行消毒并充分清洗。采样时动物站立保定,将探杯随吞咽动作送入被检动物食道上部 10～15 cm 处,轻轻来回移动 2～3 次,然后将探杯拉出。如采集的 O-P 液被胃内容物严重污染,用水冲洗被检动物口腔后重新采样。在 10 mL 离心管中加 3～5 mL O-P 液保存液,将采集到的 O-P 液倒入离心管中,密封后充分摇匀,冷冻保存。

血清样品采集:采集动物血液,每头应不少于 5 mL。无菌分离血清,装入 2 mL 离心管中,加盖密封后冷藏或冷冻保存。

[操作方法]

(1)在离心机中旋转平板或 PCR 管 1 min,混匀每管内容物,反应总体系 25 μL(表 11-19)。

表 11-19　荧光定量 RT-PCR 反应体系配置表　　μL

组分	用量	组分	用量
2×一步 RT-PCR 缓冲液	12.5	PCR 反向引物(10 μmol/L)	0.5
TaKaRa Ex *Taq* HS (5 U/μL)	0.5	探针(5 μmol/L)	1
PrimeScript RT Enzyme MixⅡ	0.5	总 RNA	2
PCR 正向引物(10 μmol/L)	0.5	无核酸酶水	7.5

(2)把平板或 PCR 管放在荧光定量 PCR 仪器上进行 RT-PCR 扩增，按照下面的程序扩增：42 ℃反转录 15 min，然后 95 ℃变性 10 s，55 ℃退火 30 s，72 ℃延伸 30 s，共进行 40 次循环。

(3)阳性对照扩增曲线应呈标准的 S 曲线，且 Ct 值应小于 25；阴性对照扩增曲线应为基线下的水平线，试验成立。

[结果判定]

若样品曲线呈标准的 S 形曲线，且 Ct 值小于 35 为阳性；Ct 值大于或等于 35 为阴性。

2. 液相阻断酶联免疫吸附试验

[设备材料]

酶标仪、恒温孵育箱、96 孔“U”形稀释板、与 96 孔“U”形稀释板配套使用的旋转振荡器、洗板机或洗涤瓶、微量移液器、吸头、贮液槽、封板膜、吸水纸巾、捕获抗体、检测抗体、对照(FMDV 灭活抗原)、包被缓冲液、样品稀释液、酶标抗体稀释液、洗涤缓冲液，TMD 底物溶液、终止液、兔抗豚鼠 IgG HRP 标记物。也可选用商品化的试剂盒。

阳性对照血清：用与制备兔抗 FMDV 抗血清抗原同源的 FMDV 灭活疫苗免疫正常牛制备的高免血清，预先测定其抗体效价。同待检血清一起作同样稀释。

阴性对照血清：阴性对照血清来自健康牛，各型口蹄疫 LB-ELISA 抗体效价均小于 1∶4。

[操作方法]

(1)ELISA 板每孔用 50 μL pH 9.6 碳酸盐/碳酸氢盐缓冲液稀释的兔抗血清包被，封板膜封板，置室温过夜。

(2)洗涤：每孔中加满洗涤缓冲液，放置 30 s 后弃去，重复洗涤 6 次后在吸水纸巾上拍干酶标板。

(3)在“U”形 96 孔稀释板内，按 50 μL/孔的量用样品稀释液将待检血清从 1∶4 开始做 2 倍连续稀释，每份待检血清都做 2 个重复，然后向每孔内加入相应的 50 μL 同型病毒抗原，封板混合后置 4 ℃过夜或 37 ℃孵育 1 h。加入病毒抗原后血清的实际稀释度变为从 1∶8 开始的 2 倍连续稀释度。

(4)用洗涤缓冲液洗 ELISA 板 6 次，将各孔血清/抗原混合物从稀释板转移至兔抗血清包被的 ELISA 板中，每孔 50 μL，封板，37 ℃孵育 1 h。

(5)洗 ELISA 板 6 次，将与试验抗原同源的豚鼠抗血清用样品稀释液稀释至预定的最佳工作浓度，每孔 50 μL，封板，37 ℃孵育 1 h。

(6)洗 ELISA 板 6 次，每孔加 50 μL 用酶标抗体稀释液稀释的兔抗豚鼠 IgG 辣根过氧化物酶结合物，封板，37 ℃孵育 1 h。

(7)洗 ELISA 板 6 次，每孔加 50 μL TMB 底物溶液。37 ℃温育 15 min 后每孔再加 50 μL 1.25 mol/L 硫酸终止反应，混匀后在酶标仪 450 nm 下判读结果。

(8)对照设立：每次试验，每块板设 8 孔连续 2 倍稀释的阳性血清对照，2 孔连续 2 倍稀释的阴性血清对照，设 4 孔抗原对照，抗原对照不加血清稀释液。

[结果判定]

病毒抗原对照至少 2 孔 $OD_{450\ nm}$ 值应在 1.0～2.0 范围内；阳性血清对照抗体滴度应在(1∶512)～(1∶2 048)；阴性血清对照抗体滴度应小于 1∶4，试验成立。

以病毒抗原对照 $OD_{450\ nm}$ 平均值的 1/2 为临界值，被检血清稀释孔 $OD_{450\ nm}$ 值大于临界值为阴性孔，小于或等于临界值为阳性孔。抗体滴度以 50％终点滴度表示，即该稀释度 50％孔的抑制率大于抗原对照孔抑制率的 50％。

被检血清抗体滴度大于或等于 1∶128 判为阳性。被检血清抗体滴度小于 1∶64 判为阴性。被检血清抗体大于或等于 1∶64 并小于 1∶128 判为可疑，可疑样品经再次测定后，如果有 1 个滴度为 1∶64 或更高可判为阳性。

（六）布鲁氏菌病实验室诊断（参考 GB/T 18646—2018）

布鲁氏菌病（简称布病）是由布鲁氏菌属细菌感染导致人兽共患的传染病，在全世界范围内严重威胁人类健康并影响畜牧业发展。动物布鲁氏菌病主要是由羊种布鲁氏菌、牛种布鲁氏菌和猪种布鲁氏菌感染羊、牛和猪等动物呈急性或慢性经过，是人布鲁氏菌病的主要传染来源。世界动物卫生组织（WOAH）将布鲁氏菌病列为法定报告的传染病，我国将布鲁氏菌病列为多种动物共患的二类动物疫病。

布鲁氏菌病实验室检测方法有虎红平板凝集试验（RBT）、试管凝集试验（SAT）、乳牛全乳环状试验（MRT）、补体结合试验（CFT）、间接酶联免疫吸附试验（iELISA）、竞争酶联免疫吸附试验（cELISA）等。这里主要介绍虎红平板凝集试验、乳牛全乳环状试验和试管凝集试验。

1. 虎红平板凝集试验

颗粒性抗原与相应的抗体结合后，凝集成肉眼可见的凝集物，称为凝集反应。适用于畜群布鲁氏菌病的筛选与普查。

[设备材料]

微量移液器、灭菌移液器吸头、牙签或混匀棒、计时器、洁净的玻璃板（其上划分成 4 cm^2 的方格）、商品化的布鲁氏菌虎红平板凝集试验抗原、布鲁氏菌标准阳性血清和布鲁氏菌标准阴性血清。

[操作方法]

（1）按常规方法采集和分离受检血清，检测前应进行灭活。

（2）将受检血清、布鲁氏菌标准阴性血清、布鲁氏菌标准阳性血清和抗原从冰箱取出平衡至室温。

（3）涡旋混匀血清和抗原，分别吸取 25 μL 的血清和抗原加于玻璃板 4 cm^2 方格内的两侧。

（4）用灭菌牙签或混匀棒快速混匀血清和抗原，涂成 2 cm 直径的圆形，混匀后 4 min，在自然光下观察。

（5）试验应设标准阴、阳性血清对照。

[结果判定]

（1）在标准阴性血清不出现凝集，标准阳性血清出现凝集时，试验成立，方可对受检血清进行判定。

（2）出现肉眼可见凝集现象者判定为阳性（＋），无凝集现象且反应混合液呈均匀粉红色者判定为阴性（－）。

2. 乳牛全乳环状试验

［设备材料］

乳样、微量移液器、灭菌移液器吸头、内径为 1 cm 的灭菌试管、商品化布鲁氏菌全乳环状试验抗原。

乳样：受检乳样应为新鲜的全乳或混合奶；采乳样时应将乳牛的乳房用温水洗净、擦干，然后将乳汁（前 3 把乳不作为检测用）挤入洁净的器皿中；采集的乳样夏季时应于当日内检测。

［操作方法］

（1）将乳样和布鲁氏菌全乳环状试验抗原平衡至室温。

（2）取乳样 1 000 μL，加于灭菌凝集试管内。

（3）取充分振荡混合均匀的布鲁氏菌全乳环状试验抗原 50 μL 加入乳样中充分混匀。

（4）置 37～38 ℃水浴中孵育 60 min。

（5）孵育后取出试管勿使振荡，立即进行判定。

［结果判定］

（1）强阳性反应（＋＋＋），乳柱上层乳脂形成明显红色环带，乳柱白色，临界分明。

（2）阳性反应（＋＋），乳脂层的环带呈红色，但不显著，乳柱略带颜色。

（3）弱阳性反应（＋），乳脂层的环带颜色较浅，但比乳柱颜色略深。

（4）疑似反应（±），乳脂层的环带颜色不明显，与乳柱分界不清，乳柱不褪色。

（5）阴性反应（－），乳柱上层无任何变化，乳柱颜色均匀。

3. 试管凝集试验（常量法）

［设备材料］

玻璃试管、试管架、移液器、灭菌移液器吸头、温箱（37 ℃±1 ℃）、商品化布鲁氏菌试管凝集试验抗原、布鲁氏菌标准阳性血清和布鲁氏菌标准阴性血清、稀释液为含 0.5％石炭酸的生理盐水和（或）含 0.5％石炭酸的 10％氯化钠溶液（用于检验羊血清时稀释血清和抗原）。

［操作方法］

（1）按常规方法采集和分离受检血清，检测前应进行灭活。

（2）受检血清的稀释：①以羊和猪血清为例，每份血清用 4 支凝集试管；②第 1 管标记检验编码后加 920 μL 稀释液；③第 2～4 管各加入 500 μL 稀释液；④然后取受检血清 80 μL，加入第 1 管内，并混合均匀；⑤取 500 μL 混合液加入第 2 管并充分混匀，如此倍比稀释至第 4 管，从第 4 管弃去混匀液 500 μL；⑥稀释完毕，从第 1～4 管的血清稀释度分别为 1∶12.5、1∶25、1∶50 和 1∶100；⑧牛、马、鹿、骆驼血清稀释法与上述基本一致，差异是第 1 管加 960 μL 稀释液和 40 μL 受检血清，其稀释度分别为 1∶25、1∶50、1∶100 和 1∶200。

（3）将按说明书要求稀释的抗原液 500 μL 分别加入已稀释好的各管血清中，并振摇均匀，羊和猪的血清稀释度则依次变为 1∶25、1∶50、1∶100 和 1∶200，牛、马、鹿、骆驼血清稀释度则依次变为 1∶50、1∶100、1∶200、1∶400。

大规模检疫时也可只用 2 个血清稀释度（加抗原后的终稀释度），即牛、马、鹿、骆驼用 1∶50 和 1∶100，猪、山羊、绵羊、犬用 1∶25 和 1∶50。

（4）每次试验均应设阳性血清对照、阴性血清对照和抗原对照。

①阴性血清对照：冻干阴性血清按说明书稀释到规定容量后，对照试验中稀释和加抗原的

方法与受检血清相同。

②阳性血清对照：冻干阳性血清按说明书稀释到规定容量后，对照试验中稀释和加抗原的方法与受检血清相同。

③抗原对照：按说明书要求稀释抗原液 500 μL，再加 500 μL 稀释液，观察抗原是否有自凝现象。

(5)将加样后的试管置温箱(37±1) ℃孵育 18～24 h，取出检查并记录结果。

［结果判定及处理］

(1)凝集反应程度　凝集反应程度应根据参照比浊管来判读，分别记为“＋＋＋＋”“＋＋＋”“＋＋”“＋”“－”，按以下说明判定：①“＋＋＋＋”菌体完全凝集，100％下沉，上层液体100％清亮；②“＋＋＋”菌体几乎完全凝集，上层液体 75％清亮；③“＋＋”菌体凝集显著，液体50％清亮；④“＋”有凝集物沉淀，液体 25％清亮；⑤“－”无凝集物，液体均匀浑浊。

(2)试验成立条件及结果判定　当阳性对照血清出现完全凝集(＋＋＋＋)，阴性对照血清无凝集(－)，抗原对照无自凝(－)现象时，试验成立，可对结果进行如下判定：①牛、马、鹿、骆驼 1∶100 血清稀释度，猪、山羊、绵羊、犬 1∶50 血清稀释度，出现“＋＋”及以上凝集现象时，判定为阳性；②牛、马、鹿、骆驼 1∶50 血清稀释度，猪、山羊、绵羊、犬 1∶25 血清稀释度，出现“＋＋”以上凝集现象时，判定为可疑。

(3)结果处理　试验结果可疑的家畜经 30 d 后采血重检，如果仍为可疑，该牛、羊判为阳性。猪和马经重检仍保持可疑水平，而农场的牲畜没有临床症状和大批阳性患畜出现，该畜判为阴性。猪血清偶有非特异性反应，应结合流行病学调查判定，必要时配合补体结合试验和鉴别诊断，排除耶尔森氏菌交叉凝集反应。

参 考 文 献

[1] 周顺伍.生物化学[M].3版.北京:中国农业出版社,2000.

[2] 杨秀平,肖向红,李大鹏.动物生理学[M].3版.北京:高等教育出版社,2016.

[3] 陈文钦.动物病理[M].3版.北京:中国农业大学出版社,2022.

[4] 中国兽医协会.2017年执业兽医资格考试应试指南:下册[M].北京:中国农业出版社,2017.

[5] 郭定宗.兽医实验室诊断指南[M].北京:中国农业出版社,2013.

[6] 王俊东,刘宗平.兽医临床诊断学[M].3版.北京:中国农业出版社,2021.

[7] 邓俊良.兽医临床实践技术[M].北京:中国农业大学出版社,2007.

[8] 李晖,李芬.宠物疾病诊疗技术[M].重庆:重庆大学出版社,2013.

[9] 石田卓夫.犬猫血液学图谱[M].何希君,译.北京:中国农业科学技术出版社,2013.

[10] 王金和.兽医临床病原微生物诊断技术及图谱[M].北京:化学工业出版社,2012.

[11] 安丽英.兽医实验诊断[M].北京:中国农业大学出版社,2000.

[12] 王建军.绵羊氢氰酸中毒诊治[J].畜牧兽医,2017,8:91-92.

[13] 任俊玲,张磊.动物微生物[M].武汉:华中科技大学出版社,2012.

[14] 李国清.兽医寄生虫学:中英双语[M].3版.北京:中国农业大学出版社,2021.

[15] 王学梅,代永联,侯乐乐,等.一例老年犬细小病毒病伴急性胰腺炎的诊治[J].中国畜禽种业,2016,10:100-101.

[16] 陈义洲,吴志文.一例犬膀胱纤维肉瘤的诊治[J].黑龙江畜牧兽医,2016,7:99-100.

[17] 李和平.猪病防治[M].保定:河北大学出版社,2013.

[18] 李玉冰,刘海.宠物疾病临床诊疗技术[M].2版.北京:中国农业出版社,2017.

[19] 范开,刘江明,张兆霞.宠物临床显微检验及图谱[M].2版.北京:化学工业出版社,2021.

[20] 祁国明.病原微生物实验室生物安全[M].2版.北京:人民卫生出版社,2006.

附录

附录 1　视频教学资源索引

附录 2　动物疾病检验室溶液的配制

一、常用的试剂规格

1. 优级纯试剂(G. R.)

含杂质极少,用于研究工作,除要求外一般不使用。

2. 分析纯试剂(A. R.)

用于精确分析,实验中常用。

3. 化学纯(C. P.)试剂

用于一般的定性定量分析。

4. 实验试剂(L. R.)

不用配制标准液。染液和指示剂常用。

5. 工业用试剂

差别很大,如火碱使用时应注意防止吸水等。

二、溶液浓度的表示

1. 百分比浓度

每 100 份溶液中所含溶质的份数,以%表示。有下列三种情况:

(1)质量浓度(*W*/*V*)　是指每 100 mL 溶液中所含溶质的克数。一般配制溶质为固体的溶液时以此法表示。如 0.85%的生理盐水。

(2)体积分数(*V*/*V*)　是指每 100 mL 溶液中所含溶质的毫升数。一般配制溶质为液体的溶液时以此法表示。如 75%酒精。

(3)质量分数(*W*/*W*)　是指每 100 g 溶液中所含溶质的克数,因为溶液的称重麻烦不常用。如过氧化氢水溶液常用此法表示。

如果不是特殊要求,常用前两种方法表示溶液浓度。

2. 比例浓度

以溶质与溶剂的比例关系表示溶液的浓度。如 1∶2 乙醇溶液为一份乙醇、两份水配制而成。

3. 饱和溶液

在室温下将溶质溶于溶剂中直到不能溶解为止。常加热溶化后再降至常温析出。

4. 摩尔浓度

1 000 mL 溶液中含有溶质的摩尔数,单位为 mol/L。1 mol/L NaOH 溶液是 1 000 mL 溶液中含有 40 g NaOH;1 mol/L 硫酸溶液是 1 000 mL 溶液中含有 98 g 硫酸。

三、浓溶液的稀释

原理是浓度与体积成反比:

$$c_{浓} \times V_{浓} = c_{稀} \times V_{稀}$$

式中：c 为溶液浓度，V 为溶液体积。

四、稀溶液的纠正

一般常用于稀溶液的浓度增加。例如，实验室需要配制 c 浓度的溶液，现有 c_2 浓度的稀溶液 V_2，计算需要加入 c_1 浓度浓溶液的体积。公式：

$$c \times (V_1 + V_2) = c_1 V_1 + c_2 V_2$$

式中：c 为所需浓度，c_1 为浓溶液的浓度，V_1 为浓溶液的体积，c_2 为稀溶液的浓度，V_2 为稀溶液的体积。

五、常用消毒液配制

（一）2%碘酊的配制

称取碘 2 g、碘化钾 1 g，溶于 50 mL 95%酒精，再加蒸馏水至 100 mL。

（二）75%酒精的配制

量取 75 mL 无水乙醇，再加入 25 mL 蒸馏水混匀即可。或者量取 79 mL 95%酒精，加蒸馏水至 100 mL，充分混匀。

附录 3　兽医实验室诊断操作简易指南

1. 高压蒸汽灭菌器的使用

加水至水位线，将需要灭菌的材料放入。

对称拧紧顶盖上的螺栓，关闭安全阀，打开放气阀。

打开电源，排尽冷空气，关闭放气阀。

121.3 ℃，维持 20～30 min，灭菌完成，关闭电源。

等压力表指针下降至“0”，打开高压蒸汽灭菌器，取出灭菌材料。

2. 干热灭菌器的使用

打开电源开关，

调节灭菌温度 160 ℃，时间 2 h。

将需要灭菌的物品放入干热灭菌器。

关闭箱门加热，开启箱顶通气孔。

升至 60 ℃时，关闭通气孔，继续加热。

灭菌后箱内温度降至 60 ℃以下，开启箱门取出物品，

关闭干热灭菌器。

3. 全自动离心机的使用

打开离心机电源开关，

平衡放入装有待离心材料的离心管，

设置温度、转速和离心时间，开始离心。
离心完成，离心机停止工作后取出材料，
关闭离心机，拔掉电源。

4. 超净工作台的使用

开启超净工作台风机，打开照明灯。
人员戴好一次性口罩、帽子及医用乳胶手套。
用药液喷雾器充分喷洒双手手套外表、操作台面。
实验完毕，整理台面，
紫外灯消毒 20～30 min。

5. 电子天平的使用

天平开机前调平，使水平仪内的水泡位于圆环的中央。
按下“ON/OFF”键，仪器自检。
自检结束，放置称量纸，去皮，
待显示器显示“0”时，加所要称量的试剂。
称量完毕，按“ON/OFF”键，关闭显示器。

6. 刻度吸管的使用

拇指和中指夹住吸管，食指游离。
吸管垂直入液，洗耳球吸取，取液高度高于刻度 2～3 cm。
食指按紧吸管上端，刻度吸管提离液面。
刻度吸管立直，右眼与刻度线平行。
轻轻松开食指，使液面缓慢降低，直至最低点与刻度线相切。
刻度吸管垂直于容器，容器倾斜 45°角，使溶液自然流入容器，
注意吹与不吹。

7. 微量移液器的使用

按到第一挡，垂直进入液面几毫米，
缓慢松开控制按钮，吸入液体；
按到第一挡，停顿 1 s，
再按到第二挡将剩余液体全部压出。

8. 常用消毒药的配制(如配制 75%酒精溶液 100 mL)

计算所用消毒药原液和水的量。
用量筒准确量取原液倒入烧杯中。
准确量取少量水冲洗量筒倒入烧杯中。
准确量取所需的水倒入烧杯中(使用胶头滴管滴加到所需刻度)。
搅拌均匀。

9. 家兔的心脏采血

家兔仰卧保定(需要助手)，
消毒胸骨正中间稍偏左位置。

选择 7—8 号针头的注射器，垂直进针 2～3 cm，
边进针边吸出血液，拔出注射器并消毒。

10. 犬的前肢静脉采血

局部剪毛、消毒。
将静脉近心端用橡胶带扎紧，
左手握住近腕关节 1/3 处皮肤，
右手持注射器，将针头先刺入血管处的皮下，
针头与血管平行刺入静脉内。
检查回血后，左手拇指压住针头针管结合部，解开橡胶带，慢慢抽取血液。
抽血完毕，用酒精棉球压紧针孔，再涂擦碘酊。

11. 羊的颈静脉采血

动物站立保定，局部剪毛、消毒。
左手拇指横压于采血部位稍下方(近心端)的颈静脉沟上，
右手持注射器，针尖与皮肤呈 30°～45°角迅速地刺入静脉内，
手感空虚并见有回血后沿血管向前顺针。
松开左手同时用拇指、食指固定针头针管结合部，缓慢抽取所需血液量。
抽血完毕，用酒精棉球压紧针孔，再涂擦碘酊。

12. 仔猪的前腔静脉采血

仔猪仰卧保定，使两侧第 1 对肋骨与胸骨结合处的前侧方呈现两个凹陷窝。
消毒采血部位皮肤，持装有 9 号针头的一次性注射器，
向右侧凹陷窝处，由上而下，稍偏向中央及胸腔方向刺入，
见有回血，即可采血。
采血完毕，左手拿酒精棉球紧压针孔处，右手迅速拔出采血针管。
压迫片刻，并涂擦碘酊消毒。

13. 鸡的翅下静脉采血

鸡左侧保定，露出静脉，进针部位消毒。
右手持注射器，针头与血管呈 20°～25°角，由静脉正上方斜刺入皮下，
沿静脉方向进入血管少许，
采血完毕，将针头拔出，同时按压针眼止血。

14. 3.8%枸橼酸钠的配制(100 mL)

计算所需枸橼酸钠药品用量 3.8 g，
用电子天平称量所需量枸橼酸钠。
取少量蒸馏水于烧杯中溶解枸橼酸钠，倒入 100 mL 容量瓶中，
再加入少量蒸馏水冲洗烧杯后倒入容量瓶(不超过 100 mL)。
容量瓶中加蒸馏水接近刻度线，
用胶头滴管加蒸馏水至容量瓶刻度线。
盖容量瓶盖，上下颠倒混匀，

配制完毕。

15. 全自动血细胞分析仪的使用

采集犬抗凝血约 2 mL，
检查血细胞分析仪试剂是否充足，
打开血细胞分析仪，设定样本信息，开始检测，
读取结果并分析。

16. 红细胞计数

采抗凝血，
配制红细胞计数用稀释液(0.9%氯化钠溶液)。
将血液稀释 200 倍并混匀。
将稀释的血液充入计数室，
低倍镜下找到计数室，
计数中央大方格内的四角与中央的中方格共 5 个中方格内的红细胞数量，
计算每升血液中的红细胞数。

17. 血红蛋白含量的测定

在沙利氏测定管内加入 0.1 mol/L 盐酸液至刻度 2 处。
用沙利氏血吸管吸血至 20 mm^3 处，擦去管外黏附的血液，
将血吸管内血液吹入测定管的盐酸液中，轻轻吸吹数次。
摇动测定管，混匀，静置 10 min。
缓缓滴加蒸馏水，直到颜色与标准色柱完全相同为止。
读取测定管内液面凹面的刻度。

18. 白细胞计数

采抗凝血，
配制白细胞计数用稀释液(3%冰醋酸溶液)。
将白细胞稀释 20 倍并混匀。
将稀释的血液充入计数室，
低倍镜下找到计数室，
正确计数 4 个大方格内的白细胞数，
计算每升血液中的白细胞数。

19. 瑞氏染液的配制

瑞氏染料 1.0 g，纯甲醇 600.0 mL。
将全部染料放入乳钵内，加少量甲醇慢慢地研磨，
再加一些甲醇混匀，然后将溶解的部分倒入洁净的棕色瓶内。
乳钵内剩余的未溶解的染料，再加入少许甲醇细研。
如此多次研磨，直至染料全部溶解，甲醇用完为止。
室温下密闭保存 7 d，过滤后使用。

20. 吉姆萨染液的配制

吉姆萨染料 1.0 g，甘油 66.0 mL，甲醇 66.0 mL。

将1.0 g吉姆萨染料粉末全部倒入盛有66.0 mL甘油的锥形瓶内，
在56 ℃的水浴锅上加热90～120 min，
加入60 ℃预热的甲醇，充分摇匀后置棕色瓶中。
室温下保存7 d，过滤后使用。

21. 血液标本片的制备（瑞氏染色）

用纱布擦拭载玻片，
动物耳静脉或前肢静脉采血，
做血涂片，平放在染色架上。
瑞氏染液3～5滴覆盖整个血膜固定细胞0.5～1 min。
滴加等量或稍多的缓冲液，用洗耳球吹匀，染色5～10 min。
用流动水从玻片的一侧冲去染液，
血涂片自然干燥后（或用滤纸吸干），镜检。

22. 白细胞分类计数

取血液涂片瑞氏或吉姆萨染色，
低倍镜下找到血细胞，
高倍镜或油镜下找到白细胞，
计数100个白细胞，
计算每种白细胞的百分率。

23. 血清的制备

采集静脉血5 mL，
将试管斜置于装有25～37 ℃温水的烧杯中，
1～2 h后析出血清。
2 000 r/min离心10 min，收集血清。

24. 全自动血液生化分析仪的使用

采集犬血液5 mL制备血清。
打开血液生化分析仪，
设定样本信息及检测项目。
开始检测。
读取结果并分析。

25. 尿比重的测定

将混合均匀的尿液倒入量筒（100 mL）中，吸去上面的气泡。
将比重计垂直放入尿液中，不可与侧壁及底面接触。
读取尿液面与比重计凹面重合点的刻度，
即得尿的比重。

26. 尿液分析仪的使用

打开电源开关，仪器自检。
检查载物台位置是否正确，载物台和校准片是否干净。

按“开始”键，蜂鸣器鸣 3 短声，在 5 s 内完成将试纸浸入尿液 2 s、取出沥干。
20 s 后，蜂鸣器鸣 1 长声，10 s 内将试纸放置在载物台上的凹槽内。
检测完成后读取结果。

27. 尿蛋白的测定(煮沸加酸法)

取尿液 5～10 mL 放入试管内(不超过 1/3)，
尿液上部加热煮沸，
冷却后加入 10%醋酸溶液 1～3 滴，
根据浑浊度判定尿中蛋白的含量。

28. 尿中血红蛋白的测定

取联苯胺 0.5～1 g 于试管中，
加冰醋酸 2 mL，振荡溶解，
加入 3%过氧化氢溶液 3 mL 混匀，
将煮沸后冷却的被检尿 5 mL 重积其上，
根据蓝色的深浅判定血红蛋白的含量。

29. 尿中酮体检查(亚硝基铁氰化钠法)

配制 5%亚硝基铁氰化钠溶液，
配制 10% NaOH 溶液和 20%醋酸溶液。
将 5 mL 尿液置于试管内，
再加入亚硝基铁氰化钠溶液和 NaOH 溶液各 0.5 mL，
加入 20%醋酸溶液 1 mL，混匀。
根据颜色不同判定酮体的含量。

30. 尿糖的检查

配制班氏试剂。
取班氏试剂 5 mL 于试管内，
加入尿液 8～10 滴混匀，加热煮沸 1～2 min。
根据变色的时间和颜色的深浅判定含糖量。

31. 尿沉渣的检查

取新鲜尿液，1 000 r/min 离心 5 min。
去上清液，取少许沉渣滴于载玻片上，滴加 1 滴碘溶液，加盖玻片。
先用低倍镜检查后转换高倍镜。

32. 粪便标本片的制备

在载玻片上加 1 滴生理盐水，取粪便少许加于其中，
涂成均匀薄层(透过薄层隐约能看到字)，
加 1 滴碘液，加盖玻片。
在低倍和高倍镜下观察。

33. 粪便潜血的检查

取 2 g 粪便于试管内，加蒸馏水 3～4 mL，

搅拌、煮沸、冷却。
另一试管加入 2 g 联苯胺和 2～3 mL 冰醋酸，
再加入过氧化氢 2～3 mL。
将冷却的粪液 3～5 mL 加入上试管内并计时，
根据出现蓝色的时间判定血的含量。

34. 粪便中寄生虫虫体或节片的检查

将粪便放于烧杯内，
加 5～10 倍清水，搅匀，静置 5 min，
倾去上液，挑去大量粪渣。
反复操作，直到上液透明。
取沉渣于平皿内，在黑色背景上用放大镜观察有无虫体或节片。

35. 粪便中寄生虫幼虫的检查

用纱布包好新鲜粪便 10～20 g，放于漏斗上。
在漏斗下接一胶管，用止水夹夹住。
加 40 ℃温水，没过粪便浸泡 1 h。
打开止水夹将下部液体放入 10 mL 离心管内，
2 000 r/min 离心 3 min。
取沉淀物 1 滴于载玻片上并加盖玻片，
用显微镜低倍镜镜检。

36. 粪便中寄生虫卵的检查(漂浮法)

制备饱和盐水 200 mL。
取粪便 10 g 加饱和盐水 100 mL，用玻璃棒搅匀，
通过 60 目铜筛或双层纱布过滤。
滤液放入 50 mL 三角烧瓶内，
补加盐水满瓶但不要流出，上盖一载玻片。
30～40 min 后取下载玻片，加盖玻片，镜检。

37. 粪便中寄生虫卵的检查(沉淀法)

取粪便 5 g 加清水 100 mL，
用玻璃棒搅匀，双层纱布过滤。
滤液放入离心管中，2 000 r/min 离心 2 min，弃去上液，
沉渣加入清水再离心沉淀。
如此反复，直到上液透明为止。
取沉淀物 1 滴于载玻片上加盖玻片，
镜检。

38. 犬皮肤刮片显微镜检查

用消毒的手术刀片刮取皮肤病健交界处，
将刮取物涂抹于载玻片上，

滴加 10% KOH 溶液后加盖玻片，
将标本片在酒精灯上稍微加热，
先用低倍镜后用高倍镜观察。

39. 血液原虫检查

采集血液 1 滴，制成血涂片，晾干。
滴加甲醇 2～3 滴于血膜上，固定。
用吉姆萨染色液或瑞氏染色液染色，
油镜检查。

40. 亚硝酸盐中毒的检验

取联苯胺 0.1 g 溶于 10 mL 冰醋酸中，
加蒸馏水稀释至 100 mL 后过滤。
取被检液数滴于小试管内加上液几滴，
根据颜色判定亚硝酸盐的含量。

41. 氢氰酸中毒的检验

将滤纸剪成 7 cm 长、0.5～0.7 cm 宽的小条，浸入 1%苦味酸溶液中，取出吹干。
磨口三角烧瓶内放样品 10 g，加蒸馏水 10 mL，再加 10%酒石酸溶液 5 mL。
将滴有 10%碳酸钠的苦味酸试纸条压在瓶盖下悬于瓶内，
50 ℃水浴加热 30～40 min。
根据红颜色变化判定氢氰酸含量。

42. 石蜡切片的制备

10%甲醛固定，流水冲洗，
60%、70%、80%、90%、95%、100%的酒精各浸泡 2 h 脱水，
二甲苯透明，浸蜡 2～3 h，
石蜡包埋，切片。
用眼科镊子镊起蜡带轻轻平铺在 40～45 ℃的水面上，
贴片，60～65 ℃恒温箱内或切片漂烘温控仪的烘箱内烤片 15～30 min。
苏木素-伊红(HE)染色。

43. 普通营养琼脂培养基的制备

称量营养琼脂培养基粉 4.2 g，置于锥形瓶中，
加入 100 mL 蒸馏水。
水浴加热煮沸，待完全溶解。
121.3 ℃灭菌 20～30 min，
冷却至 50～60 ℃，无菌操作倒板，
冷却备用。

44. 鲜血琼脂培养基的制备

将灭菌的普通营养琼脂培养基加热熔化，
待冷却至 50 ℃左右，

加入无菌的脱纤绵羊血或家兔血 5%，
混合，分装，备用。

45. 麦康凯培养基的制备

称量麦康凯营养琼脂粉 5.2 g，
加入 100 mL 蒸馏水中。
水浴加热煮沸，待完全溶解，
121.3 ℃灭菌 20～30 min。
冷却至 50～60 ℃，无菌操作倒板，
冷却备用。

46. 细菌的分离培养

点燃酒精灯。
左手持皿，底朝下，盖在上，以无名指和小指托底，
拇指、食指和中指将皿盖揭开使之与皿底呈 20°，
右手持接种环在火焰上烧灼后取少许病料涂在培养基边缘，
在培养基表面进行“Z”字形划线。
将接种环上多余的病料在火焰上烧掉，
盖好平皿，倒置于恒温培养箱中培养。

47. 细菌的纯化

斜面纯化移植时，
左手同时握住原培养管和待接种管，
右手小指和手掌边缘夹住一个棉塞，无名指和中指夹住一个棉塞，
从原培养管无菌钩取细菌菌落，
在待接种管培养基表面进行“Z”字形划线。
将接种环上多余的病料在火焰上烧掉。
盖好塞子后放在试管架或烧杯中，置于恒温培养箱中培养。

48. 碱性亚甲蓝染液的配制(130 mL)

配制 0.01%的 KOH 溶液 100 mL。
称取 0.3 g 亚甲蓝染料于研钵中，
加 30 mL 95%的酒精溶液于研钵中并研磨到完全溶解。
将 KOH 溶液和亚甲蓝染液混合后静置 24 h 过滤。

49. 细菌病料标本片的制备与染色

用接种环取 1 环液体病料或培养液于载玻片中央，
均匀地涂布成半径为 0.5 cm 的薄层圆形。
自然干燥。
在干燥好的载玻片上滴加数滴甲醇，
作用 2～3 min，自然挥发干燥。
亚甲蓝染色液染色 1～2 min，

水洗，干燥，镜检。

50. 细菌纯培养物标本片的制备与染色

用接种环取 1 环生理盐水于载玻片的中央，
挑取 1 个菌落于生理盐水中混合，
均匀地涂布成半径为 0.5 cm 的薄层圆形，
自然干燥，火焰固定。
滴加适量的草酸铵结晶紫染色液，染色 1～2 min，水洗，
加革兰氏碘液，作用 1～2 min，水洗，
加 95%酒精脱色 0.5～1 min，水洗，
石炭酸复红(或沙黄、番红)染色液复染 0.5 min 后，水洗，
干燥，镜检。

51. 细菌的糖发酵试验

取培养 18～24 h 的被检细菌，接种于培养基中，
置 37 ℃培养数小时至 2 周后观察结果。
培养液颜色由蓝紫色变为黄色，无气泡为产酸不产气者，记作“+”。
培养液颜色由蓝紫色变为黄色，有气泡为产酸产气者，记作“⊕”。
培养液颜色不变，无气泡为不发酵者，记作“－”。

52. 细菌 MR 试验

将被检细菌接种于葡萄糖蛋白胨水培养基内，
37 ℃培养 2～7 d。
在培养基中加入几滴甲基红试剂，观察结果。
变为红色者为阳性，记为“+”；不变色者为阴性，记为“－”。

53. 细菌 V-P 试验

将被检细菌接种于葡萄糖蛋白胨水培养基中，
置 37 ℃培养 48 h。
每毫升培养基加入 0.5 mL 6% α-萘酚酒精溶液，
加入 0.2 mL 40%氢氧化钾溶液，
振摇混合均匀，静置 2～4 h。
一般 10～20 min 出现反应，但也经常出现培养基立即变为红色者为阳性，记作“+”；
不变色者为阴性，记作“－”。

54. 细菌的鞭毛检查(悬滴法)

盖玻片上加 1 滴生理盐水，
接种环钩取菌落点在盐水中，
盖玻片四角点胶水或凡士林油后上扣凹玻片翻过来，
在暗视野下用油镜找到运动状态的细菌。

55. 细菌的药物敏感性试验

分别取 6～8 h 的细菌肉汤培养物 1 mL，

用无菌棉签蘸取后均匀涂在两个普通营养琼脂培养基平板表面。

在平皿底部背面用记号笔对需要贴的每个药敏片做好位置标记。

用灭菌镊子夹取浸有药物的干燥滤纸片，

按标记位置，轻轻贴在已接种好细菌的普通营养琼脂培养基的表面。

在 37 ℃温箱内培养 18～24 h 后取出，观察并记录结果。

56. 病毒的鸡胚培养(绒毛尿囊膜接种)

取孵育 10～12 d 的鸡胚，勾出气室和绒毛尿囊膜部位。

碘酊消毒气室顶端和绒毛尿囊膜记号处，

在记号处的卵壳上磨开一小窗，在气室顶端钻一小孔。

揭去所开小窗处的卵壳，露出壳膜，滴 1 滴生理盐水，

划破壳膜，做人工气室，

滴 0.05～0.1 mL 病毒液于绒毛尿囊膜上。

在卵壳的窗口周围涂上半凝固的石蜡，立即盖上消毒盖玻片。

保持人工气室在上方的位置，37 ℃培养 48～96 h，观察结果。

57. 真菌的形态观察

取脓汁、痰液、毛发、皮肤等材料于载玻片上，

加 10%～20%氢氧化钾溶液，加盖玻片，

酒精灯上稍微加热处理后检查。

58. 真菌的分离培养(平板培养)

左手拿平皿底，使培养基朝下，右手持接种针，

蘸取少量孢子点种在培养基中心点或呈三角形的三分点，

盖上平皿盖，

始终保持平皿底朝上，放于恒温箱中培养。

59. 常用玻璃器皿的清洗

使用后的平皿、试管、烧杯、烧瓶等高压灭菌器内 121.3 ℃灭菌 20～30 min，用温水冲洗后，再用 5%肥皂水煮沸 5 min，清水反复冲洗数次，最后用蒸馏水冲洗。

使用后的吸管类投入 2%来苏儿或 5%石炭酸溶液内 48 h，再浸在 2%肥皂水中 1～2 h，取出，用清水冲洗以后再用蒸馏水冲洗。

使用后的载玻片与盖玻片可投入 2%来苏儿或 5%石炭酸溶液内 48 h，取出煮沸 20 min，用清水反复冲洗数次，浸入 95%酒精中备用。

60. 羊布鲁氏菌病试管凝集试验

配制 0.5%的石炭酸生理盐水。

取小试管 7 支依次编号，

加入 0.5%石炭酸生理盐水，第 1 管 2.3 mL，第 2～4 管各 0.5 mL。

吸取被检血清 0.2 mL 于第 1 管，连续吹吸 3 次，充分混匀后，吸出 1.5 mL 弃去，再吸出 0.5 mL 加入第 2 管，同法混匀后吸取 0.5 mL 于第 3 管，依此类推连续稀释到第 4 管，混匀后弃去 0.5 mL。

第 5 管不加血清，第 6 管中加 1∶25 稀释的阳性血清 0.5 mL，第 7 管加入 1∶25 稀释的阴性血清 0.5 mL。

吸取 1∶20 稀释的布鲁氏菌抗原于各管内 0.5 mL，分别摇匀后置 37 ℃ 24 h，观察结果。

61. 沙门菌玻片凝集试验

将玻片分成 3 格。

在第 3 格内加 1 滴生理盐水，

第 1、2 格内各加 1 滴沙门菌诊断血清。

用接种环自斜面上挑取鸭沙门菌置于第 3 格内混匀，

取 1 环置第 1 格内混匀。

接种环灭菌后取疑似沙门菌混匀于第 2 格。

静置 2～3 min 后观察结果。

62. 1%鸡红细胞悬液的制备

鸡翅下静脉采抗凝血约 5 mL，

加入离心管后对称放入离心机内。

2 000 r/min 离心 5 min 后弃去血浆和白细胞，

再加入生理盐水混匀、离心。

重复操作 3～4 次，

最后一次 2 000 r/min 离心 5 min 后吸去上清液，

将离心管内的纯红细胞用生理盐水稀释成 1%的浓度。

63. 微量血凝试验测定鸡新城疫抗原血凝效价

第 1～12 孔每孔加生理盐水 25 μL。

第 1 孔加入稀释抗原 25 μL 混匀后倍比稀释至第 11 孔，第 11 孔弃去 25 μL。

第 12 孔为红细胞对照。

第 1～12 孔每孔加生理盐水 25 μL。

第 1～12 孔每孔加 1%鸡红细胞悬液 25 μL，

振荡 30 s 后于室温下作用 30～40 min。

判定抗原的血凝效价，

配制 4 单位抗原。

64. 微量血凝抑制试验测定鸡新城疫抗体效价

第 1～12 孔每孔加生理盐水 25 μL，

第 1 孔内加入被检血清 25 μL 倍比稀释至第 11 孔，第 11 孔弃去 25 μL。

第 12 孔为红细胞对照。

第 1～12 孔每孔加 4 单位抗原 25 μL，

振荡 30 s 后于室温下作用 30～40 min。

第 1～12 孔每孔加 1%鸡红细胞悬液 25 μL，

振荡 30 s 后于室温下作用 30～40 min，

判定血凝抑制效价并计算抗体效价。

65. 炭疽环状沉淀试验

取沉淀试验用小试管 3 支，

加入炭疽沉淀素血清至试管 1/3 处。

沿一支管壁轻轻加入被检抗原，重叠于沉淀素血清上面，

其余两支试管分别加入炭疽标准抗原和生理盐水作为对照。

静置，5～10 min 内判定结果。

两液界面出现白色沉淀环，为阳性反应，

无沉淀环出现，为阴性。

66. 鸡传染性法氏囊病琼脂扩散试验

制备琼脂平板。

按梅花形打孔，孔径 5 mm，孔距 2～5 mm。

用酒精灯封闭孔底部。

用微量移液器吸取标准抗原悬液滴入中间孔，

标准阳性血清分别滴入外周的 1 孔和 4 孔，

被检血清按编号顺序分别加入外周的另外 4 个孔。

平皿轻轻放入湿盒内，37 ℃温箱中作用，

分别在 24 h、48 h、72 h 观察并记录结果。

67. 猪瘟免疫荧光抗体试验(直接染色法)

将待检病料制成涂片，用冷丙酮室温固定 10 min。

以冷 PBS 浸泡冲洗，最后以蒸馏水冲洗。

滴加 PBS 于待检标本片上，10 min 后倾去。

滴加 FITC 标记的猪瘟病毒抗体，37 ℃温箱孵育 30 min。

PBS 漂洗后，再按顺序过 PBS 3 缸浸泡，每缸 3 min。

蒸馏水洗 1 min，用滤纸条吸干标本四周残余的液体。

滴加甘油缓冲液 1 滴，以盖玻片封片，用荧光显微镜观察。

标本发出黄绿色荧光为阳性。

68. 猪瘟抗体检测(酶联免疫吸附试验)

用包被缓冲液将灭活猪瘟病毒抗原稀释至 1～10 μg/mL，在 96 孔酶标反应板中每孔加 100 μL，置 37 ℃包被 2 h 后再移至 4 ℃过夜。

甩去酶标反应板内的包被缓冲液，将 PBS 加满各孔，室温静置 3 min，倾去 PBS，反复洗涤 3 次，拍干。

每孔加入 300 μL 稀释液，置 37 ℃温箱孵育 2 h。

洗涤后，将待检血清样品编号后分别用稀释液进行 1∶40 倍稀释，加入酶标反应板中，每孔 100 μL。同时设立阳性血清和阴性血清对照。置 37 ℃温箱孵育 1 h。

洗涤后，加辣根过氧化物酶标记的抗猪 IgG 抗体，每孔 100 μL，置 37 ℃温箱孵育 1 h。

洗涤后，加新配制的底物溶液（TMB 溶液），每孔 100 μL，在室温下避光反应 15 min。

每孔加终止液 50 μL。

在波长 450 nm 处检测各孔 OD 值并打印结果。

若样本的P/N大于1.5、2或3倍，即判为阳性。

69. 布鲁氏菌病虎红平板凝集试验

采集和分离受检血清，

分别吸取25 μL的血清和抗原加于玻璃板4 cm^2方格内的两侧，

用灭菌牙签或混匀棒快速混匀血清和抗原，涂成2 cm直径的圆形，混匀后4 min，

出现肉眼可见凝集现象者判定为阳性(+)，无凝集现象且反应混合液呈均匀粉红色者判定为阴性(—)。

70. 布鲁氏菌病乳牛全乳环状试验

取乳样1 000 μL，加于灭菌凝集试管内，

取充分振荡混合均匀的布鲁氏菌全乳环状试验抗原50 μL加入乳样中充分混匀，

置37～38 ℃水浴中孵育60 min，

孵育后取出试管勿使振荡，依据乳柱上层乳脂形成红色环带深浅和乳柱颜色，立即判定结果。

附录4　常用兽医实验室安全标准及动物疫病诊断标准

序号	标准名称	标准编号	二维码
1	实验室　生物安全通用要求	GB 19489—2008	
2	兽医实验室生物安全要求通则	NY/T 1948—2010	
3	动物布鲁氏菌病诊断技术	GB/T 18646—2018	
4	口蹄疫诊断技术	GB/T 18935—2018	

续表

序号	标准名称	标准编号	二维码
5	动物炭疽诊断技术	NY/T 561—2015	
6	动物结核病诊断技术	GB/T 18645—2020	
7	猪瘟诊断技术	GB/T 16551—2020	
8	猪繁殖与呼吸综合征诊断方法	GB/T 18090—2023	
9	伪狂犬病诊断方法	GB/T 18641—2018	
10	新城疫诊断技术	GB/T 16550—2020	
11	高致病性禽流感诊断技术	GB/T 18936—2020	
12	鸡伤寒和鸡白痢诊断技术	NY/T 536—2017	
13	动物球虫病诊断技术	GB/T 18647—2020	

续表

序号	标准名称	标准编号	二维码
14	非洲猪瘟诊断技术	GB/T 18648—2020	
15	猪瘟病毒实时荧光 RT-PCR 检测方法	GB/T 27540—2011	
16	猪瘟病毒阻断 ELISA 抗体检测方法	GB/T 34729—2017	
17	传染性法氏囊病诊断技术	GB/T 19167—2020	
18	鸡传染性贫血诊断技术	NY/T 1187—2019	
19	鸡马立克病诊断技术	GB/T 18643—2021	
20	兽医诊断样品采集、保存与运输技术规范	NY/T 541—2016	